全国技工院校机械类专业通用教材（高级技能层级）

液压技术

（第四版）

人力资源社会保障部教材办公室组织编写

中国劳动社会保障出版社

简介

本书主要内容包括：液压传动基本知识，液压泵与液压马达，液压缸，液压控制阀，液压辅助元件，液压基本回路，典型液压传动系统，液压传动系统的安装、维护和故障排除。

本书由王希波主编，张宝华、乔淑梅、李素兰、张斌、王荣圣、王雪参加编写。

图书在版编目（CIP）数据

液压技术 / 人力资源社会保障部教材办公室组织编写. -- 4 版. -- 北京：中国劳动社会保障出版社，2020

全国技工院校机械类专业通用教材. 高级技能层级

ISBN 978-7-5167-4488-8

Ⅰ. ①液… Ⅱ. ①人… Ⅲ. ①液压技术 - 技工学校 - 教材 Ⅳ. ①TH137

中国版本图书馆 CIP 数据核字（2020）第 100979 号

中国劳动社会保障出版社出版发行

（北京市惠新东街 1 号 邮政编码：100029）

*

北京市白帆印务有限公司印刷装订 新华书店经销

787 毫米 ×1092 毫米 16 开本 11.5 印张 264 千字

2020 年 9 月第 4 版 2026 年 1 月第 6 次印刷

定价：29.00 元

营销中心电话：400-606-6496

出版社网址：http://www.class.com.cn

http://jg.class.com.cn

版权专有 侵权必究

如有印装差错，请与本社联系调换：（010）81211666

我社将与版权执法机关配合，大力打击盗印、销售和使用盗版图书活动，敬请广大读者协助举报，经查实将给予举报者奖励。

举报电话：（010）64954652

前　言

为了更好地适应全国技工院校机械类专业的教学要求，全面提升教学质量，人力资源社会保障部教材办公室组织有关学校的一线教师和行业、企业专家，在充分调研企业生产和学校教学情况、广泛听取教师对教材使用反馈意见的基础上，对全国高级技工学校机械类专业通用教材进行了修订。本次修订后出版的教材包括：《机械制图（第四版）》《机械基础（第二版）》《机构与零件（第四版）》《机械制造工艺学（第二版）》《机械制造工艺与装备（第三版）》《金属材料及热处理（第二版）》《极限配合与技术测量（第五版）》《电工学（第二版）》《工程力学（第二版）》《数控加工基础（第二版）》《液压传动与气动技术（第二版）》《液压技术（第四版）》《机床电气控制（第三版）》《金属切削原理与刀具（第五版）》《机床夹具（第五版）》《金属切削机床（第二版）》《高级车工工艺与技能训练（第三版）》《高级钳工工艺与技能训练（第三版）》《高级焊工工艺与技能训练（第三版）》等。

本次教材修订工作的重点主要体现在以下几个方面：

第一，更新教材内容，体现时代发展。

根据机械类专业毕业生所从事岗位的实际需要和教学实际情况的变化，合理确定学生应具备的能力与知识结构，对部分教材内容及其深度、难度做了适当调整；根据相关专业领域的最新发展，在教材中充实新知识、新技术、新设备、新材料等方面的内容，体现教材的先进性；采用最新国家技术标准，使教材更加科学和规范。

第二，提升表现形式，激发学习兴趣。

在教材内容的呈现形式上，较多地利用图片、实物照片和表格等形式将知识点生动地展示出来，尤其是在《机械基础（第二版）》《机床夹具（第五版）》等教材插图的制作中全面采用了立体造型技术，力求让学生更直观地理解和掌握所学内容。针对不同的知识点，设计了许多贴近实际的互动栏目，在激发学生学习兴趣和自主学习积极性的同时，使教材“易教易学，易懂易用”。

第三，开发配套资源，提供教学服务。

本套教材配有习题册和方便教师上课使用的多媒体电子课件，可以通过职业教育教学资源和数字学习中心网站（http://jg.class.com.cn）下载电子课件等教学资源。另外，在部分教材中使用了二维码技术，针对教材中的教学重点和难点制作了动画、视频、微课等多媒体资源，学生使用移动终端扫描二维码即可在线观看相应内容。

本次教材的修订工作得到了河北、辽宁、江苏、山东、河南、湖南、广东等省人力资源社会保障厅及有关学校的大力支持，在此我们表示诚挚的谢意。

人力资源社会保障部教材办公室

2018 年 8 月

目　录

第一章　液压传动基本知识

液压传动是用液体作为工作介质来传递能量和进行控制的传动方式，属于流体传动，其工作原理与机械传动有着本质的区别。液压传动在机床、工程机械、汽车、船舶等行业应用广泛。图 1–1 所示为挖掘机，它的动臂、斗杆、铲斗等工作机构和行走机构都采用了液压传动。

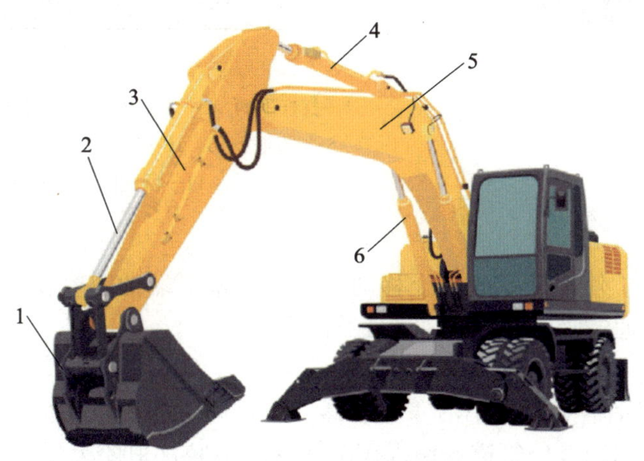

图 1–1　挖掘机

1—铲斗　2—铲斗液压缸　3—斗杆　4—斗杆液压缸　5—动臂　6—动臂液压缸

§1-1　液压传动系统概述

一、液压千斤顶的工作原理

液压千斤顶（图 1–2）是在生产、生活中经常用到的小型起重装置，常用于顶升重物。它是一种非常典型的液压传动设备，利用柱塞、缸体等元件，通过压力油将机械能转换为液压能，再转换为机械能。液压千斤顶的工作原理如图 1–3 所示。大缸体 9 和大活塞 8 组成举升液压缸，杠杆手柄 1、小缸体 2、小活塞 3、单向阀 4 和单向阀 7 等组成手动液压泵。具体工作过程如下：

图 1-2　液压千斤顶

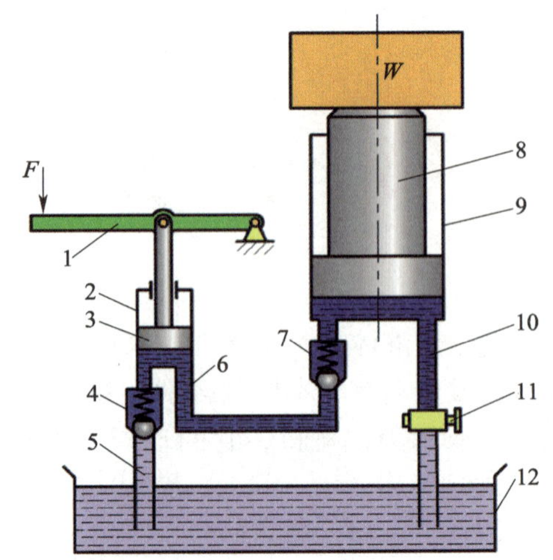

图 1-3　液压千斤顶的工作原理

1—杠杆手柄　2—小缸体　3—小活塞　4、7—单向阀　5—吸油管　6、10—管道　8—大活塞　9—大缸体　11—截止阀　12—油箱

1. 小活塞吸油

当提起杠杆手柄 1 使小活塞 3 向上移动时，小活塞下端油腔容积增大，形成局部真空，这时单向阀 4 打开，通过吸油管 5 从油箱 12 中吸油。

2. 小活塞压油

当用力压下杠杆手柄 1 时，小活塞 3 下移，小缸体 2 的下腔压力升高，单向阀 4 关闭，单向阀 7 打开，下腔的油液经管道 6 输入大缸体 9 的下腔，迫使大活塞 8 向上移动，顶起重物。

再次提起杠杆手柄 1 吸油时，单向阀 7 关闭，使大缸体 9 中的油液不能倒流。不断往复扳动杠杆手柄，就能不断地从油箱 12 吸油并将其压入大缸体 9 的下腔，使重物逐渐地升起。

3. 大活塞泄油

打开截止阀 11，大缸体下腔的油液通过管道 10、截止阀 11 流回油箱，大活塞 8 在重物和自重的作用下向下移动，回到原位。

通过以上分析，可总结出液压传动的工作原理：液压传动是以压力油为工作介质，通过动力元件（油泵）将原动机的机械能转换为压力油的压力能；再通过控制元件，借助执行元件（液压缸或液压马达）将压力能转换为机械能，驱动负载实现直线或回转运动；通过控制元件对压力和流量的调节，可以调定执行元件的力和速度。

知识链接

截　止　阀

截止阀也叫截门，用于对其所在的管路中的介质进行切断和节流。

二、液压传动系统的组成

液压传动系统由动力部分、执行部分、控制部分、辅助部分和工作介质五部分组成。

1. 动力部分

动力部分将原动机输出的机械能转换为油液的压力能（液压能）。动力元件为液压泵。在图 1–3 所示的液压千斤顶中，由单向阀 4、小活塞 3、小缸体 2 和杠杆手柄 1 等组成的手动柱塞泵为动力元件。

2. 执行部分

执行部分将液压泵输入的油液压力能转换为带动机构工作的机械能。执行元件有液压缸和液压马达。在图 1–3 所示的液压千斤顶中，由大活塞 8 和大缸体 9 组成的液压缸为执行元件。

3. 控制部分

控制部分用来控制和调节油液的压力、流量和流动方向。控制元件有各种压力控制阀、流量控制阀和方向控制阀等。在图 1–3 所示的液压千斤顶中，截止阀 11 为控制元件。

4. 辅助部分

辅助部分与动力部分、执行部分和控制部分一起组成一个系统，起储油、过滤、测量和密封等作用，以保证系统正常工作。辅助元件有油箱、过滤器、蓄能器、管路、管接头、密封件及控制仪表等。在图 1–3 所示的液压千斤顶中，吸油管 5、油箱 12 等为辅助元件。

5. 工作介质

液压传动系统中还包括工作介质，主要是指传递能量的液体介质，即各种液压油。

三、液压元件的图形符号

图 1–3 所示的液压千斤顶工作原理图直观性强，容易理解，但绘制起来比较麻烦，系统中元件数量多时，绘制更加不便。为了简化原理图的绘制，系统中各元件可用图形符号表示，如图 1–4 所示。这些符号只表示元件的职能（即功能）、控制方式以及外部连接口，不表示元件的具体结构、参数以及连接口的实际位置和元件的安装位置。国家标准《流体传动系统及元件图形符号和回路图第 1 部分：用于常规用途和数据处理的图形符号》（GB/T 786.1—2009）对液压元件及辅助元件的图形符号做了具体规定。这种用图形符号表达液压系统工作原理的示意图称为液压系统回路图，又称为液压系统图或液压回路图。

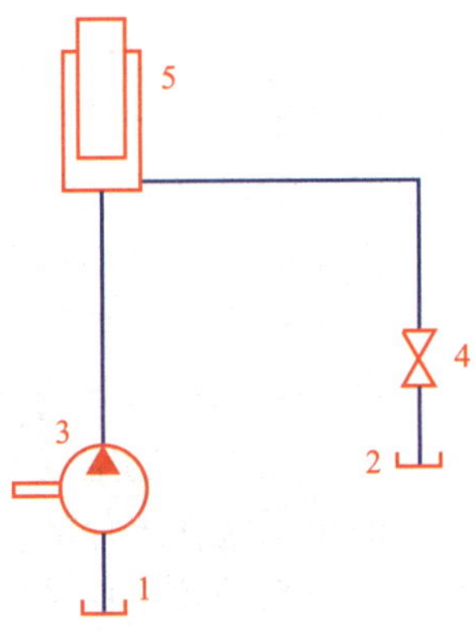

图 1–4　液压千斤顶的液压系统回路图

1、2—油箱　3—液压泵　4—液压阀　5—液压缸

四、液压传动的应用特点

1. 液压传动的优点

（1）传动平稳

油液有吸振能力，在油路中还可以设置液压缓冲装置。

（2）质量轻，体积小

在输出同样功率的条件下，液压传动设备的体积和质量与机械传动相比要小很多。因此，惯性小、动作灵敏。

（3）承载能力大

液压传动易于获得很大的力和转矩。因此，广泛用于压制机、隧道掘进机、万吨轮船操舵机和万吨水压机等。

（4）易实现无级调速

液压传动可实现液体流量的无级调速。调速范围很大，最高可达 2 000 : 1，容易获得极低的速度。

（5）易实现过载保护

液压系统中较易设置安全保护措施，能够自动防止过载，避免发生事故。

（6）能自润滑

由于采用液压油作为工作介质，液压传动装置能够自动润滑，因此，液压元件的使用寿命较长。

（7）易实现复杂动作

液体的压力、流量和方向较容易实现控制，再配合电气控制装置，易实现复杂的自动工作循环。

此外，液压传动便于采用电液联合控制以实现自动化生产。液压元件也已实现系列化、标准化和通用化。

2. 液压传动的缺点

（1）制造精度要求高

液压元件的技术要求高，对加工和装配的要求较高，对使用和维护的要求比较严格。

（2）定比传动困难

液压传动是以液压油作为工作介质，在相对运动表面间不可避免地有泄漏，因此不宜应用在传动比要求严格的场合。

（3）油液受温度的影响大

由于油的黏度随温度的改变而改变，故不宜应用在高温或低温的工作环境中。

（4）不宜远距离输送动力

由于采用油管传输压力油，压力损失较大，故不宜远距离输送动力。

（5）油液中的空气影响工作性能

液压系统在工作时，油液中易混入空气，从而影响工作性能。如容易引起爬行、振动和噪声，使系统的工作性能受到影响。

（6）油液容易被污染

油液被污染后会影响系统工作的可靠性。

（7）发生故障不容易排查与排除

液压系统是一个整体，发生故障后很难找到故障点，只能逐一排除。

§1-2　液 压 油

液压油液又称为液压油或液压液（图 1-5），是液压系统中用作传动介质的液体，常简称为液压油。液压油在液压传动系统中除了传递能量外，还起着润滑、冷却、防腐、防锈、清洁和减震等作用。液压系统能否正常工作，很大程度上取决于系统所用液压油的性能和质量，因此必须了解液压油的性能和使用要求，以便合理选择和正确使用液压油。

图 1-5　液压油

一、液压油的物理性能

1. 密度

液体单位体积内的质量称为密度。体积为 V、质量为 m 的液体密度 ρ 为：

$$\rho = \frac{m}{V}$$

式中　ρ——液体的密度，kg/m^3；

m——质量，kg；

V——液体的体积，m^3。

液压油的密度随温度的升高而减小，随压力的升高而加大，但变化幅度很小，通常可以忽略不计。

2. 可压缩性

液体受压力作用而发生体积减小的性质称为可压缩性。液体可压缩性的大小用液体的压缩系数 k 表示，它是指单位压力变化时引起液体体积的相对变化量。

对于一般的液压系统，可以不考虑液压油的压缩性，认为液压油是不可压缩的。

3. 黏性和黏度

（1）黏性

液体在外力作用下流动（或有流动趋势）时，分子间的内聚力会阻止分子做相对运动，即会产生一种内摩擦力，这种阻碍液体分子间相对运动的性质称为液体的黏性。液体只有在流动或有流动趋势时，才会呈现黏性。静止的液体是不会呈现黏性的。

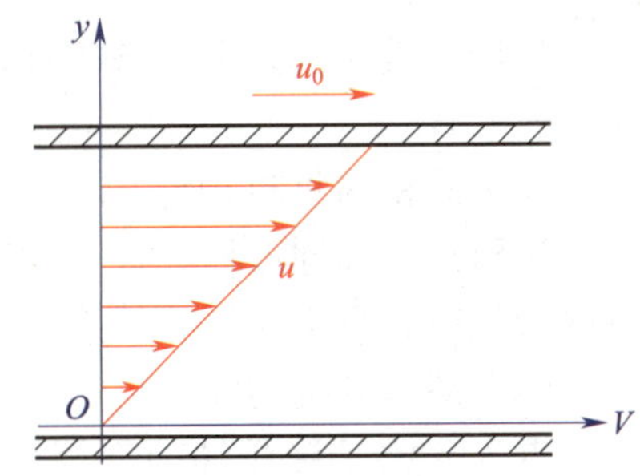

图 1-6　液体的黏性

黏性使流动的液体内部各处的速度不相等，如图 1-6 所示。若两平行平板间充满液体，下平板不动，上平板以速度 u_0 向右平移，由于液体的黏性，紧靠下平板的液体层速度为零，紧靠上平板的液体层速度为 u_0，而中间各层液体的速度则按曲线规律或线性规律变化。这样液体层之间则产生相互作用的内摩擦力。

（2）黏度

液压油的黏性用黏度来度量，黏度是指因液体内部摩擦造成的对液体流动的阻力，它分为动力黏度、运动黏度和相对黏度三种。我国液压油的牌号是用温度为 40 ℃时的运动黏度的平均值来表示的。例如，32 号液压油就是指其在 40 ℃时的运动黏度平均值为 32 mm^2/s。

液体的黏度随压力的增大而增大，但增大的数值不大。故在一般液压系统使用的压力范围内，其变化值一般忽略不计。液体的黏度受温度的影响较大，随着温度的升高，液压油的黏度会下降。

二、液压油的选用和污染控制

1. 对液压油的要求

液压油是液压传动系统的重要组成部分，是用来传递能量的工作介质，同时还起着润滑运动零件工作表面和保护金属不被锈蚀的作用，对液压油的基本要求有以下几点。

（1）黏度合适，随温度的变化小

液压油的黏度是根据液压系统中重要液压元件的油膜承载能力确定的，故应在保证承载能力的条件下，选择合适的黏度。液压油的黏度太大，系统压力损失大，传动效率会降低，且液压泵的工作状况易恶化；黏度太小，则系统泄漏大，传动效率也会降低。由于季节改变，以及系统在启动和正常运转过程中，液压油的温度会发生变化，为了使液压系统正常稳定工作，要求液压油的黏度随温度的变化要尽量小。

（2）润滑性能好

液压油对液压系统中各运动部件起润滑作用，要求液压油生成的油膜强度要高、承载能力要强，这样不易形成干摩擦。

（3）抗氧化性好

液压油与空气接触会产生氧化变质，在高温、高压时会加速氧化过程，氧化后的液压油腐蚀性增强，而且氧化生成的黏稠物会堵塞液压元件的孔隙，影响系统正常工作。因此，要求液压油要具有良好的抗氧化性。

（4）剪切稳定性好

液压油在经过液压泵、液压阀等元件时，要经受剧烈的剪切，这样会使液压油的黏度降低，在高温、高压时这种情况尤为严重。因此，要求工作介质要具有良好的剪切稳定性。

（5）防锈和不腐蚀金属

液压系统中有许多金属零件，液压油应具有良好的防止金属生锈的性能，并且不腐蚀金属。

（6）同密封材料相容

液压油必须同液压元件上的密封材料相容，不会引起密封材料溶胀、软化或硬化，否则密封会失效，产生泄漏，使系统压力下降，工作不正常。

（7）消泡和抗泡沫性良好

混入和溶于液压油的空气会产生气泡或雾沫空气，气泡或雾沫空气会使系统的压力降低，润滑条件恶化，系统工作不正常，此外气泡或雾沫空气会加速液压油的氧化。因此，液

压油要具有良好的消泡和抗泡沫性。

（8）抗乳化性好

水可能会混入液压油，含水的液压油在工作时因受剧烈搅动，极易乳化。乳化易使液压油变质和生成沉淀物，妨碍冷却器的导热，阻滞管路和阀门，降低润滑性，腐蚀金属。所以，要求液压油要具有良好的抗乳化性。

（9）清洁度符合要求

液压油中的杂质会堵塞液压元件通路，引起系统故障。杂质还会使液压元件加速磨损。因此要求液压油应符合相应的清洁度要求。

此外，液压油还需要具有良好的稳定性、低温流动性、难燃性，以及无毒、无臭，在工作压力下，具有充分的不可压缩性。

知识链接

乳　化

液压油中混入水后，经过液压泵加压后，水分子迅速分解扩散到液压油里。水分子分散到液压油里降低了液压油的密度，分子之间的间隙增大，混合液就不能在相同的压力下保持原来的体积，而且经过一段时间的氧化作用，液压油就会变质，颜色变成乳白色，这种现象称为乳化。

2. 液压油的类型

目前国内常用的液压油有 L-HL 液压油、L-HM 抗磨液压油、L-HV 低温抗磨液压油、L-HG 液压导轨油。

（1）L-HL 液压油

具有一定的抗氧化、防锈和抗泡沫性，适用于系统压力低于 7 MPa 的液压系统和一些轻载荷的齿轮箱润滑。

（2）L-HM 抗磨液压油

除了具有 L-HL 液压油的性能外，其抗磨性能强，适用于系统压力 7 ~ 21 MPa 的液压系统。高压抗磨液压油能在系统压力为 35 MPa 的情况下正常工作。

（3）L-HV 低温抗磨液压油

在 L-HM 抗磨液压油的基础上加强了黏温性能和低温流动性，适合在寒区或严寒区工程机械液压系统中使用。

（4）L-HG 液压导轨油

具有防爬性，适用于润滑机床导轨及其液压系统。

3. 液压油的选用

液压传动系统中，液压泵和各类控制阀对液压油的性能十分敏感，正确合理地选用液压油，对延长液压元件的使用寿命，提高液压传动系统工作的可靠性有重要影响。一般液压设备在设备说明书和用户手册中都规定了液压传动系统使用的液压油品种、牌号和黏度级别，用户根据制造商的推荐选用即可。

4. 液压油污染的原因和控制

液压传动系统在运行过程中，如果油箱中的液压油变色、变臭或出现悬浮物，说明液压油已经被污染。污染的液压油会严重地影响液压传动系统的可靠性和液压元件的寿命，应加以控制甚至更换。

（1）液压油污染的原因

1）残留物污染。主要是液压元件在制造、运输、安装、维修过程中带入的沙粒、铁屑、磨料等。

2）侵入物污染。系统周围环境中的尘埃、水滴等侵入系统而造成液压油污染。

3）生成物污染。液压传动系统在工作过程中，相互摩擦的表面产生的金属微粒，由于磨损而脱落的密封材料颗粒，油箱壁上涂料的脱落，油液老化后生成的胶状物和水分等，造成液压油的污染。

（2）液压油污染的控制

液压油被污染的原因很多，要想彻底解决液压油的污染问题是很困难的，只能控制污染程度。常用方法有以下几种：

1）采用过滤精度较高的过滤器。

2）控制液压系统的温度。工作温度高，液压油会加重氧化变质的速度，产生各种有害的生成物。一般液压系统的工作温度最好在 65 ℃以下。

3）定期检查和更换液压传动系统的液压油。在液压传动系统工作一段时间以后，对液压油要抽样检查，如不符合要求应立即更换。

§1-3　流体力学基础

一、压力

液压传动是以液体作为工作介质进行能量转换的，压力是液压传动中最基本、最重要的参数之一。

1. 压力的概念

液压传动中所说的压力一般是指液体的静压力，即液体在静止时的压力。所谓“液体静止”是指液体内部的质点间无相对运动，这种状态的液体不呈现黏性。

静止液体的质点间没有相对运动，也就不存在摩擦力，故静止液体表面只有法向力。在液压传动中，由于油液的自重而产生的压力一般很小，可忽略不计。所以，液压系统的压力是指液体在单位面积上所受的法向作用力（图 1–7），压力用 p 表示，即：

$$p=F/A$$

式中　A——受力面积，m^2；

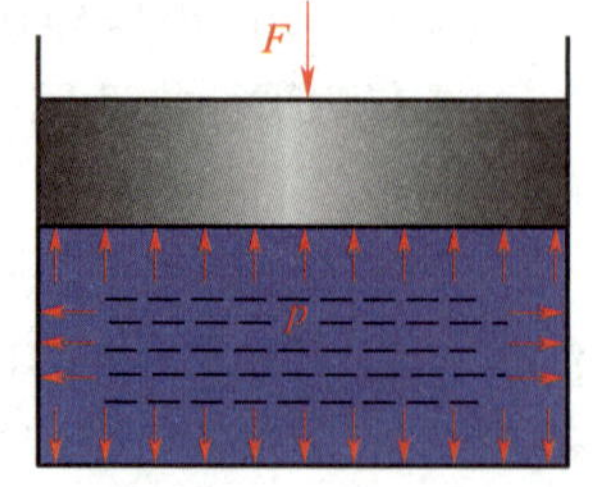

图 1–7　液体压力

F——法向力，N；

p——压力，N/m^2 或 Pa。

液体的静压力在物理学中称为压强，在液压传动中则称为压力。

液体的静压力有以下两个特性：

（1）液体的静压力垂直于其作用表面，其方向和该表面的内法线方向一致。

（2）静止液体内任意一点所受到的各个方向的压力都相等。

如果在液体中某点受到的各个方向的压力不相等，则液体就会产生运动，也就破坏了液体静止的条件。

2. 压力的表示方法

压力的表示方法有两种。一种是以绝对真空作为基准所表示的压力，称为绝对压力；另一种是以大气压力作为基准所表示的压力，称为相对压力。绝对压力与相对压力的关系如下：

$$绝对压力 = 大气压力 + 相对压力$$

在地球表面上，一切物体都受到大气压力的作用。压力表显示的是相对压力，它在大气中的读数为零。在液压系统中，所测得的压力是高于大气压力的那部分压力，所以相对压力也称为表压力。

压力的法定单位是 Pa（帕），在工程上常采用 kPa（千帕）和 MPa（兆帕）。

知识链接

大　气　压

大气会从各个方向对处于其中的物体产生压力，大气压强简称为大气压。测量大气压的仪器叫作气压计，常见的有水银气压计。在标准大气条件下，纬度为 45° 海平面上的大气压为 1 个标准大气压。

3. 压力的传递

置于密闭容器中的液体，其外加压力发生变化时，只有液体仍然保持原来的静止状态不变，液体中任意一点的压力都发生同样大小的变化。也就是说，在密闭容器内，施加于静止液体上的压力将以等值同时传到液体各点，这就是静压传递原理，即帕斯卡原理。

如图 1-8 所示为两个连通的液压缸，两液压缸的面积分别为 A_1、A_2，活塞上作用的负载分别为 F_1 和 F_2，由于两液压缸相通，构成了一个密闭的容器，按帕斯卡原理，密闭容器内液体各点的压力相同，及 $p_1=p_2$，而 $p_1=F_1/A_1$，$p_2=F_2/A_2$，故有：

$$\frac{F_1}{A_1}=\frac{F_2}{A_2} \text{或} F_2=\frac{A_2}{A_2}F_1$$

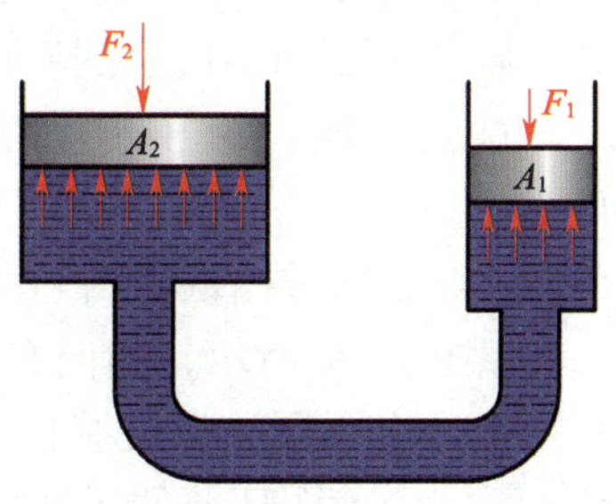

图 1-8　两个连通的液压缸

由上式可知，用一个小的主动力 F_1，可以举起大的负载 F_2。液压千斤顶就是利用这一原理进行举重工作的。如

果 F_2 取消，即 $F_2=0$，而且活塞的质量忽略不计，则不论怎样推动小活塞 1 都不能在密闭的液体中形成压力，这说明了液压系统中的压力是由外界负载决定的，并随着负载的变化而变化。

4. 压力的形成

图 1–9 所示为一个由液压泵和液压缸组成的液压系统，下面讨论在负载为零、负载为 F 和活塞被挡铁阻挡三种情况下系统压力的变化。为便于分析，不考虑液压油的自重、活塞的质量和摩擦力等因素对系统的影响。

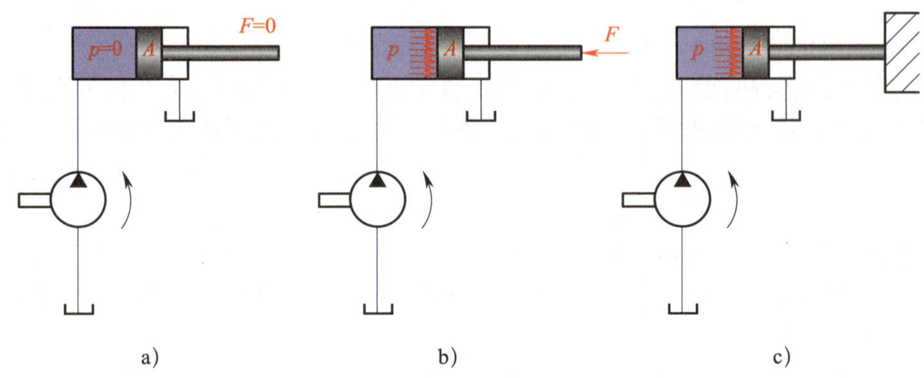

图 1–9　液压系统压力的形成

a）负载为零　b）负载为 F　c）活塞被挡铁阻挡

（1）负载为零

如图 1–9a 所示，液压缸的负载为零，当液压泵连续地向液压缸供油时，由于液压泵输入液压缸左腔的油液不受任何阻挡就能推动活塞向右运动，所以此时油液的压力为零。活塞的运动是由于液压缸左腔内液压油的体积增大而引起的。

（2）负载为 F

如图 1–9b 所示，输入液压缸左腔的液压油受到负载 F 的阻挡，当液压泵供油时，液压缸左腔的油液受到挤压，压力从零开始由小到大迅速升高，活塞受到的油液作用力也迅速增大。当油液作用力大到足以克服负载 F 时，液压泵输入的油液迫使液压缸左腔容积增大，油液的作用力克服负载 F 从而推动活塞向右运动。在一般情况下，液压泵输出的流量为定值，所以活塞做匀速运动，作用在活塞上的力相互平衡，即液压力等于负载 F（$pA=F$）。因此，油液的压力 $p=F/A$，若活塞在运动过程中负载 F 保持不变，则油液的压力也保持不变；但是，当负载 F 发生变化时，则油液的压力也发生变化。这就说明：液压传动系统中油液的压力取决于负载的大小，且随负载大小的变化而变化。

（3）活塞被挡铁阻挡

如图 1–9c 所示，当向右运动的活塞杆接触到挡铁时，液压缸左腔的容积不可能继续增大，此时液压泵如果继续供油，油液受到挤压，其压力会急剧升高。如果系统没有保护措施，系统中薄弱环节的元件将损坏。

从以上分析可以看出，液压传动系统的压力是受外界负载的挤压而形成的，压力的大小取决于负载，并随负载的变化而变化。当有几个负载并联时，系统压力的大小取决于负载中的最小者。液压系统中的压力建立过程是从无到有，从小到大迅速进行的。

二、流量和流速

1. 流量

液压传动是依靠流动的有压液体来传递动力的，单位时间内流过某一通道截面的液体体积称为流量。通常所说的流量是指平均流量，用 q_V 表示。即：

$$q_V=V/t$$

式中　V——流过截面的液体体积，m^3；

t——液体流过的时间，s；

q_V——流量，m^3/s。

流量 q_V 的单位为 m^3/s，工程中也常用 L/min 为单位，两者的换算关系为 1 $m^3/s=6\times10^4$ L/min。

2. 流速

流速是指液体流质点在单位时间内所移动的距离，由于黏性的作用，管道内同一截面上各点的流速不同，如图 1–10 所示，一般以平均流速作为管道流速，平均流速和流量的关系是：

$$v=q_V/A$$

式中　q_V——流量，m^3/s；

A——流通截面积，m^2；

v——平均流速，m/s。

液体的可压缩性很小，一般情况下，可以认为液压油不可压缩。这样，液体在无分支管路中，通过每一截面的流量是相等的，这就是液流连续性原理。在图 1–11 所示的管路中，流过截面 1 和截面 2 的流量相等。即：

$$q_{V1}=q_{V2}$$

$$A_1v_1=A_2v_2$$

式中　A_1、A_2——截面 1、2 的面积，m^2；

v_1、v_2——流体流经截面 1、2 时的平均流速，m/s。

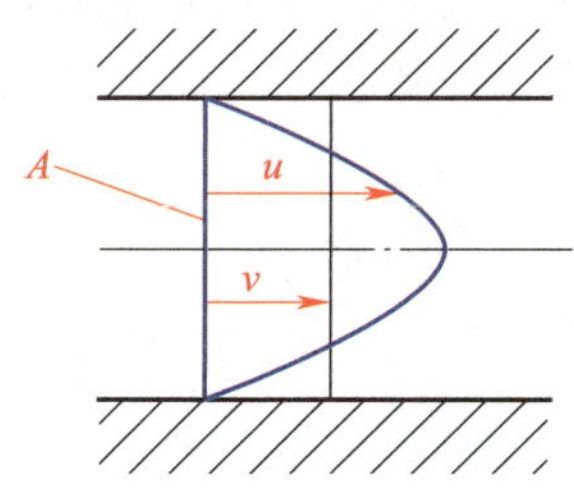

图 1–10　实际流速和平均流速

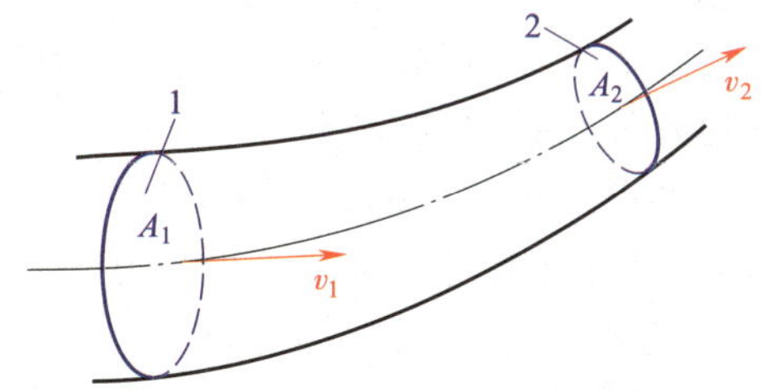

图 1–11　流体连续性原理

上式表明，液体在无分支管路中稳定流动时，流经管路不同截面时的平均流速的大小与其截面积的大小成反比。管路细的地方平均流速大，管路粗的地方平均流速小。

三、管道中的压力损失和流量损失

液压油具有黏性，在流动时，油液分子间、液体和管壁之间的摩擦及碰撞会产生阻力，这种阻碍液体流动的阻力称为液阻。液体在流动的过程中为了克服液阻，就必然要消耗能量，即产生能量损失。在液压传动中，能量损失主要表现为压力损失。由于液压元件连接处密封的原因和配合表面之间存在间隙，所以不同程度地会存在泄漏，泄漏造成流量损失。这两种损失对液压系统的工作均产生不利影响。

1. 压力损失

（1）压力损失的类别

液体在密封的管道中流动时，存在着两种不同的压力损失。一种是因为液体黏性产生的沿程压力损失；另一种是由于管道截面积突然变化，液体速度的大小和方向突然改变等引起的局部压力损失。

1）沿程压力损失。液体在等径直管中流动时，因其黏性摩擦而产生的压力损失，称为沿程压力损失。液体在等径直管中流动时，必然存在着沿流动方向不断下降的压力分布，且管道越长所损失的能量越多，压力损失也就越大。液体的黏度越大，液体流动与管壁的黏性摩擦阻力也越大，压力损失也越大。

2）局部压力损失。液体流经管道的弯头、接头、突变截面以及阀口、滤网时，所引起的压力损失称为局部压力损失。当液体流经上述部位时，流体的流动方向和速度都会发生变化，并在这些地方引起搅动、形成漩涡等，使液体的质点间发生碰撞，从而产生较大的能量损失，导致压力大幅下降。

（2）压力损失的利弊

管路总的压力损失降低了系统的效率，增加了能量消耗，而且这些损耗的能量大部分转化为热能，使液压油的温度上升，泄漏量加大，影响了液压系统的性能，甚至可能使油液氧化变质，产生的杂质甚至会造成管道或阀口堵塞，造成系统故障。

在液压系统中，虽然压力损失有许多不利影响，但是只要在管路的设计和安装时予以充分考虑，完全可以把它控制在较小的数值范围内。实际上，一个设计合理的液压系统的压力损失和系统使用的工作压力相比，数值是很小的，它并不影响对液压传动工作原理的分析。压力损失也具有两面性，利用它可以对液压系统的工作进行有效的控制，确切地说，阻力效应是许多液压控制元件的基础。溢流阀、减压阀、节流阀等都是利用小孔及缝隙的液压阻力来进行工作的，液压缸的缓冲装置也是利用缝隙的阻力进行工作的。

（3）减小压力损失的措施

为减小管路中的压力损失，在设计和安装时一般可采用以下措施：

1）尽可能缩短管道长度，减少管道截面的突变和弯曲次数。

2）提高管道内壁的表面结构质量。

3）适当增大管路直径以增大通流截面积，降低流速。

4）选用黏度适宜的液压油。

2. 流量损失

在液压系统正常工作的情况下，从液压元件的密封间隙中会漏出少量油液。由于液压元件在装配时一般存在一定的装配间隙，当间隙两端有压力差时，也会有油液从这些间隙中流过。以上这些现象称为泄漏。

液压系统的泄漏包括内泄漏和外泄漏两种。液压元件内部高压腔与低压腔之间的泄漏称为内泄漏。液压系统内部的油液泄漏到系统外部的泄漏称为外泄漏。如图 1–12 所示，液压缸右腔（高压腔）的油液通过活塞与缸臂之间的缝隙泄漏到左腔（低压腔）时是内泄漏，油液通过活塞杆与缸盖之间的缝隙泄漏到外部时是外泄漏。

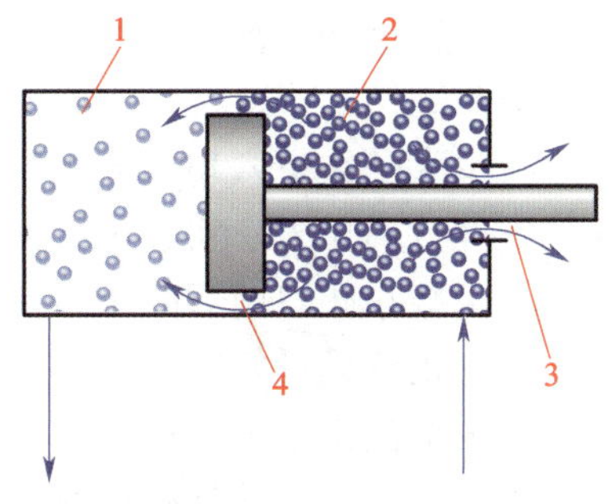

图 1–12　液压缸的泄漏

1—低压腔　2—高压腔

3—外泄漏　4—内泄漏

液压系统的泄漏不仅浪费油液，污染环境，还会降低系统的效率，影响系统的正常工作（例如，液压缸输出力和速度的失常往往就是由泄漏造成的），因此在液压系统安装和使用中应尽量减少泄漏。减少泄漏的常用措施有：采用合理的密封装置和密封件，提高零件加工和装配精度，正确布置管路，保持系统清洁等。

四、液压冲击和空穴现象

1. 液压冲击

在液压传动系统中，由于某些原因使液体压力突然升高，形成很大的压力峰值，这种现象称为液压冲击。系统中出现液压冲击时，液体压力瞬时峰值可能比正常工作压力大好几倍。这样不但会引起设备振动，产生噪声，而且会损坏系统的密封装置、管道和液压元件，影响系统正常工作，缩短系统使用寿命，甚至造成事故。

（1）液压传动系统产生液压冲击的原因

1）流动的液体突然停止（如突然关闭阀门）。

2）静止的液体突然流动或流动的液体突然变向。

3）运动部件突然制动或换向。

4）某些液压元件动作不灵敏。

以上原因都会造成液体在系统中的流动突然受阻。由于液流的惯性作用，液体便会从受阻端开始，迅速将动能转换成压力能，从而引起压力的急剧升高，产生液压冲击。

（2）防止和减少系统液压冲击的措施

1）减慢阀门的关闭速度或延长运动部件的换向时间，可以减缓冲击。

2）限制油液在管道中的流速，以减小油液的动能；减小系统中工作元件的运动速度，以减小其惯性。

3）用橡胶软管代替金属管或在冲击源处安装蓄能器，以吸收液压冲击的能量。

4）在易出现液压冲击的位置设置限压阀和设置缓冲装置。

2. 空穴现象

在流动的液体中，因某点处的压力低于空气分离压力而形成气泡的现象称为空穴现象或气穴现象。

液压传动系统中出现空穴现象时，大量的气泡破坏了液流的连续性，造成流量和压力脉冲。气泡随液流进入高压区后又急剧破灭，引起局部液压冲击并引发噪声和振动。当附着在管壁等金属上的气泡破灭时，它所产生的局部高温会使金属剥蚀，使液压元件的工作性能变差，寿命缩短。

减少和防止空穴现象的发生，就是要防止系统中的压力过低，使系统各处的压力高于液体的空气分离压力。实践中常采用如下措施：

（1）减小阀口前后的压力差，一般使压力比 $p_1/p_2<3.5$。

（2）正确设计管路，避免过多弯曲、急转和绕行，尽量保持平直。

（3）提高系统各连接处的密封性能，防止空气侵入。

（4）提高液压元件的抗腐蚀能力。采用抗腐蚀能力强的材料，提高零件的机械强度和表面结构质量。

（5）限制液压泵的吸油高度。

第二章 液压泵与液压马达

§2-1 液压泵概述

一、液压泵的工作原理

液压泵俗称油泵，它是将电动机的机械能转换为油液的压力能的一种能量转换装置，是液压传动系统中的动力元件。下面以单柱塞泵为例介绍液压泵的工作原理。

图 2–1 所示为一个单柱塞泵的工作原理，柱塞 2 安装在泵体 3 内，柱塞 2 在弹簧 4 的作用下始终与偏心轮 1 接触。当偏心轮转动时，柱塞在偏心轮驱动力和弹簧力的作用下做左右往复运动。

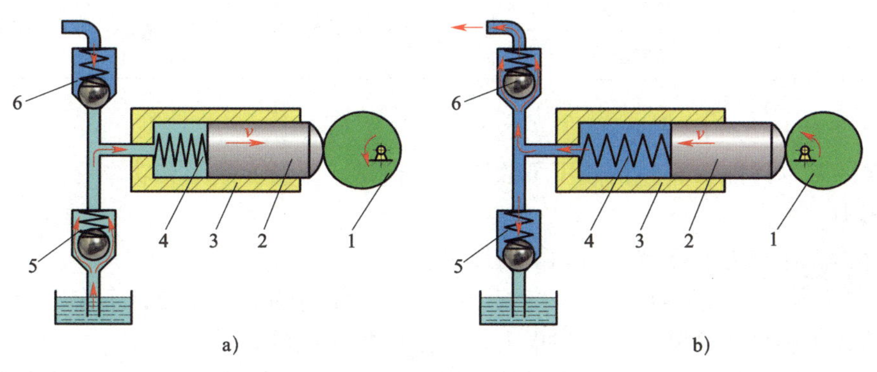

图 2–1 单柱塞泵的工作原理

a）吸油 b）压油

1—偏心轮 2—柱塞 3—泵体 4—弹簧 5、6—单向阀

1. 吸油过程

如图 2–1a 所示，当偏心轮的向径（轮缘到回转中心的距离）由最大转向最小时，柱塞向右运动，其左端和泵体间的密封容积增大，形成局部真空，油箱中的油液在大气压的作用下产生压力并作用在钢球上，在克服弹簧压力后，打开单向阀 5，油液进入泵体 3 内。此时，单向阀 6 的钢球在弹簧力和系统压力的作用下封闭油口，单向阀 6 关闭，防止系统中的油液回流，此时液压泵吸油。

2. 压油过程

如图 2–1b 所示，当偏心轮的向径由最小转向最大时，柱塞向左运动，密封容积减小，油液产生压力。单向阀 5 的钢球在弹簧力和油液压力的作用下将吸油口封闭，防止油液流回油箱，于是泵体内的压力油经单向阀 6 进入系统，液压泵压油。

若偏心轮不停地转动，液压泵就不断地吸油和压油。由上述可知，液压泵是通过密封容积的变化来进行吸油和压油的。这种靠密封容腔体积的周期性变化，实现吸油和压油的液压泵称为容积泵。目前，液压传动中的油泵一般采用容积泵。

二、液压泵的类型、参数和图形符号

1. 液压泵的类型

液压泵的种类很多，按照结构不同，分为齿轮泵、叶片泵和柱塞泵等；按其输油方向能否改变，分为单向泵和双向泵；按其输出的流量能否调节，分为定量泵和变量泵；按其额定压力高低不同，分为低压泵、中压泵和高压泵等。常用液压泵的分类及作用见表 2–1。

表 2–1　　常用液压泵的分类及作用

分类		作用
齿轮泵	外啮合齿轮泵	只能作低压定量泵
	内啮合齿轮泵	
叶片泵	单作用式叶片泵	既能作定量泵，也能作变量泵，用于中低压场合
	双作用式叶片泵	只能作定量泵，用于中低压场合
柱塞泵	轴向柱塞泵	既可作定量泵，也可作变量泵，用于高压场合
	径向柱塞泵	

2. 液压泵的基本性能参数

液压泵的基本性能参数包括液压泵的压力、排量、流量、效率和功率等。

（1）压力

压力分为工作压力、额定压力和最高压力。

1）工作压力。工作压力（p）是指液压泵实际工作时的输出压力，工作压力的大小取决于外负载的大小和排油管路上的压力损失，与液压泵的流量无关。

2）额定压力。额定压力（p_n）是指液压泵在正常工作条件下，按试验标准规定能够连续运转的最高压力。它受液压泵泄漏和结构强度的限制，当液压泵的工作压力超过额定压力时，液压泵就会过载。

3）最高压力。液压泵在超过额定压力的条件下，根据试验标准规定，允许液压泵短时间运行的最高压力，称为液压泵的最高允许压力，简称最高压力。

液压泵应该在额定压力下运行，不可以在最高压力下长时间运行，否则液压泵就会损坏。

（2）排量

液压泵每转一周所排出的液体体积称为排量（V）。排量的大小仅与液压泵的几何尺寸有关，所以排量又称为几何排量。常用的单位为 mL/r、L/r、m^3/r。

排量可调节变化的液压泵称为变量泵，排量不可改变的液压泵称为定量泵。

（3）流量

液压泵单位时间内所排出的液体的体积称为流量。

在不考虑泄漏的情况下，液压泵在单位时间内排出的液体体积称为理论流量（q_t）。

液压泵在工作时，因为制作精度、工作压力、密封等因素的影响，难免有泄漏现象。液压泵在实际工作压力下排出的流量称为实际流量（q_V），它等于理论流量减去泄漏流量。

液压泵在正常工作条件下，按照试验标准规定必须保证的输出流量称为额定流量，也就是在额定转速和额定压力下液压泵的输出流量。

（4）效率

液压泵在能量转换过程中必然存在功率损失，主要有容积损失和机械损失。

容积损失是因为泵的内泄漏造成的流量损失。随着工作压力的增大，内泄漏也增大，实际输出流量 q_V 比理论流量 q_t 减少。两者之比称为液压泵的容积效率（η_r），即：

$$\eta_r=q_V/q_t$$

各种液压泵产品在铭牌上都会注明在额定工作压力下的容积效率 η_r。

液压泵在工作中，由于泵内轴承等相对运动零件之间的机械摩擦以及泵内转子和周围液体的摩擦，泵从进口到出口间油液的流动阻力产生的功率损失，统称为机械损失。机械损失导致泵的实际输入转矩 T_i 总是大于理论上所需要的转矩 T_t，两者之比称为机械效率（η_j），即：

$$\eta_j=T_t/T_i$$

液压泵的总效率（η）等于容积效率与机械效率的乘积，即：

$$\eta=\eta_r\eta_j$$

（5）功率

1）输出功率。液压泵输出的是液压能，其输出功率（P_o）属于液压功率，它等于输出压力 p 和输出流量 q_V 的乘积。即：

$$P_o=pq_V$$

式中　P_o——输出功率，W；

p——输出压力，Pa；

q_V——输出流量，m^3/s。

2）输入功率。液压泵一般由电动机驱动，输入的是机械能，液压泵的输入功率（P）与输出功率的关系是：

$$P=P_o/\eta$$

所以

$$P=pq_V/\eta$$

3. 液压泵的图形符号

常用液压泵的图形符号见表 2–2。

表 2–2　常用液压泵的图形符号

名称	图形符号	说明
单向定量液压泵		单向旋转，单向流动，定排量

续表

名称	图形符号	说明
双向定量液压泵		双向旋转，双向流动，定排量
单向变量液压泵		单向旋转，单向流动，变排量
双向变量液压泵		双向旋转，双向流动，变排量

注：（1）大圆表示液压泵壳体。
（2）圆内实心三角形表示液压力作用方向，向外的实心三角形表示液压泵。
（3）右侧的弧线箭头表示泵轴的旋转方向，一个箭头（ ）表示单向，两个箭头（ ）则表示双向。
（4）贯穿大圆的长箭头（ ）表示排量可调。
（5）圆上、下两侧的直线表示油路接口。
（6） 表示驱动轴。

§2-2 齿轮泵

齿轮泵是以成对齿轮啮合运动完成吸油和压油动作的一种定量液压泵，是液压系统中结构最简单、价格最低、应用最广的液压泵，有外啮合和内啮合两类，而外啮合齿轮泵应用较多。

一、外啮合齿轮泵

1. 外啮合齿轮泵的工作原理

外啮合齿轮泵的工作原理如图 2–2 所示。当齿轮按图示箭头方向旋转时，右侧吸油室由于相互啮合的轮齿逐渐脱开，密封工作容积逐渐增大，形成局部真空，因此油箱中的油液在外界大气压力的作用下，经吸油口进入吸油腔，将齿间的槽充满，并随着齿轮旋转，把油液带到左侧压油室。随着齿轮的相互啮合，压油室密封工作腔容积不断减小，油液便被挤出去，从压油口输送到压力管路中去。齿轮啮合时，轮齿的接触线把吸油腔和压油腔分开。

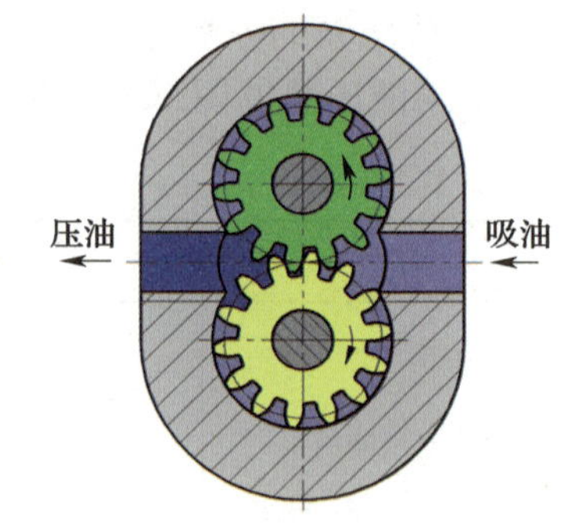

图 2–2　外啮合齿轮泵的工作原理

在齿轮泵的工作过程中，只要两齿轮的旋转方向不变，

其吸、排油腔的位置也就确定不变。从外啮合齿轮泵的工作原理可以看出，齿轮泵在工作时，吸油和压油是依靠吸油室和压油室容积变化来实现的，所以外啮合齿轮泵是容积泵。

2. 外啮合齿轮泵的结构

外啮合齿轮泵的结构如图 2-3 所示，它主要由左泵盖 1、右泵盖 4、泵体 3、主动齿轮轴 5、从动齿轮轴 9 等组成。泵的左泵盖、右泵盖和泵体由两个圆柱销 10 定位，用 6 个螺钉 2 连接。两齿轮轴上齿轮的齿数相同，为了保证齿轮能灵活转动，同时又要保证泄漏量最小，在齿轮端面和泵盖之间、齿顶和泵体内表面间都应有适当的间隙。

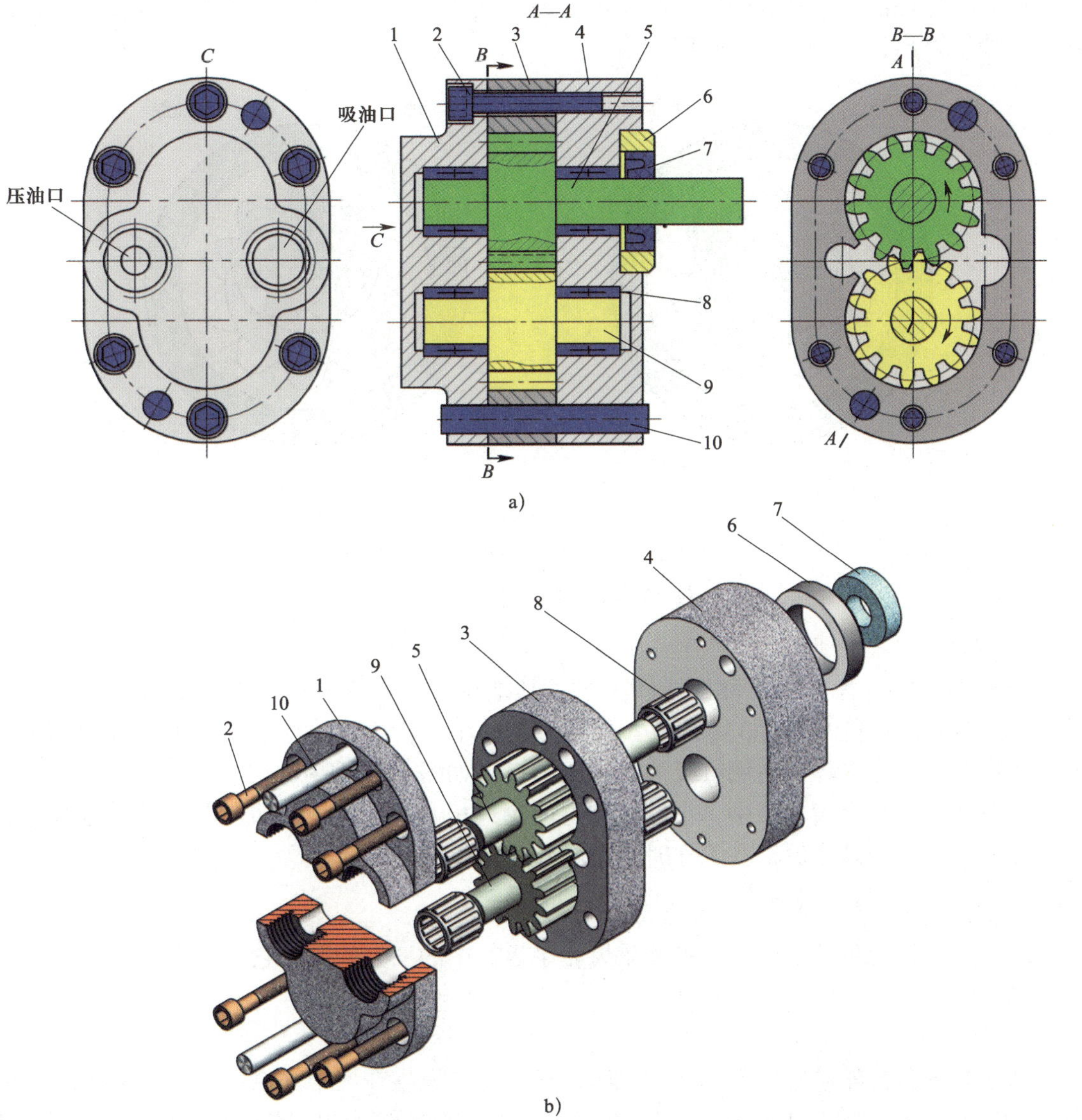

图 2-3　外啮合齿轮泵的结构

a）二维图　b）三维图

1—左泵盖　2—螺钉　3—泵体　4—右泵盖　5—主动齿轮轴　6—压环　7—密封圈　8—滚针轴承　9—从动齿轮轴　10—圆柱销

二、内啮合齿轮泵

内啮合齿轮泵有摆线齿形和渐开线齿形两种。

1. 内啮合齿轮泵的工作原理

内啮合齿轮泵的工作原理如图 2–4 所示。在渐开线齿形的内啮合齿轮泵中，小齿轮和内齿轮之间要装一块隔板，以便把吸油腔和压油腔隔开。内啮合齿轮泵的工作原理和主要特点与外啮合齿轮泵完全相同。当小齿轮 2 按照图示箭头方向带动内齿轮 1 旋转时，左侧吸油腔由于相互啮合的轮齿逐渐脱开，密封工作容积逐渐增大，将油液吸入并充满齿间，并通过齿轮的旋转把油液带到右侧的压油腔。齿轮的相互啮合使齿间的密封容积不断减小，油液便被从压油腔挤出，输送到压力管路中去。

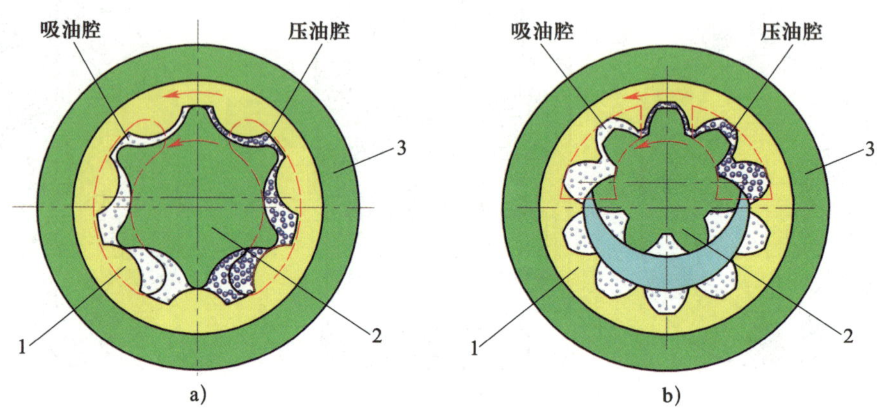

图 2–4　内啮合齿轮泵的工作原理

a）摆线齿形　b）渐开线齿形

1—内齿轮　2—小齿轮　3—泵体

2. 摆线齿内啮合齿轮泵的结构

摆线齿内啮合齿轮泵又称摆线转子泵，其结构如图 2–5 所示，主要由泵盖 2、泵体 6、泵轴 1、小齿轮 4 和内齿轮 3 等组成。泵轴 1 带动小齿轮 4 旋转，小齿轮 4 带动内齿轮 3 在泵体 6 中旋转。在泵体的右侧有吸油口和压油口，如图 2–5c 所示。

在摆线齿内啮合齿轮泵中，小齿轮和内齿轮只相差一个齿。内啮合齿轮泵中的小齿轮是主动轮，内齿轮为从动轮，在工作时内齿轮随小齿轮同向旋转。

三、齿轮泵运行中的主要问题

泄漏、困油现象和径向力不平衡是齿轮泵运行中的三大问题，它直接影响齿轮泵的性能和寿命。

1. 泄漏

泄漏是导致齿轮泵容积效率低的原因，泄漏主要发生在三个部位：一是轮齿啮合线的间隙处的泄漏，称为啮合线泄漏；二是泵体内表面和齿顶的径向间隙（齿顶间隙）处的泄漏，称为径向泄漏；三是齿轮两端面和侧板间的间隙（端面间隙）处的泄漏，称为轴向泄漏。其中轴向泄漏量最大，占总泄漏量的 70% ~ 80%。因此，普通齿轮泵的容积效率较低，输出压力也不容易提高。

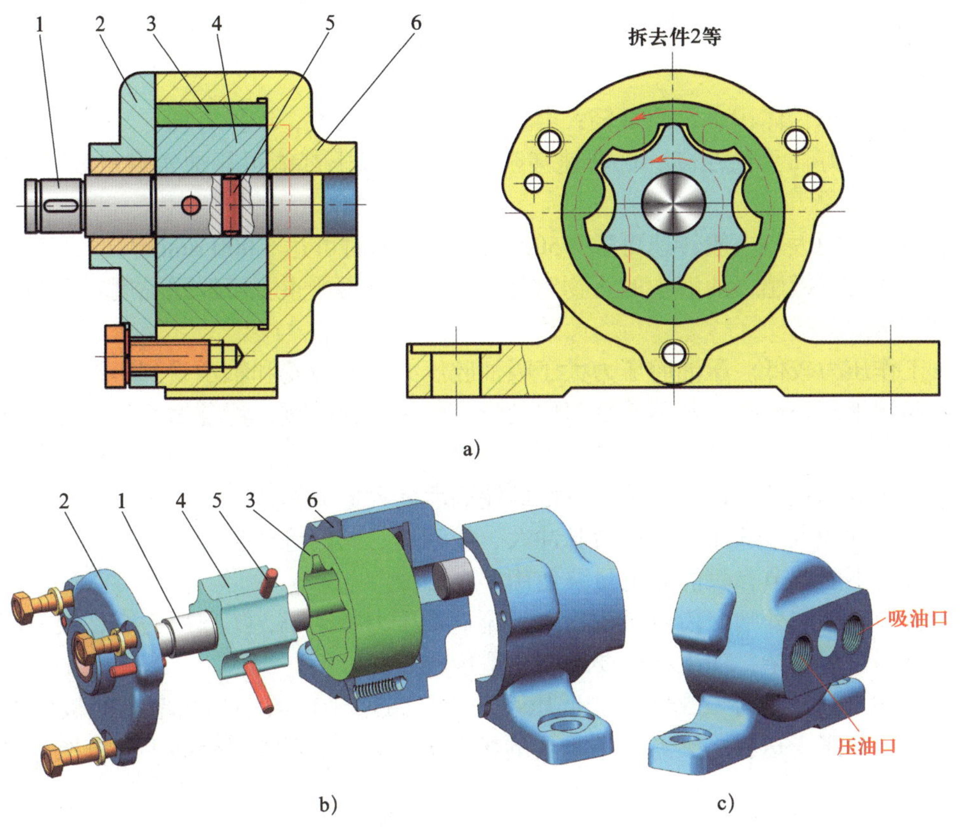

图 2-5　摆线齿内啮合齿轮泵的结构

a）二维图　b）三维图　c）吸油口和压油口

1—泵轴　2—泵盖　3—内齿轮　4—小齿轮　5—定位销　6—泵体

2. 困油现象

齿轮泵要平稳工作，齿轮啮合的重叠系数必须大于 1，于是总有两对齿轮同时啮合，并有一部分油液被困在两对齿轮所形成的封闭空腔之间，如图 2-6 所示。这个封闭的容积随着齿轮的转动在不断地发生变化。密封容积由大变小时，被封闭的油液受挤压并从缝隙中以很大的压力挤出，油液发热，并使轴承受到额外负载；而密封容积由小变大时，又会造成局部真空，使溶解在油中的气体分离出来，产生空穴现象，这就是困油现象。困油现象使泵产生强烈的振动和噪声。

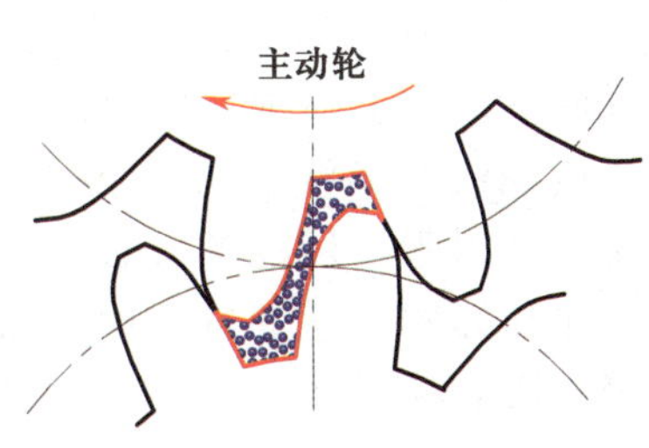

图 2-6　困油现象

3. 径向力不平衡

齿轮泵在工作时，作用在齿轮外圆上的压力是不均匀的。在压油腔和吸油腔，齿轮外圆分别承受着系统工作压力和吸油压力；在齿轮齿顶圆与泵体内孔的径向间隙中，油液压力由高压腔压力逐渐下降到吸油腔压力。这些液体压力的合力相当于给齿轮一个径向不平衡作用力，使齿轮和轴承受载。

四、齿轮泵的特点及用途

1. 齿轮泵的优点

（1）结构简单，体积小，质量轻；容易制造，价格低廉，维护方便。

（2）自吸性好。无论在高、低转速甚至在手动情况下都能可靠地实现自吸。工作可靠，不易出现咬死现象。

（3）转速范围大。一般转速可达 1 500 r/min，高速时可达 5 000 r/min。

（4）对油污不敏感，油液中的污物对其工作的影响不严重。可输送黏度较大的油液。

2. 齿轮泵的缺点

（1）工作压力较低。压油腔压力大于吸油腔压力，使齿轮和轴承受到不平衡的径向力的作用，引起轴承额外磨损，甚至使轴弯曲变形，导致磨损严重，泄漏增大，限制了泵的工作压力的提高。

（2）容积效率较低。这是由于齿轮泵的端面泄漏大造成的。

（3）流量脉冲大，从而引起压力脉冲大，使管道、阀门等产生振动，噪声大。

（4）流量不能调节，只能做定量泵使用。

内啮合齿轮泵与外啮合齿轮泵相比，其流量和压力脉动小，工作压力高，效率高，噪声低。其缺点是齿形复杂，加工精度要求高，造价较高。

齿轮泵主要用于小于 2.5 MPa 的低压系统中。常用于负载小、功率小的机床设备及机床辅助设备（如用于送料、夹紧等不重要的场合），在工作环境较差的工程机械上也广泛应用。

§2-3 叶片泵

叶片泵分为单作用式叶片泵和双作用式叶片泵。单作用式叶片泵一般是变量泵，双作用式叶片泵只能做成定量泵。两者的主要区别是定子内曲线的形状不同。曲线形状不同导致泵轴旋转一转时吸、压油的次数也不相同，单作用式叶片泵每转吸、压油各一次，双作用式叶片泵每转吸、压油各两次。

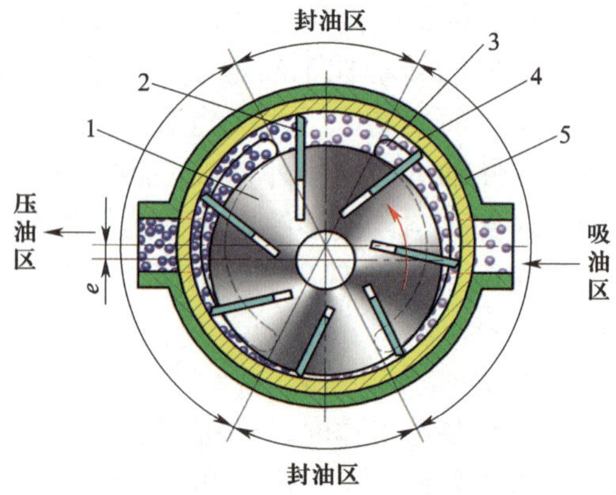

图 2–7　单作用式叶片泵的工作原理

1—转子　2—叶片　3—配油盘　4—定子　5—泵体

一、单作用式叶片泵

1. 单作用式叶片泵的工作原理

单作用式叶片泵的工作原理如图 2–7 所示，定子的内表面是圆柱面，转子和定子中心之间存在着偏心距 e，叶片在转子的槽内可灵活滑动。在转子转动时，在离心力以及叶片根部油压力作用下，叶片顶部贴紧在定子内表面上，于是两相

邻叶片、配油盘、定子和转子便形成了一个密封的工作腔。当转子回转时，工作腔的容积发生变化，从而实现吸油和压油。

（1）吸油过程

当转子按图示箭头方向回转时，右边的叶片逐渐伸出，相邻两叶片间的密封容积逐渐增大，形成局部真空，油箱中的油液在大气压作用下，经配油盘的吸油口吸入吸油腔，实现吸油。

（2）压油过程

左边的叶片被定子内壁逐渐压入槽内，密封容积逐渐减小，将油液经配油盘的压油口压出，实现压油。

在吸油区和压油区之间有一段封油区将它们隔开。

（3）流量调节原理

由于偏心距 e 的存在，如果在工作过程中改变 e 的大小，便可改变工作容腔的大小，这就形成了变量泵。如果偏心距 e 只能在一个直径方向上变化，这样的叶片泵是单向变量泵；如果偏心距 e 可在相反的两个直径方向变化，则这样的叶片泵是双向变量泵。

2. 限压式变量叶片泵

限压式变量叶片泵属于单作用式叶片泵，其流量的改变是利用压力的反馈作用实现的，它有外反馈和内反馈两种形式，下面主要介绍外反馈限压式变量叶片泵。

（1）外反馈限压式变量叶片泵的结构

外反馈限压式变量叶片泵的结构如图 2–8 所示。它主要由泵轴 6、泵体 5、泵盖 2、叶片 18、转子 19、定子 17、配油盘 4 和压盘 3 等组成。

转子 19 固定在泵轴 6 上，泵轴 6 支撑在两个滚针轴承 1 上做逆时针旋转。定子 17 可以左右移动，在左端限压弹簧 9 的作用下，定子被推向右端，靠紧在活塞 14 的左端面上，使定子中心和转子中心之间有一原始偏心距 e_0，它决定了泵的最大流量。

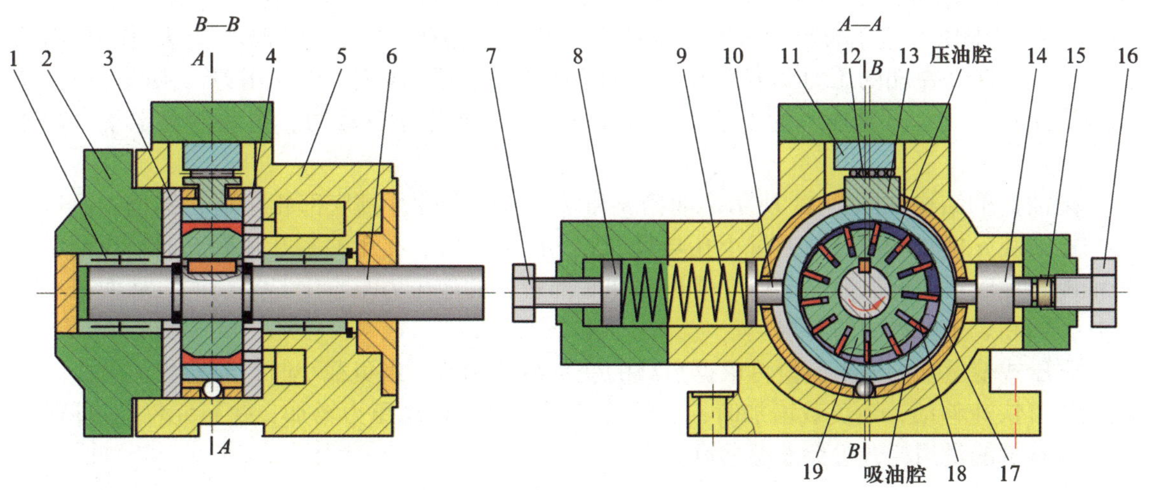

a)

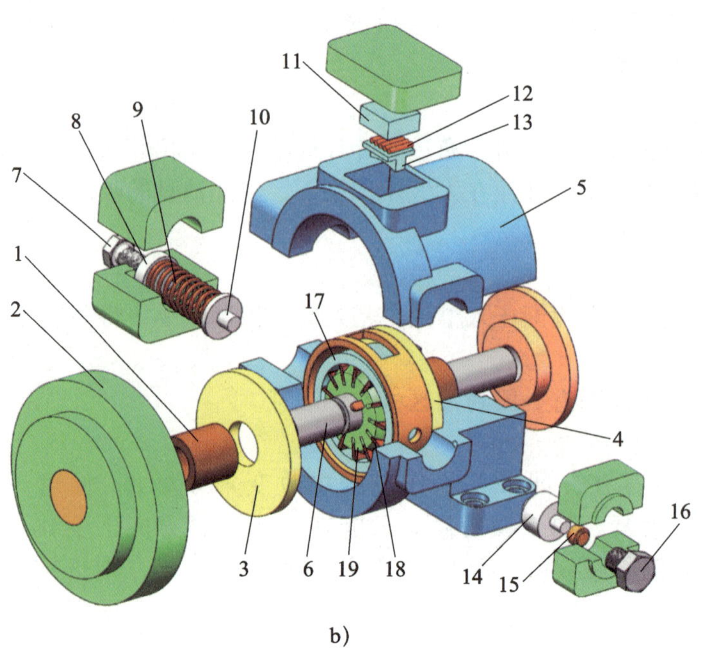

b）

图 2-8　外反馈限压式变量叶片泵的结构

a）二维图　b）三维图

1—滚针轴承　2—泵盖　3—压盘　4—配油盘　5—泵体　6—泵轴　7—压力调整螺栓　8—压板　9—限压弹簧　10—滑柱　11—上滑座　12—滚针　13—下滑座　14—活塞　15—柱塞　16—流量调节螺栓　17—定子　18—叶片　19—转子

（2）外反馈限压式变量叶片泵的工作原理

外反馈限压式变量叶片泵的工作原理如图 2-9 所示，转动流量调节螺栓 12，通过柱塞 11 来调节活塞 10 的位置，从而调节 e_0 的大小。在泵体 5 上钻有斜孔（图 2-10），压油腔中的压力油通过斜孔流入活塞 10 右侧的油腔，油压作用在活塞 10 的右端面上，当此作用力大于左端限压弹簧 3 的预调力时，推动定子 6 向左移动，偏心距 e 减小，从而使排出的流量减小。转动左端的压力调节螺栓 1，可调节限压弹簧 3 对定子的作用力，从而可改变泵的限定工作压力。下滑座 7 的下部支撑在定子 6 上。当定子移动时，滑块随着定子一起移动。

配油盘的结构如图 2-11 所示，油槽 b 和 d 与转子上叶片槽底部相接通，油槽 b 通过小孔与压油腔 a 接通。油槽 d 通过小孔与吸油腔 c 接通。所以在压油腔叶片底部通高压油，在吸油腔叶片底部通低压油。这样叶片顶部和底部所受的液压力基本上是平衡的，从而减小了叶片顶部和定子内表面的磨损。

限压式变量泵的输出流量可根据负载的变化自动调节。当负载小时，泵输出流量大，执行元件可快速移动；当负载增加时，泵输出流量变小，输出压力增加，执行元件速度降低。如此可减少能量消耗，避免油温上升。

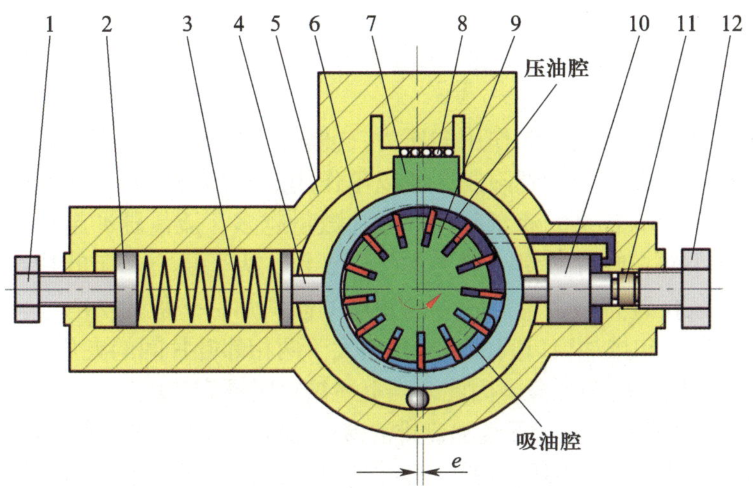

图 2–9 外反馈限压式变量叶片泵的工作原理

1—压力调整螺栓 2—压板 3—限压弹簧 4—滑柱 5—泵体 6—定子
7—下滑座 8—滚针 9—转子 10—活塞 11—柱塞 12—流量调节螺栓

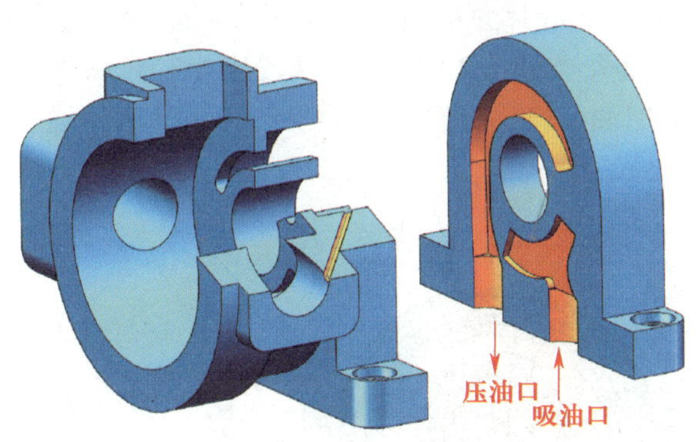

图 2–10 泵体

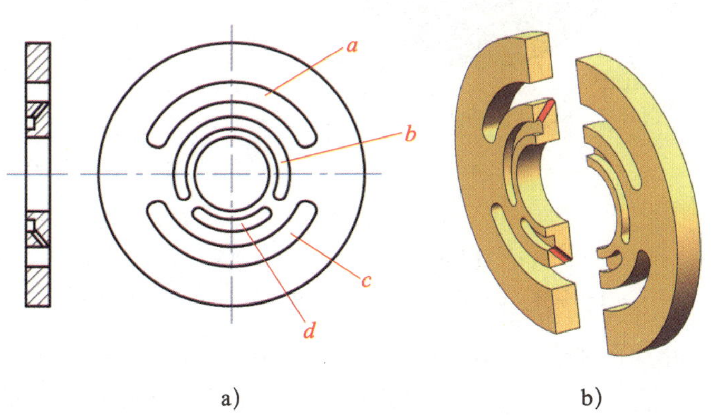

图 2–11 配油盘

a）二维图 b）三维图

3. 单作用式叶片泵的结构特点

（1）改变定子和转子之间的偏心距便可改变流量。偏心反向时，吸油和压油方向也相反。

（2）由于转子受到压油腔单向作用的压力，使转子轴和轴承受到较大的径向载荷，导致泵的工作压力和排量的提高均受到限制，所以单作用式叶片泵不宜用作高压泵。

（3）叶片的数量影响着泵的流量脉冲。叶片数量越多，流量脉冲越小。叶片的数量为奇数时，脉冲相对要小些，叶片数量一般为 13 或 15 片。为了更有利于叶片在惯性力作用下向外伸出，叶片的安装位置有一个与旋转方向相反的倾斜角，一般为 24°。

（4）配油盘的吸油和排油窗口间的密封角略大于两相邻叶片间的夹角，而单作用式叶片泵的定子不存在与转子同心的圆弧段，因此，当上述被封闭的容腔发生变化时，会产生与齿轮泵相类似的困油现象。通常，可通过在配油盘排油窗口边缘开三角卸荷槽的方法来消除困油现象。

（5）为了提高压力，减少端面泄漏，将配油盘的外侧与压油腔连通，使配油盘在液压推力作用下压向转子，这样使单作用式叶片泵的端面间隙具有自动补偿能力。

二、双作用式叶片泵

1. 双作用式叶片泵的工作原理

如图 2–12 所示，双作用式叶片泵的转子和定子中心重合，定子内表面的轮廓由八段曲线组成。这八段曲线由两段大半径（R）圆弧、两段小半径（r）圆弧及四段过渡曲线组成。在配油盘上，各开有两个配油窗口，分别与泵的吸油和压油槽相通。

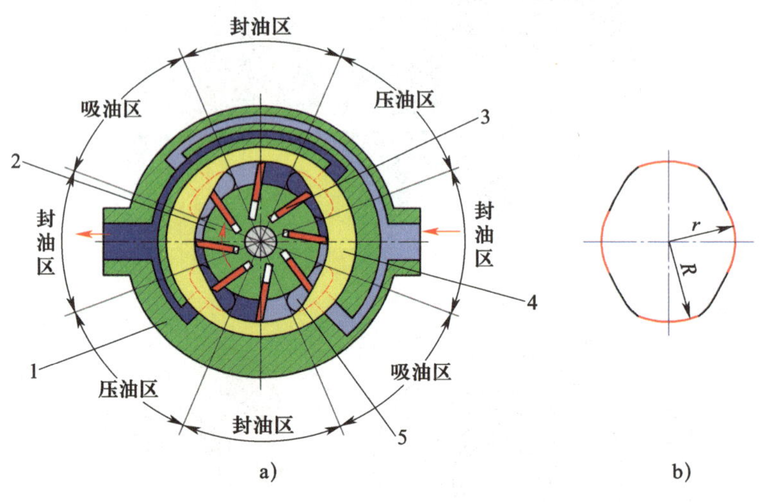

图 2–12　双作用式叶片泵的工作原理

a）工作原理　b）定子内表面曲线

1—泵体　2—转子　3—叶片　4—定子　5—配油盘

当转子转动时，叶片在离心力和根部压力油的作用下，在转子槽内径向移动压向定子内表面，在叶片、定子内表面、转子外表面和两侧配油盘间形成若干个密封空间。当转子按图 2–12 所示方向旋转时，处在定子内表面曲线小圆弧上的密封空间经过渡曲线向大圆弧运动时，叶片外伸，密封空间的容积增大，吸入油液；在从大圆弧经过渡曲线向小圆弧运动时，叶片被定子内壁逐渐压进槽内，密封空间容积变小，将油液从压油口压出。转子每转一周，每个工作空间要完成两次吸油和压油，所以称之为双作用式叶片泵。这种叶片泵由于有两个吸油腔和两个压油腔，并且各自的中心夹角是对称的，所以作用在转子上的油液压力相互平衡，因此双作用式叶片泵又称卸荷式叶片泵。为了使径向力完全平衡，密封空间数（叶片数）应是偶数。

2. 双作用式叶片泵的结构

如图 2–13 所示，双作用式叶片泵的结构与单作用式叶片泵基本相同。主要由左泵体 4、右泵体 8、泵盖 10、叶片 2、定子 1、转子 3、左配油盘 6、右配油盘 7 和泵轴 12 等组成。

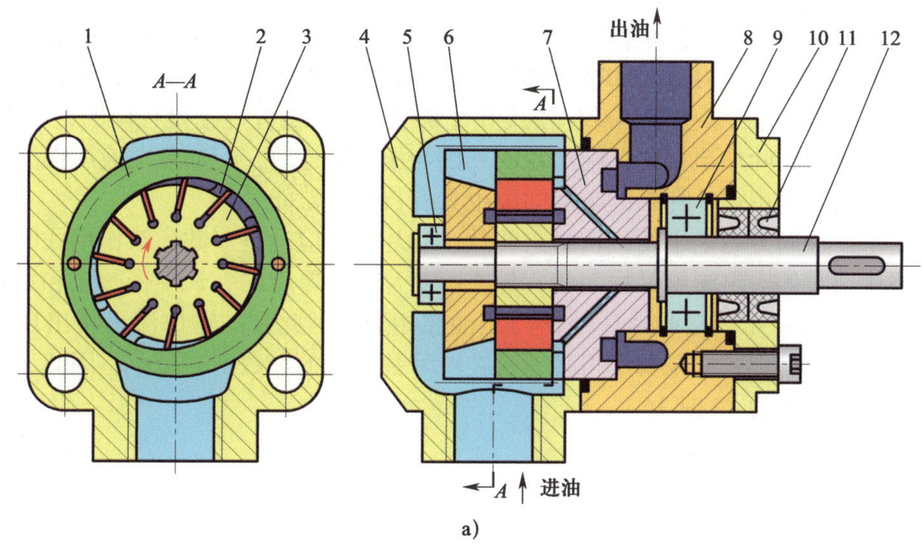

a)

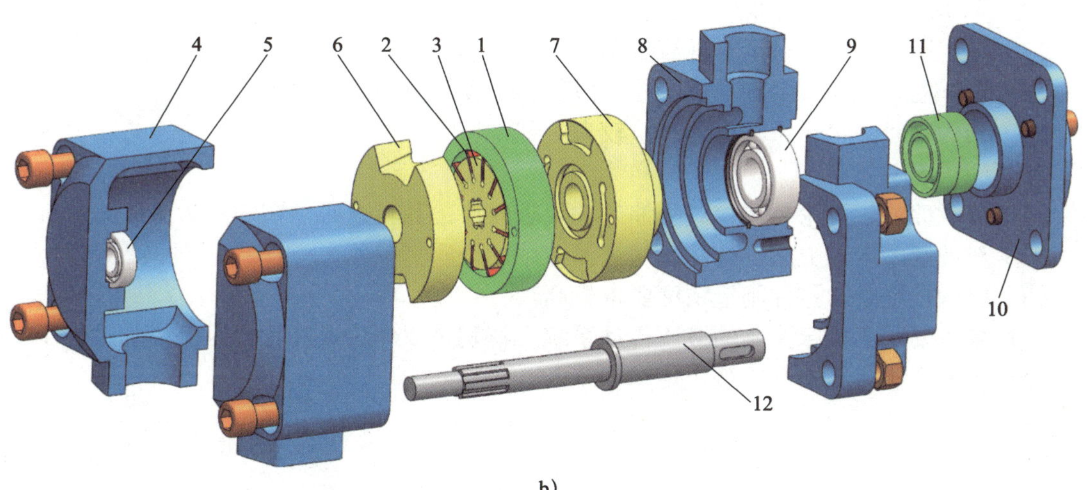

b)

图 2–13　双作用式叶片泵的结构

a）二维图　b）三维图

1—定子　2—叶片　3—转子　4—左泵体　5—小轴承　6—左配油盘　7—右配油盘

8—右泵体　9—大轴承　10—泵盖　11—密封圈　12—泵轴

在左泵体 4 和右泵体 8 之间形成的腔体内安装有定子 1、转子 3、左配油盘 6 和右配油盘 7 等。转子 3 上开有十二条倾斜的槽，叶片 2 装在槽内。转子由泵轴 12 带动旋转，泵轴 12 由小轴承 5 和大轴承 9 支撑。泵盖 10 和传动轴间用两个密封圈 11 密封，以防止漏油和空气进入。油液从左泵体的吸油口吸入，经过左泵体上的空腔，进入左、右配油盘的吸油口，然后被吸入叶片泵的密封容积内。压力油被压入右配油盘中的环形槽和右泵体的环形槽中，然后从压油口压出。右配油盘上的斜孔是为了让泄漏的油液流回吸油腔。

3. 双作用式叶片泵的结构特点

（1）定子内表面的曲线由四段圆弧和四段过渡曲线组成，使叶片转到过渡曲线和圆弧段交接点处的加速度突变不大，减小了冲击和噪声，同时，还使泵的瞬时流量的脉动最小。

（2）为改善叶片的受力情况和减少磨损，叶片的安装位置处有一个与旋转方向一致的倾角，一般为 13°。但是在某些高压双作用式叶片泵中，转子的叶片槽是径向的，没有倾斜。

（3）与单作用式叶片泵相同，配油盘的外侧与压油腔连通，配油盘在液压推力作用下压向转子，从而使双作用式叶片泵的端面间隙也具有自动补偿能力。

（4）为了使径向力完全平衡，密封空间数（叶片数）应当是双数。双作用式叶片泵如不考虑叶片厚度，泵的输出流量是均匀的，但实际叶片是有厚度的，长半径圆弧和短半径圆弧也不可能完全同心，尤其是叶片底部槽与压油腔相通，因此泵的输出流量将出现微小的脉动，但其脉动较其他形式的泵要小得多，且在叶片数为 4 的整数倍时最小。因此，双作用式叶片泵的叶片数一般为 12 或 16。

三、叶片泵的特点及应用

1. 叶片泵的主要优点

（1）输出流量比齿轮泵均匀，运转平稳，噪声小。

（2）工作压力较高，容积效率也较高。

（3）单作用式叶片泵易于实现流量调节。

（4）双作用式叶片泵因转子所受径向液压力平衡，故使用寿命较长。

（5）结构紧凑，轮廓尺寸小，流量较大。

2. 叶片泵的主要缺点

（1）自吸性能较齿轮泵差，对吸油条件要求较严，其转速必须在 500 ~ 1 500 r/min。

（2）对油液污染较敏感，叶片容易被油液中的杂质“咬死”，工作可靠性较差。

（3）结构较复杂，零件制造精度要求较高。

叶片泵主要用于机床控制的液压传动系统，特别是双作用式叶片泵因流量脉动很小，故广泛应用于各类机床等中低压液压传动系统。

§2-4 柱 塞 泵

柱塞泵是依靠柱塞在缸体内往复运动时使密封工作腔容积发生变化来实现吸油、压油的。因柱塞和缸体内的孔均为圆柱表面，加工方便，配合精度高，密封性能好，故能在高压

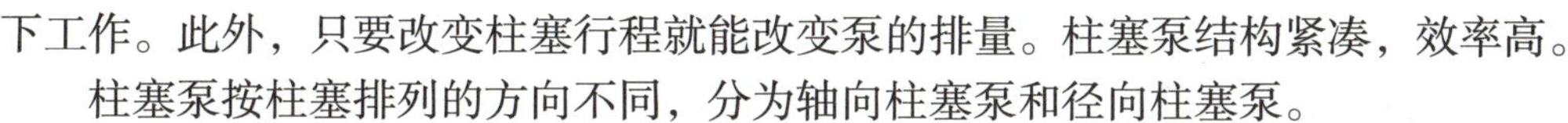

下工作。此外，只要改变柱塞行程就能改变泵的排量。柱塞泵结构紧凑，效率高。

柱塞泵按柱塞排列的方向不同，分为轴向柱塞泵和径向柱塞泵。

一、轴向柱塞泵

轴向柱塞泵具有压力高、功率大、易于改变排量等优点，应用广泛。但这类泵的结构复杂，使用和维修技术要求较高。轴向柱塞泵按结构特点又分为斜盘式和斜轴式两类。

1. 斜盘式轴向柱塞泵

如图 2–14 所示，斜盘式轴向柱塞泵主要由柱塞、缸体、斜盘、压板、传动轴和配油盘等组成。

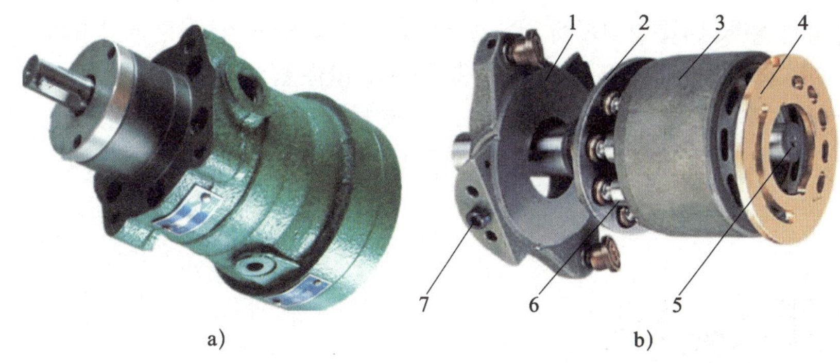

图 2–14 斜盘式轴向柱塞泵

a）实物图 b）主要结构

1—斜盘 2—压板 3—缸体 4—配油盘 5—传动轴 6—柱塞 7—斜盘调节机构

斜盘式轴向柱塞泵的工作原理如图 2–15 所示，斜盘 1 和配油盘 10 固定不动，斜盘法线与缸体轴线有交角 α 。缸体 7 由传动轴 9 带动旋转，内套筒 4 在中心弹簧 6 的作用下，通过压板 3 使柱塞 5 头部的滑履 2 紧靠在斜盘上，外套筒 8 在弹簧 6 的作用下，使缸体 7 与配油盘 10 紧密接触，起密封作用。在配油盘 10 上开有环状吸油口和压油口。

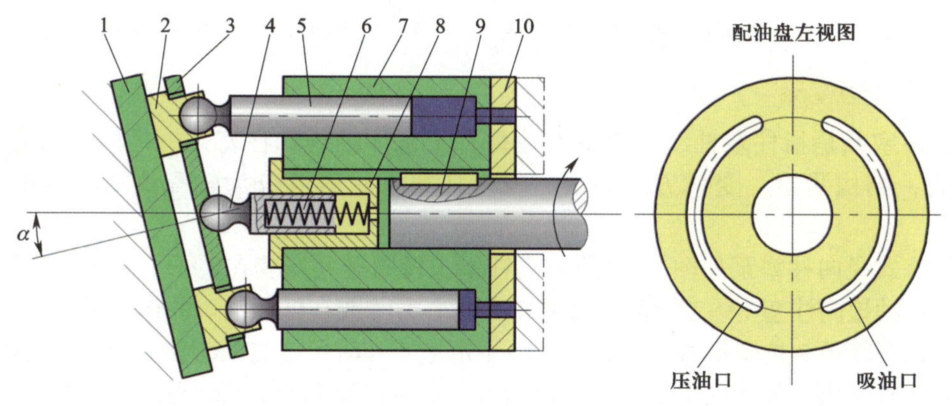

图 2–15 斜盘式轴向柱塞泵工作原理示意图

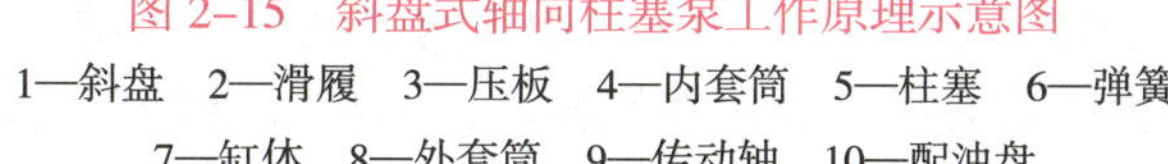

1—斜盘 2—滑履 3—压板 4—内套筒 5—柱塞 6—弹簧

7—缸体 8—外套筒 9—传动轴 10—配油盘

当传动轴 9 带动缸体 7 按图 2-15 所示方向旋转时，在前半周时，柱塞逐渐向外伸出，柱塞与缸体孔内的密封容积逐渐增大，形成局部真空，通过配油盘的吸油口吸油；缸体在后半周时，柱塞在斜盘斜面作用下，逐渐被压入柱塞孔内，密封容积逐渐减小，通过配油盘的压油口压油。缸体每转一转，每个柱塞往复运动一次，完成吸、压油各一次。

改变斜盘倾角 α 的大小，即可改变柱塞行程的长度，从而改变泵的输出流量。斜盘倾角 α 越大，则输出的流量也越大。如果改变斜盘的倾斜方向，则泵的吸油口和压油口互换；所以轴向柱塞泵是双向变量泵。

2. 斜轴式轴向柱塞泵

斜轴式轴向柱塞泵如图 2-16 所示。缸体 4 的轴线相对于传动轴 1 的轴线有倾角 γ。连杆 2 的两端为球体，分别与传动轴 1 右端的圆盘和柱塞 3 相连。当传动轴 1 旋转时，传动轴上的圆盘通过连杆 2 带动缸体 4 旋转，并使柱塞 3 在缸体内做往复运动，通过配油盘 5 上的配油口完成吸油和压油过程。改变缸体的倾角 γ 便可改变其流量，使其成为变量泵。

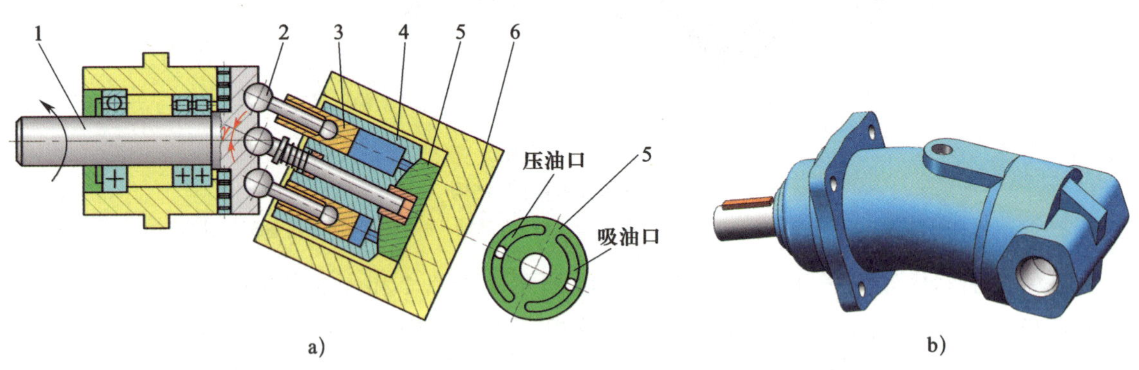

图 2-16 斜轴式轴向柱塞泵

a）工作原理图 b）外形图

1—传动轴 2—连杆 3—柱塞 4—缸体 5—配油盘 6—后泵体

二、径向柱塞泵

径向柱塞泵是指柱塞轴线垂直或大致垂直于泵体轴线的柱塞泵。径向柱塞泵的容积效率较高，结构紧凑，变量方式灵活。径向柱塞泵一般可分为轴配流式和阀配流式两种。

轴配流式径向柱塞泵如图 2-17 所示。柱塞 1 径向排列安装在转子（缸体）2 中，转子由电动机带动连同柱塞 1 一起旋转。柱塞 1 在离心力（或在低压油）的作用下抵紧在定子 4 的内壁上，当转子 2 按图示方向回转时，由于定子 4 和转子 2 之间有偏心距 e，柱塞 1 绕经上半周时向外伸出，柱塞底部的容积逐渐增大，形成局部真空，因此便经过衬套 3（衬套 3 和转子 2 采用过盈配合连接）上的油孔从配油轴 5 的吸油口 b 吸油；当柱塞转到下半周时，定子内壁将柱塞向里推，柱塞底部的容积逐渐减小，向配油轴的压油口 c 压油。当转子回转一周时，每个柱塞底部的密封容积完成一次吸、压油，转子连续运转，即完成吸、压油工作。配油轴固定不动，油液从配油轴上半部的两个孔 a 流入，从下半部两个油孔 d 压出，为了进行配油，配油轴在和衬套 3 接触的一段加工出上下两个缺口，形成吸油口 b 和压油口 c，留下的部分形成封油区。

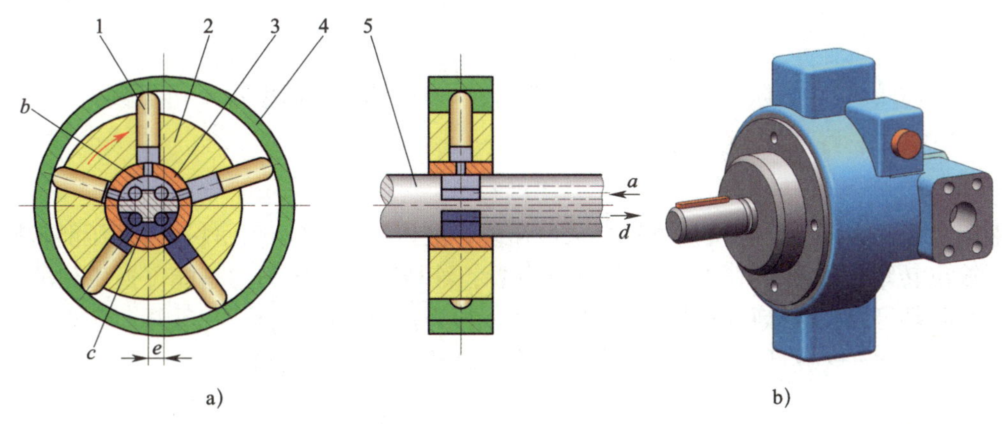

图 2–17 轴配流式径向柱塞泵

a）原理图 b）外形图

1—柱塞 2—转子（缸体） 3—衬套 4—定子 5—配油轴

三、柱塞泵的特点及应用

1. 柱塞泵的特点

（1）柱塞泵的主要优点

与其他类型的液压泵相比，柱塞泵的主要优点包括：

1）工作压力高。因柱塞和缸孔加工容易，尺寸精度和表面质量可达到很高的要求，因而配合精度高，油液泄漏少，容积效率高，能达到的工作压力一般为 20 ~ 40 MPa。最高可达 100 MPa。

2）流量范围大。只要适当地加大柱塞的直径或增加柱塞的数目，流量便随之增大。

3）改变柱塞的行程就能改变流量，容易加工成各种变量泵。

4）柱塞泵的主要零件均受压，即受力情况好，材料强度性能可得到充分利用，具有较长的使用寿命，单位功率质量小。

5）柱塞泵有良好的双向变量能力。

（2）柱塞泵的主要缺点

柱塞泵的主要缺点包括：

1）对介质清洁度要求较苛刻。

2）流量脉动较大，因此噪声较大。

3）结构较复杂，造价高，维修困难。

2. 柱塞泵的应用

由于柱塞泵压力高、结构紧凑、效率高、流量调节方便，故常用在需要高压、大流量、大功率的系统中和流量需要调节的场合，如在龙门刨床、拉床、液压机、工程机械、矿山冶金机械、船舶上得到广泛的应用。

§2-5 液压马达

液压马达是执行元件，它将油液的压力能转换为机械能，输出转矩和转速。

一、液压马达的特点及类型

1. 液压马达的特点

液压泵是动力元件，把机械能转换成液压能；液压马达是执行元件，将液压能转换为机械能，输出转矩，如图 2–18 所示。从原理上看，液压泵与液压马达是能可逆工作的，任何一种液压泵都可以作为液压马达使用，向其输入压力油就可以使其输出转矩。它们具有相同的基本结构要素——密闭且可以周期变化的容积和相应的配流机构。

图 2–18　液压泵与液压马达工作示意图

但是，由于液压马达和液压泵的工作条件不同，对它们的性能要求也不一样，所以同类型的液压马达和液压泵之间，仍存在许多差别。液压马达的特点如下：

（1）双向液压马达应能够正、反转，因而要求其内部结构对称；

（2）液压马达的转速范围需要足够大，特别是对它的最低稳定转速有一定的要求，因此它通常都采用滚动轴承或静压滑动轴承；

（3）液压马达由于在输入压力油条件下工作，因而不必具备自吸能力，但密封容积需要具有一定的初始密封性，才能提供必要的启动转矩。这些差别使得大多数液压马达和液压泵在结构上比较相似，但不能可逆工作。

2. 液压马达的类型

液压马达按结构可分为齿轮式液压马达、叶片式液压马达和柱塞式液压马达等。

二、液压马达的工作原理

1. 齿轮式液压马达

外啮合齿轮式液压马达如图 2–19 所示，当压力油进入马达的高压腔时，完全处于高压腔的轮齿（b 和 b'）所受压力油的作用力相互抵消，高压腔上、下边缘处的轮齿（a 和 a'）只有高压腔侧受到单方向作用力（图中用两个箭头表示），相互啮合的一对轮齿（c 和 c'）

的齿面只有一部分受压力油的作用（图中用一个箭头表示）。这样两个齿轮上就会各有一个让它们产生转矩的作用力，从而使两齿轮旋转，并将油液带到低压腔排出。

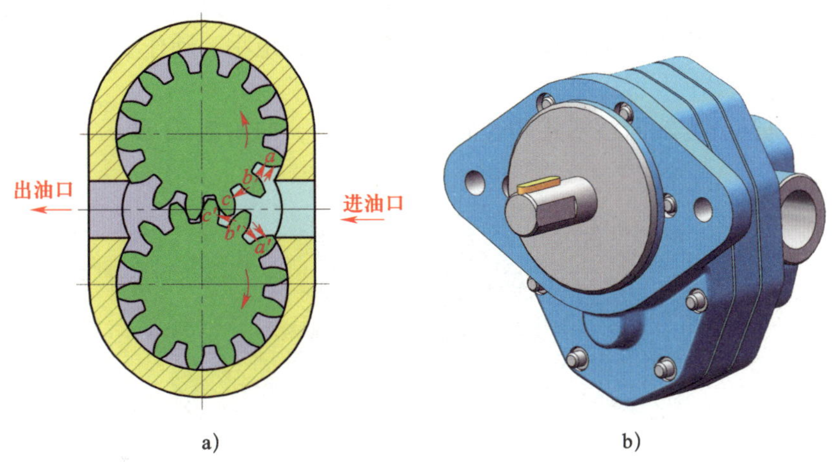

图 2-19　外啮合齿轮式液压马达

a）工作原理图　b）外形图

由于结构上的原因，齿轮式液压马达的密封性差，容积效率较低，输入的液压油压力不能过高，输出的转矩较小，仅能在高转速、小转矩的场合下使用。

2. 叶片式液压马达

图 2-20 所示为叶片式液压马达的工作原理与外形。当压力油进入高压腔后，在叶片 1 和 2、2 和 3、5 和 6、6 和 7 的空间充满了压力油，叶片 1 和 3 的一面作用着高压油，另一面作用着低压油。由于叶片 3 伸出的面积大于叶片 1 伸出的面积，所以作用在叶片 3 上的总液压力大于作用在叶片 1 上的总液压力；叶片 2 两面同时受液压油的作用，受力平衡，对转子不产生转矩，于是这个压力差使叶片带动转子沿逆时针方向旋转。作用在叶片 5 和叶片 7 上的液压力，其作用原理相同。

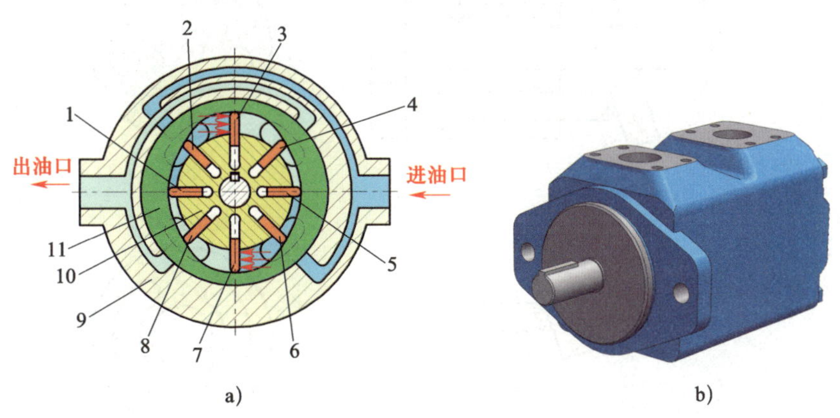

图 2-20　叶片式液压马达

a）工作原理图　b）外形图

1 ~ 8—叶片　9—外壳　10—转子　11—定子

叶片式液压马达输出的转矩和马达进、出口液压油的压力差与排量有关，压力差大，输出转矩也大。其转速由输入液压马达的流量决定。

叶片式液压马达体积小，转动惯量小，动作灵敏，适用于换向频率较高的场合。但工作时泄漏量较大，低速工作不稳定，故一般用于转速高、转矩小、动作要求灵敏的场合。

3. 柱塞式液压马达

柱塞式液压马达分为轴向柱塞式和径向柱塞式两种，如图 2–21 所示。

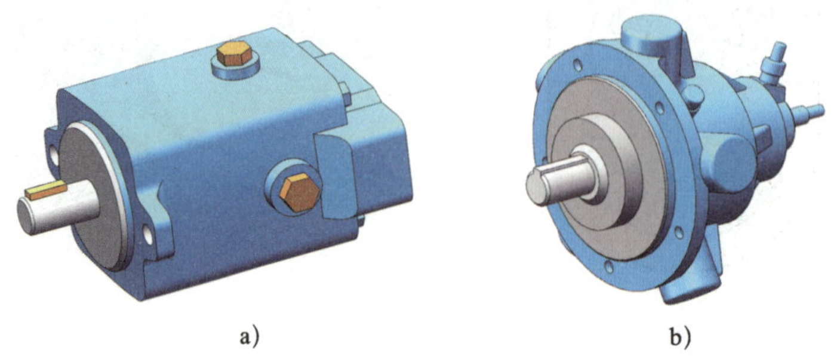

图 2–21　柱塞式液压马达

a）轴向柱塞式液压马达　b）径向柱塞式液压马达

轴向柱塞式液压马达的工作原理如图 2–22 所示，斜盘 1 和配油盘 4 固定不动。柱塞 3 放置在缸体 2 中，缸体 2 和马达轴 5 相连一起旋转。斜盘的中心线倾斜，与缸体中心线的夹角为 α 。配油盘后侧的油口为压油口，前侧油口为排油口。当压力油通过配油盘上的配油口输入到缸体上的柱塞腔时，压力油把腔中的柱塞顶出，使之压在斜盘上。斜盘对柱塞的反作用力 F 垂直于斜盘表面，这个力的水平分量 F_x 与柱塞上的液压力平衡，而垂直分量 F_y 则使每个柱塞都对转子中心产生一个转矩，使缸体和马达轴沿逆时针方向旋转。

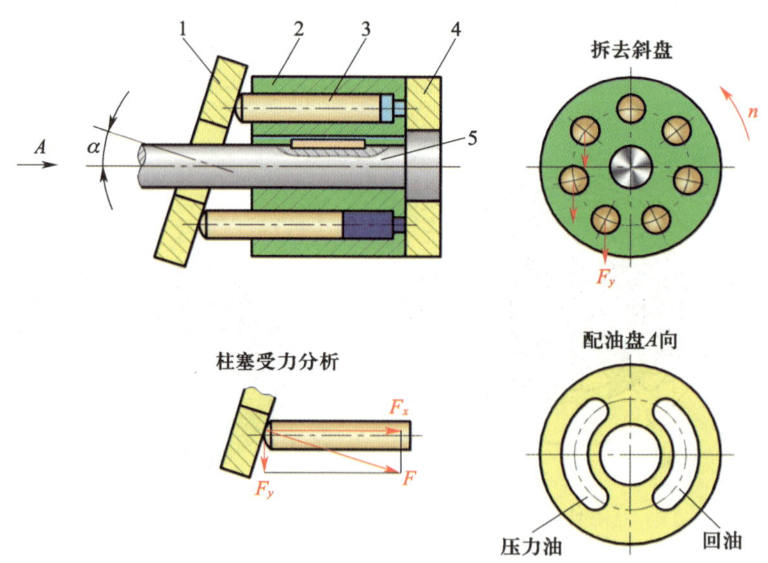

图 2–22　轴向柱塞式液压马达的工作原理

1—斜盘　2—缸体　3—柱塞　4—配油盘　5—马达轴

如果改变了压力油的输入方向，则轴向柱塞式液压马达的旋转方向也随之改变。为了适应正、反转的需要，配油盘要做成对称结构，进、出油口的通径应相等，以免影响马达正、反转的性能。

轴向柱塞式液压马达排量较小，输出转矩不大，是一种高速、小转矩的液压马达。径向柱塞式液压马达的工作原理与径向柱塞泵类似，可用于低速、大转矩传动系统。

三、液压马达的图形符号

常用液压马达的图形符号见表 2–3。

表 2–3　　常用液压马达的图形符号

名称	图形符号	说明
单向定量液压马达		单向输入，输入流量不可调节
双向定量液压马达	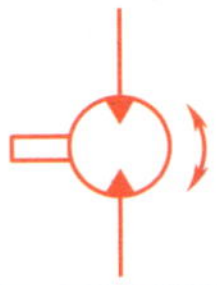	双向输入，输入流量不可调节
单向变量液压马达		单向输入，输入流量可调节
双向变量液压马达		双向输入，输入流量可调节

注：（1）大圆表示液压马达壳体。
（2）向内的实心三角形表示马达。
（3）一个实心三角形表示单向马达，两个则表示双向马达。
（4）圆上、下两侧的线段表示元件接口。
（5）▭表示机械连接的轴。
（6）弧线单箭头表示单向旋转，双箭头表示双向旋转。
（7）有长斜箭头表示排量可调节的变量马达，否则为定量马达。

§2-6　液压泵与液压马达的选择

一、液压泵的选择

选择液压泵时，首先要考虑液压传动系统的工况要求（压力、流量），其次要考虑泵的性能，以确定液压泵的输出流量、工作压力、结构类型和电动机功率；以及使用环境、温度、清洁状况、安放位置、维护保养和经济性等因素。通过综合分析比较，最后确定合适的液压泵类型。一般在负载小、功率小的机械设备中，可用齿轮泵或双作用式叶片泵；精度较高的机械设备（如磨床）可用双作用式叶片泵或限压式变量叶片泵；在负载较大且有快速和慢速工作行程的机械设备（如组合机床）中，可使用限压式变量叶片泵；负载大、功率大的机械设备（如液压机、龙门刨床），一般选用柱塞泵。而机械设备的辅助装置，如送料、夹紧等场合，可选用价廉的齿轮泵。具体选用可参考表 2–4 和表 2–5。

表 2–4　　各类液压泵的技术性能

<table>
<tr><th colspan="3">类型</th><th>压力
p/MPa</th><th>排量 q/
（$L \cdot min^{-1}$）</th><th>转速 n/
（$r \cdot min^{-1}$）</th><th>最大功率
P/kW</th><th>容积效率
η_v/%</th><th>总效率
η/%</th></tr>
<tr><td rowspan="3">齿轮泵</td><td colspan="2">外啮合</td><td>≤ 25</td><td>0.5 ~ 650</td><td>300 ~ 7 000</td><td>120</td><td>70 ~ 95</td><td>63 ~ 87</td></tr>
<tr><td rowspan="2">内啮合</td><td>渐开线齿形</td><td>≤ 30</td><td>0.8 ~ 300</td><td>1 500 ~ 2 000</td><td>350</td><td>≤ 96</td><td>≤ 90</td></tr>
<tr><td>摆线齿形</td><td>1.6 ~ 16</td><td>2.5 ~ 150</td><td>1 000 ~ 4 500</td><td>120</td><td>80 ~ 90</td><td>65 ~ 80</td></tr>
<tr><td rowspan="2">叶片泵</td><td colspan="2">单作用式</td><td>≤ 6.3</td><td>1 ~ 320</td><td>500 ~ 2 000</td><td>300</td><td>85 ~ 92</td><td>64 ~ 81</td></tr>
<tr><td colspan="2">双作用式</td><td>6.3 ~ 32</td><td>0.5 ~ 480</td><td>500 ~ 4 000</td><td>320</td><td>80 ~ 94</td><td>65 ~ 82</td></tr>
<tr><td rowspan="3">柱塞泵</td><td rowspan="2">轴向</td><td>直轴式
端面配流</td><td>≤ 10</td><td>0.2 ~ 560</td><td>600 ~ 2 200</td><td>730</td><td>88 ~ 93</td><td>81 ~ 88</td></tr>
<tr><td>斜轴式
端面配流</td><td>≤ 40</td><td>0.2 ~ 3 600</td><td>600 ~ 1 800</td><td>260</td><td>88 ~ 93</td><td>81 ~ 88</td></tr>
<tr><td colspan="2">径向轴配流</td><td>10 ~ 20</td><td>20 ~ 720</td><td>700 ~ 1 800</td><td>250</td><td>80 ~ 90</td><td>81 ~ 83</td></tr>
</table>

表 2–5　　各类液压泵的特点和应用范围

<table>
<tr><th colspan="2">类型</th><th>特点</th><th>应用范围</th></tr>
<tr><td colspan="2">齿轮泵</td><td>结构简单，价格便宜，工作可靠，自吸能力强，抗污染能力强，维修方便，耐冲击，转动惯量大。但流量不可调节，脉动大，噪声大，易磨损且磨损后的维修费用较高，压力低，效率低
高压齿轮泵的压力较高，内啮合摆线齿轮泵结构紧凑，转速高</td><td>常用于工作压力低于 2.5 MPa 的机床液压系统，或低压大流量系统；中、高压齿轮泵常用于工程机械、航空和船舶等</td></tr>
<tr><td rowspan="2">叶片泵</td><td>单作用式
（变量）</td><td>改变偏心距可改变流量，流量脉动一般，效率较低。与变量柱塞泵相比，结构简单、价格便宜
轴承受单向力作用，易磨损，泄漏大，压力不高，自吸能力较差，噪声较大</td><td>在中、低压液压系统中用得较多，常用在精密机床及一些功率较大的设备上，如高精度平面磨床</td></tr>
<tr><td>双作用式</td><td>轴承径向受力平衡，使用寿命较长，结构紧凑，流量均匀，运转平稳，噪声小。但不能做成变量泵，转速大于 500 r/min 才能可靠吸油，定子表面易磨损，叶片易咬死、折断，可靠性差</td><td>在各类机床设备中广泛应用，如注塑机、运输装卸机械和工程机械等</td></tr>
</table>

续表

类型		特点	应用范围
柱塞泵	轴向	径向尺寸小，转动惯量小，转速高，流量大，压力高，变量调节方便，效率高。但结构复杂，价格较贵，自吸能力差，噪声大，对油的清洁度要求高，耐冲击振动性比径向柱塞泵稍差	在各类高压系统中应用广泛，如冶金、锻压、矿山、起重、运输、建筑、工程机械等
	径向	耐冲击振动能力强，工作可靠，密封性好，效率高，压力高，流量调节方便。但结构复杂，径向尺寸大，价格较贵，转动惯量大，转速不能过高，噪声大，自吸能力差，对油清洁度要求高	多用在 10 MPa 以上的各类液压系统中，常用于固定设备，如拉床、液压机和船舶等

二、液压马达的选择

在选定液压马达时，要考虑液压系统的使用要求、工作压力、转速范围、运行转矩、总效率、使用寿命等机械性能，同时要考虑液压马达在机械设备上的安装条件、外形尺寸及工作环境等因素。

液压马达的种类很多，特性不一样，应针对具体用途选择合适的液压马达。若工作机构速度高、负载小，可选用齿轮式液压马达或叶片式液压马达；若速度平稳性要求高，可选用双作用叶片式液压马达；若负载较大时，则宜选用轴向柱塞式液压马达。若工作机构速度低、负载大，则有两种选择方案：一是用高速、小转矩液压马达，配合减速装置来驱动工作机构；二是选用低速、大转矩液压马达，直接驱动工作机构。常用液压马达的性能比较见表 2–6。

表 2–6　常用液压马达的性能比较

类型	压力	排量	转速	转矩	性能及适用工况
齿轮式液压马达	中	小	小	小	结构简单、价格低、抗污染性能好、效率低，适用于负载扭矩不大、运动平稳性要求不高、噪声限制不大的场合
叶片式液压马达	中	小	高	小	结构简单、噪声和流量脉动小，适用于负载转矩不大，运动平稳性和噪声要求较高的场合
轴向柱塞式液压马达	高	小	高	较大	效率高、可变流量，但结构复杂、价格高、抗污染性能差，适用于高速运转、负载较大、速度平稳性要求较高的场合
径向柱塞式液压马达	高	大	低	大	结构复杂、价格高、低速稳定性和启动性能较差，适用于负载转矩大、速度低（5 ~ 10 r/min），对运动平稳性要求不高的场合

三、液压泵与液压马达的比较

1. 动力不同

液压马达是靠输入液体的压力来启动工作的，而液压泵是靠电动机或其他原动机驱动的。

2. 配流机构、进出油口不同

有正、反转要求的液压马达，所有配流机构是对称的，进、出油口孔径相等；而液压泵一般是单向旋转的，其配流机构不对称，进油口孔径比出油口大。

3. 对自吸性要求不同

液压马达依靠压力油工作，不需要有自吸性；而液压泵必须具备自吸性。

4. 泄油口的形式不同

液压泵常采用内泄漏形式，内部泄油口直接与液压泵吸油口相通。而液压马达是双向运转，高、低压油口互相转换。当用出油口节流调速时，液压马达产生背压，使内泄油口压力增高，很容易因压力损坏密封圈。因此，液压马达采用外泄漏形式。

5. 液压马达的容积效率比液压泵低

流量小时，液压马达的容积效率更低，故液压马达的转速不能过低，即供油的流量不能太少。

6. 液压马达启动转矩大

为使启动转矩尽量与工作状态接近，要求液压马达的转矩脉动要小，内部摩擦要小，因此齿数、叶片数或柱塞数要比液压泵多。液压马达的轴向间隙补偿装置的压紧力比液压泵小，以减小摩擦力。

第三章　液　压　缸

液压缸是液压传动系统中最常用的执行元件，它将液压油的压力能转换为往复直线运动的机械能，如图 3–1 所示。液压缸结构简单，工作可靠，与杠杆、连杆、齿轮齿条、棘轮棘爪、凸轮等机构配合使用，可以实现多种机械运动。液压缸在各类机械的液压传动系统中得到了广泛的应用。

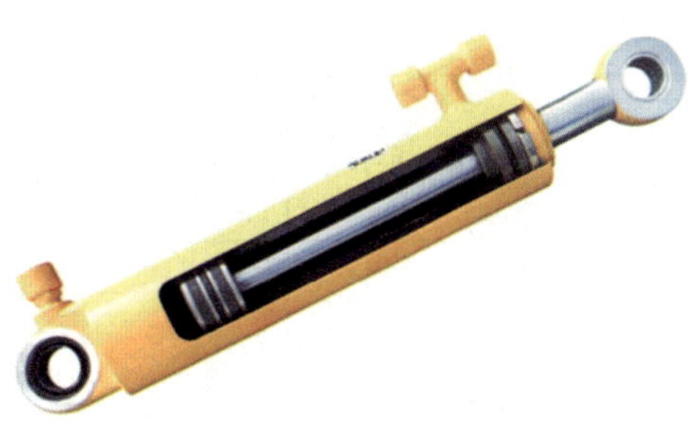

图 3–1　液压缸

§3–1　液压缸的类型及图形符号

一、液压缸的类型

液压缸的类型很多，分类方法各异。按其结构形式的不同可分为活塞式液压缸、柱塞式液压缸、组合式液压缸；按液体压力的作用方式不同又可分为单作用液压缸和双作用液压缸。单作用液压缸只利用液压力推动活塞向着一个方向运动，而反向运动则需借助弹簧力或外力实现。双作用液压缸其正、反两个方向的运动都依靠液压力来实现。

液压缸按不同的使用压力可分为中低压、中高压和高压液压缸。对于机床类机械一般采用中低压液压缸，其额定压力一般为 2.5 ~ 6.3 MPa。要求体积小、质量轻、功率大的工程车辆和飞机采用中高压液压缸，其额定压力一般为 10 ~ 16 MPa。油压机类机械采用高压类液压缸，其额定压力一般为 25 ~ 31 MPa。

二、液压缸的图形符号

常用液压缸的类型及图形符号见表 3–1。

表 3–1　　常用液压缸的类型及图形符号

类型	名称	图形符号	说明
单作用液压缸	单作用柱塞缸		柱塞仅单向液压驱动，返回行程利用自重或其他外力将柱塞推回

续表

类型	名称	图形符号	说明
单作用液压缸	单作用单杆缸		活塞（杆）仅单向液压驱动，返回行程利用弹簧力将活塞推回
	单作用伸缩缸	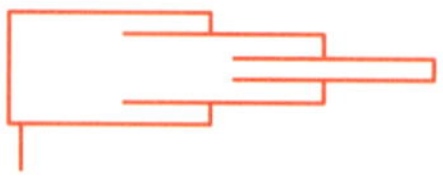	以短缸获得长行程。用油液压力将活塞由大到小逐节推出，靠外力由小到大逐节缩回
双作用液压缸	双作用单杆缸	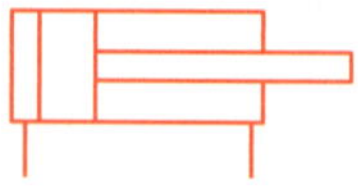	单边有杆，双向液压驱动，双向推力和速度不等
	双作用双杆缸		双边有杆，双向液压驱动，可实现等速往复运动
	可调单向缓冲双作用单杆缸	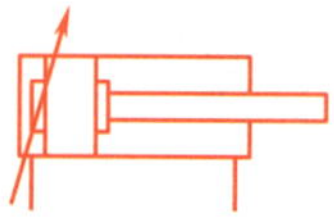	双侧缓冲，单向可调节
	活塞杆直径不同的双作用双杆缸	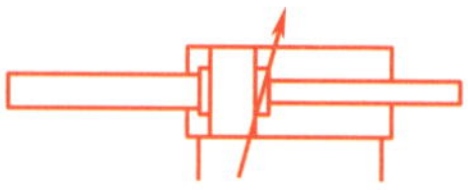	双侧缓冲，右侧可调节
	双作用伸缩缸	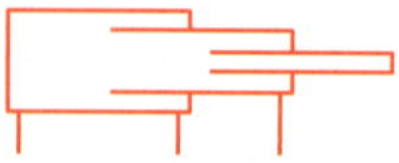	双向液压驱动，活塞伸出时由大到小逐节推出，复位时由小到大逐节缩回
组合液压缸	单作用增压液压缸	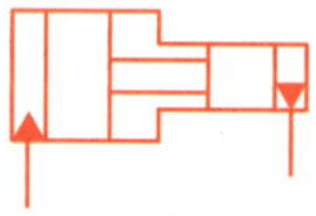	将液体压力转换为更高的液体压力
	单作用压力介质转换器		将气体压力转换为等值的液体压力，反之亦然
	单作用增压转换器	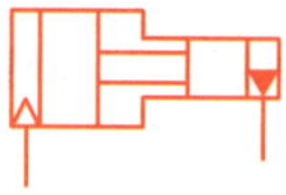	将气体压力转换为更高的液体压力
	齿条传动液压缸	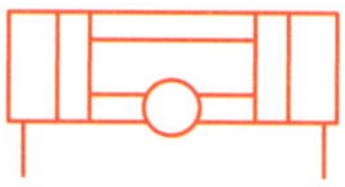	活塞的往复运动经装在一起的齿条驱动齿轮获得往复回转运动

注：（1）矩形边框表示液压缸缸体。
（2）缸体内部沿宽度方向的双线段表示活塞。
（3）与活塞垂直的端部封闭的双线段表示活塞杆。
（4）活塞上的小矩形表示缓冲装置。
（5）缓冲液压缸上的长斜箭头表示缓冲减速值可调。
（6）缸体外部与其相交的实线段表示外部油路，虚线段表示泄油路。
（7）/\/\/\ 表示复位弹簧。

§3-2 典型液压缸

液压缸类型很多，本节主要介绍双作用单杆液压缸、双作用双杆液压缸、单作用柱塞缸、伸缩缸、增压液压缸等。

一、双作用单杆液压缸

1. 结构和工作原理

双作用单杆液压缸是一种最常用的液压缸，它只有一端带活塞杆，其结构如图 3–2 所示，这种液压缸主要由缸筒 10、活塞 11、活塞杆 6、缸底 12 和缸盖（兼导向套）3 等组成。为了防止油液内外泄漏，在缸筒与活塞之间、缸筒和缸盖（兼导向套）之间、活塞杆与缸盖（兼导向套）之间、活塞杆与活塞之间分别安装了密封圈。无缝钢管制成的缸筒 10 和缸底 12 焊接在一起，缸盖（兼导向套）3 与缸筒用弹簧挡圈连接。两端油口 *A* 和 *B* 都可通压力油或回油，以实现双向运动。活塞 11 用螺母固定在活塞杆 6 上。缸盖（兼导向套）3 用以保证活塞杆不偏离中心。

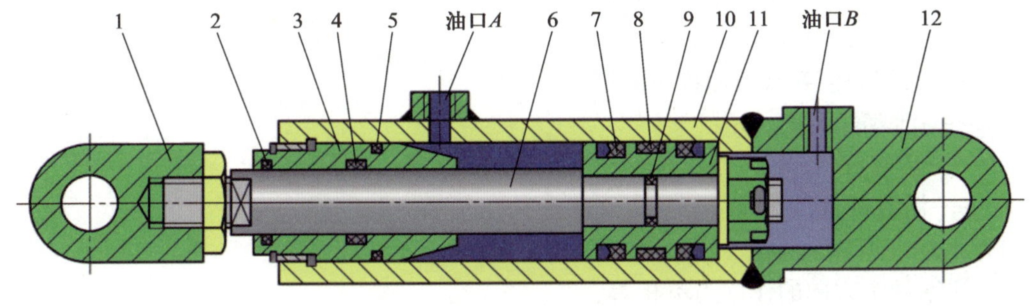

图 3–2 双作用单杆液压缸的结构

1—耳环 2、4、5、7、8、9—密封圈 3—缸盖（兼导向套）
6—活塞杆 10—缸筒 11—活塞 12—缸底

双作用单杆液压缸的结构特点是活塞的一端有杆，而另一端无杆，活塞两端的有效作用面积不相等。在工作过程中，一端进油，另一端回油，压力油作用在活塞上形成一定的推力使得活塞杆前伸或后退。这种液压缸常用于各类机床，以满足较大负载、工作时慢速进给和空载时快速退回的工作需要。

双作用单杆液压缸有缸体固定（活塞杆带动工作台移动）和活塞杆固定（缸体带动工作台移动）两种安装方式，如图 3–3 所示。

2. 工作特点

（1）工作台往复运动速度不相等

如图 3–4 所示，设活塞与活塞杆的直径分别为 D 和 d。当压力油进入无杆腔，工作台向有杆腔方向（右）运动时，其速度为 v_1，则有：

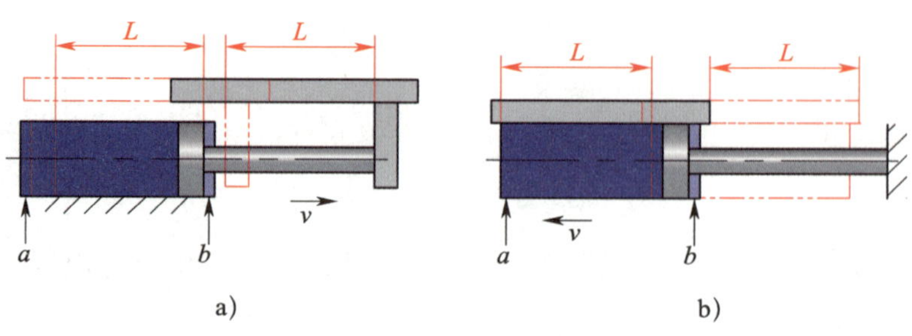

图 3–3　双作用单杆液压缸的安装方式

a）缸体固定　b）活塞杆固定

$$v_1=\frac{q_V}{A_1}=\frac{4q_V}{\pi D^2}$$

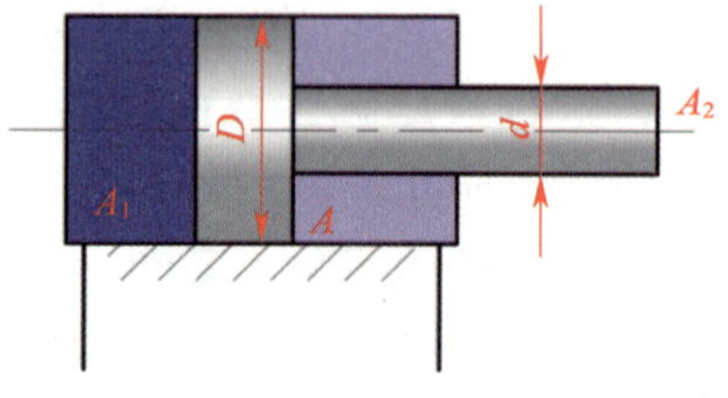

图 3–4　双作用单杆液压缸工作台运动速度

式中　q_V——液压缸输入流量，m^3/s；

A_1——活塞面积，m^2；

D——活塞直径，m。

当压力油进入有杆腔，工作台向无杆腔方向（左）运动时，其速度为 v_2，则有：

$$v_2=\frac{q_V}{A}=\frac{q_V}{A_1-A_2}=\frac{4q_V}{\pi(D^2-d^2)}$$

式中　A——有杆腔活塞有效面积，m^2；

A_2——活塞杆面积，m^2；

D——活塞直径，m；

d——活塞杆直径，m。

因为 $A_1>A$，所以 $v_2>v_1$。

（2）活塞两个方向的作用力不相等

当压力油进入无杆腔时，油液对活塞的作用力（F_1）用以克服较大的外负载，当压力油进入有杆腔时，油液对活塞的作用力（F_2）仅仅用以克服摩擦力的作用，显然 $F_1>F_2$。

所以，双作用单杆液压缸工作时，活塞杆伸出时运动速度慢，活塞获得的推力大；活塞杆退回时活塞运动速度快，活塞获得的推力小。

（3）可作差动连接

如图 3–5 所示，当压力油同时进入液压缸的左、右腔时，由于活塞两端的有效面积不等，作用于活塞两端的液压力也不等（左端液压力 $F_1>$ 右端液压力 F_2），产生的推力等于活塞两侧液压力的差值，即 $F_3=F_1-F_2$。在推力 F_3 的作用下，活塞产生差动运动，获得速度 v_3，工作台向有杆腔方向（右）运动。这时，液压缸有杆腔排出的油液进入液压缸无杆腔，无杆腔得到的总流量增加，活塞向右移动的速度也就加快了。

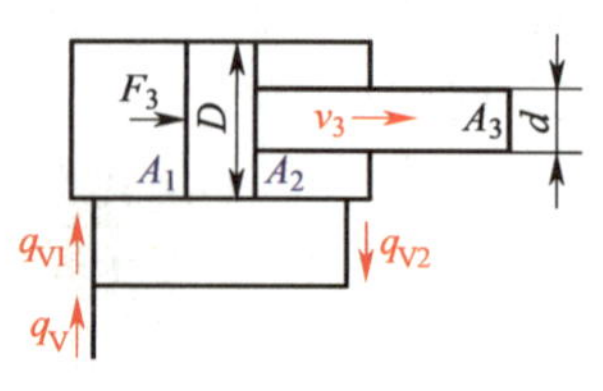

图 3–5　差动连接的工作原理

二、双作用双杆液压缸

1. 结构和工作原理

双作用双杆液压缸的活塞两端都带有活塞杆，如图 3–6 所示。一般为双向液压驱动，可实现等速往复运动。

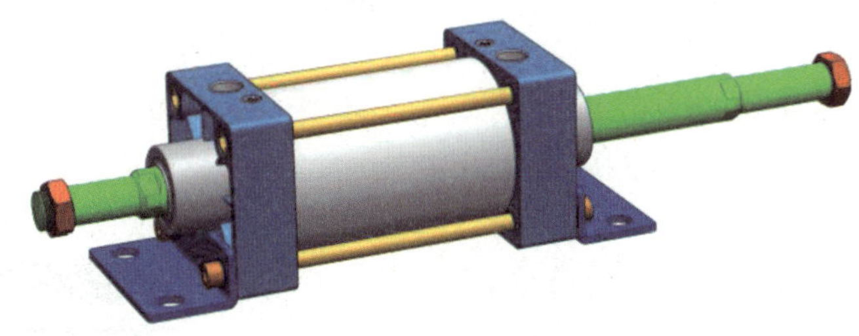

图 3–6 双作用双杆液压缸

双作用双杆液压缸的结构如图 3–7 所示，主要由缸盖、缸体、活塞杆、活塞等组成。两侧的活塞杆与活塞之间用圆柱销连接，在活塞杆与导向套之间、活塞与缸体之间有密封圈。在两端的缸盖上设有油口，交替输入油液可驱动活塞，并带动两侧的活塞杆左右往复移动。

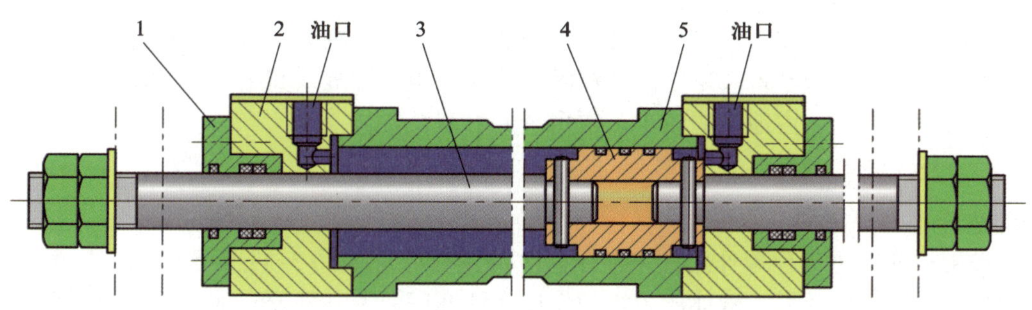

图 3–7 双作用双杆液压缸的结构

1—导向套 2—缸盖 3—活塞杆 4—活塞 5—缸体

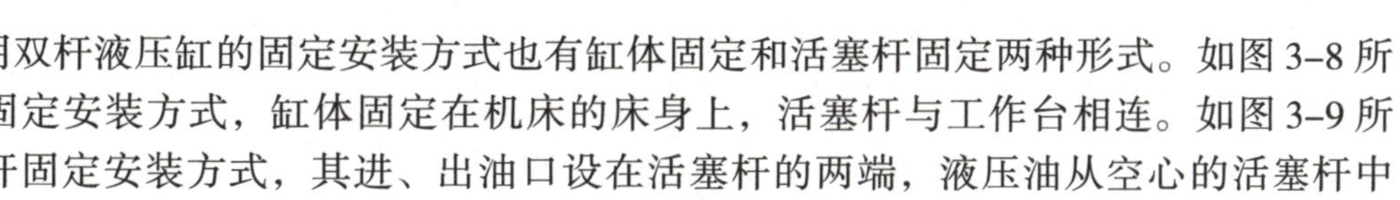

双作用双杆液压缸的固定安装方式也有缸体固定和活塞杆固定两种形式。如图 3–8 所示为缸体固定安装方式，缸体固定在机床的床身上，活塞杆与工作台相连。如图 3–9 所示为活塞杆固定安装方式，其进、出油口设在活塞杆的两端，液压油从空心的活塞杆中进出。

2. 工作特点

（1）工作台往复运动速度和液压推力相等

如图 3–10 所示，双作用双杆液压缸两腔的活塞杆直径 d 和活塞有效作用面积 A 通常是相等的。因此，当左、右两腔分别进入压力油时，若流量 q_V 及压力 p 相等，则活塞（或缸体）往复运动的速度（v_1 与 v_2）及两个方向的液压推力（F_1 与 F_2）相等，即：

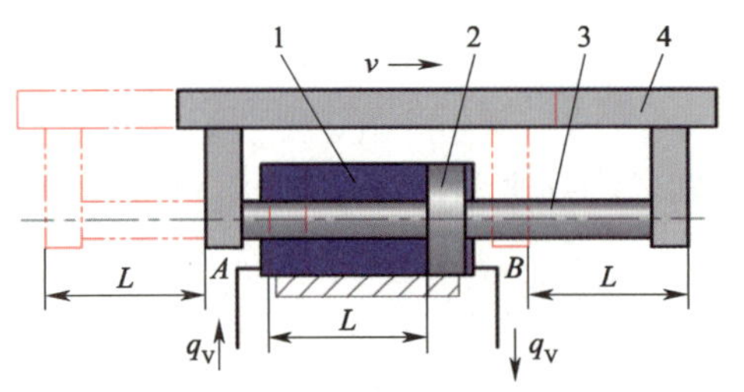

图 3–8　缸体固定的双作用双杆缸

1—缸体　2—活塞　3—活塞杆　4—工作台

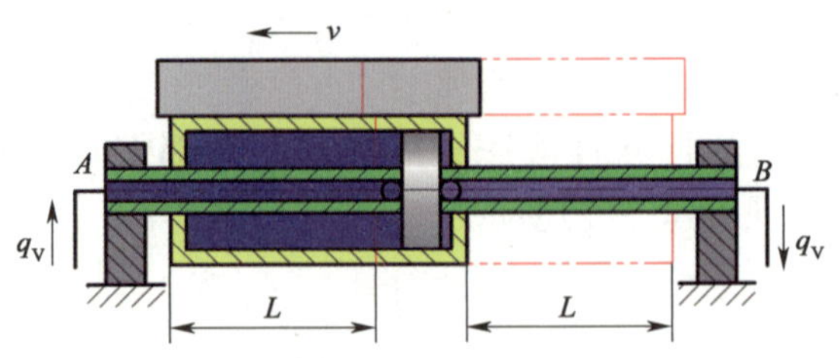

图 3–9　活塞杆固定的双作用双杆缸

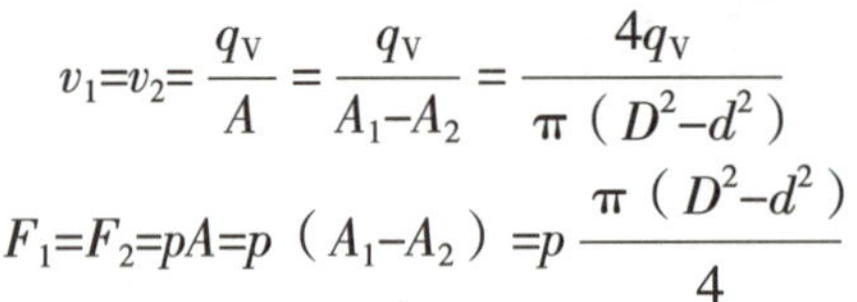

$$v_1=v_2=\frac{q_V}{A}=\frac{q_V}{A_1-A_2}=\frac{4q_V}{\pi（D^2-d^2）}$$

$$F_1=F_2=pA=p（A_1-A_2）=p\frac{\pi（D^2-d^2）}{4}$$

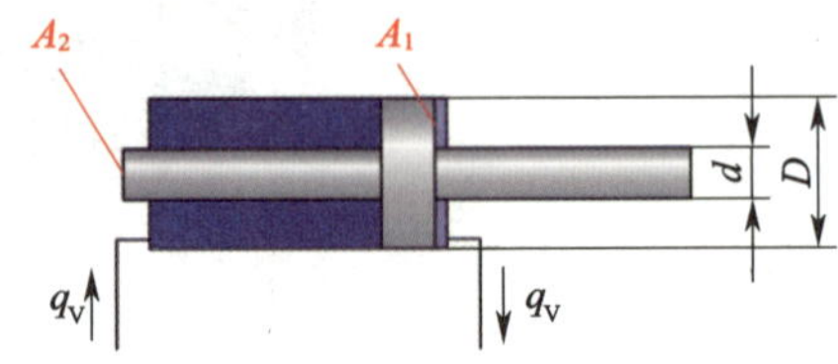

图 3–10　双作用双杆液压缸的运动速度和推力计算

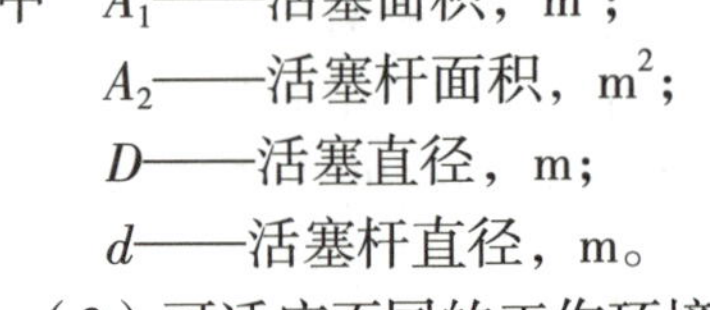

式中　A_1——活塞面积，m^2；

A_2——活塞杆面积，m^2；

D——活塞直径，m；

d——活塞杆直径，m。

（2）可适应不同的工作环境

采用缸体固定的双作用双杆缸，其工作台的往复运动范围为活塞有效行程的 3 倍，占地面积较大，常用于小型设备。采用活塞杆固定的双作用双杆缸，其工作台的往复运动范围为活塞有效行程的 2 倍，占地面积较小，常用于大中型设备。

三、单作用柱塞缸

1. 单作用柱塞缸的工作原理

单作用柱塞缸（又称单作用柱塞液压缸）的工作原理如图 3–11 所示。当液压油由液压缸进油口进入柱塞底腔后，液体压力均匀作用在柱塞底面上，柱塞在油液压力作用下产生推力，并向外伸出。若柱塞底腔卸压，则柱塞在自重（垂直安装时）或弹簧力及其他外力作用下缩回。由于液压力只能推动柱塞朝一个方向运动，因此属于单作用液压缸。

当柱塞直径为 d、输入油液压力为 p、流量为 q_V 时，在不考虑机械损失的情况下，柱塞上产生的推力 F 和柱塞运动的速度 v 分别为：

$$F=pA=p\frac{\pi d^2}{4}$$

$$v=\frac{q_V}{A}=\frac{4q_V}{\pi d^2}$$

式中　F——推力，N；

p——压力，N/m^2 或 Pa；

A——柱塞面积，m^2；

d——柱塞直径，m；

q_V——液压缸输入流量，m^3/s。

单作用柱塞缸也可成对使用，以便得到双向运动，如图 3–12 所示。

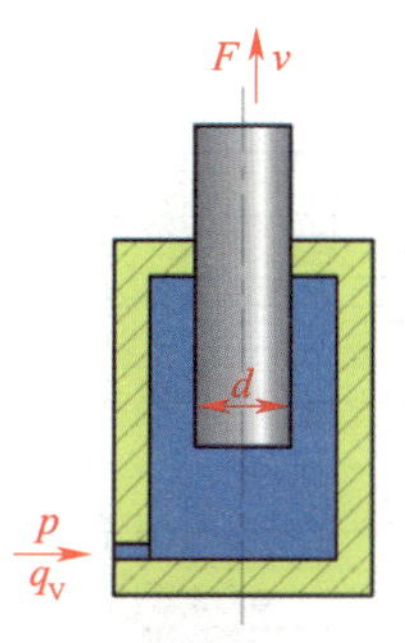

图 3-11 单作用柱塞缸的工作原理

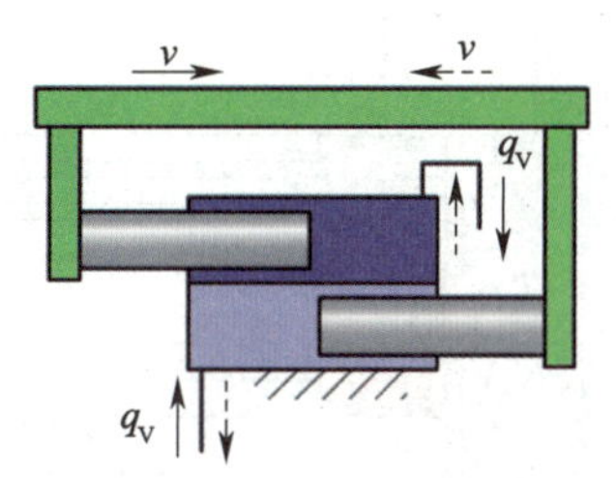

图 3-12 成对使用的单作用柱塞缸

2. 单作用柱塞缸的结构

图 3-13 所示为单作用柱塞缸的一种典型结构，主要由缸筒 1、柱塞 2、导向套 3 和缸盖 5 等组成。其特点是柱塞较粗，受力条件好。而且柱塞在缸筒内与缸壁不接触，两者无配合要求，因而只需对柱塞表面进行精加工即可，缸筒内孔不必进行精加工，而且表面粗糙度要求也不高。另外，为了减轻质量，柱塞往往做成空心的。行程特别长的柱塞缸，还可以在缸体内设置辅助支撑，以提高刚度。

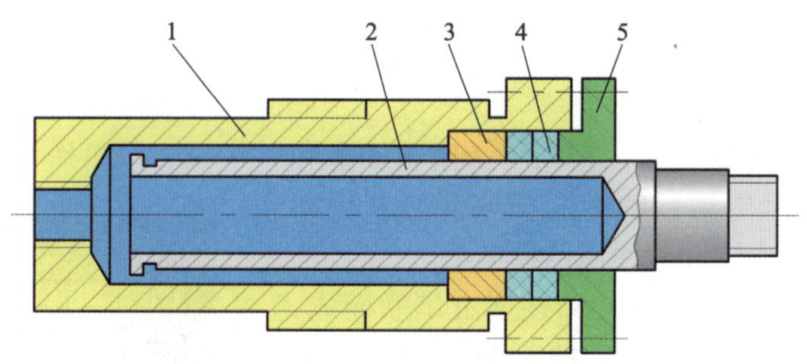

图 3-13 单作用柱塞缸的结构

1—缸筒 2—柱塞 3—导向套 4—密封圈 5—缸盖

四、伸缩缸

1. 伸缩缸的工作原理

伸缩缸由两个或多个活塞缸套装而成，前一级活塞缸的活塞杆上的内孔是后一级活塞缸的缸筒，如图 3-14 所示。伸缩缸分为单作用式和双作用式，前者靠外力回程，后者靠液压力回程。

2. 双作用伸缩缸的结构

双作用伸缩缸的结构如图 3-15 所示，它由二级活塞缸套装组成，前一级的活塞与后一级的缸筒连为一体。伸缩缸活塞的外伸动作是逐级进行的。首先是最大直径的缸筒以最低的油液压力开始外伸，当到达行程终点后，稍小直径的缸筒开始外伸，直径最小的末级最后伸出。随着工作级数变大，外伸缸

图 3-14 伸缩缸实物

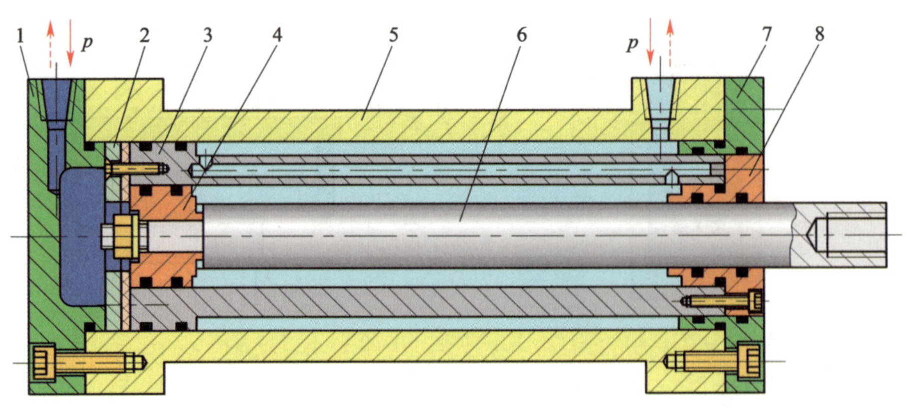

图 3–15　双作用伸缩缸的结构

1—左缸盖　2—压板　3—套筒活塞　4—活塞　5—缸体

6—活塞杆　7—右缸盖　8—套筒活塞端盖

筒直径越来越小，工作速度变快，相应的推力也是由大到小。活塞缩回的顺序一般是先小后大。

伸缩缸的活塞杆伸出时行程大，而缩回后结构尺寸小，因而所占空间小且可实现长行程工作，可用作起重机伸缩臂缸、自卸汽车举升缸等。

五、增压液压缸

增压液压缸又称为增压器，它利用活塞和柱塞有效面积的不同使液压传动系统中的局部区域获得高压，增压液压缸有单作用和双作用两种类型。

单作用增压液压缸由活塞缸和柱塞缸串联而成，其结构如图 3–16 所示，主要由左端盖 1、活塞 2、缸体 3、柱塞 4 和右端盖 5 组成。由于活塞的面积大于柱塞的面积，所以从 *P* 口向活塞缸无杆腔输入低压油时，可以在柱塞缸得到高压油，从 *A* 口输出。增压的倍数等于增压器活塞与柱塞的工作面积之比。*B* 口在活塞右移时泄油，在活塞左移时进油。

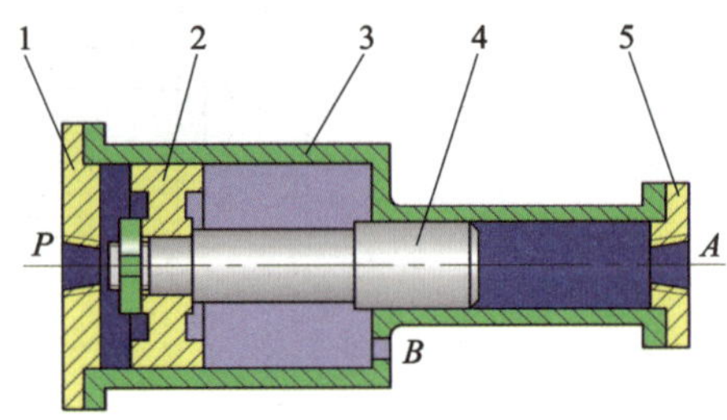

图 3–16　单作用增压液压缸

1—左端盖　2—活塞　3—缸体

4—柱塞　5—右端盖

§ 3-3　液压缸的组成和典型结构

液压缸一般由端盖、缸筒、活塞、活塞杆等主要零部件组成。为了防止油液向外泄漏（外泄）和防止油液从高压腔向低压腔泄漏（内泄），在缸筒与端盖、活塞与缸筒、活塞杆与活塞、活塞杆与前端盖的配合面处，均要设置密封装置。在灰尘较多的场合，为防止污物进入液压缸内部，在前端盖外侧还装有防尘密封圈，以防止污物从活塞杆与前端盖之间的缝隙中进入液压缸。在要求换向平稳的场合，为防止活塞运动到行程终点时撞击端盖和产生液压冲击，液压缸两端设置了缓冲装置。有些液压缸还设有排气装置。

一、缸体组件

缸体组件包含缸筒、端盖和导向套等零件。

缸筒是液压缸的主体，它与端盖、活塞等零件构成密闭的容腔，承受油压。

缸筒与端盖的常见连接形式有法兰式、半环式、外螺纹式、内螺纹式、拉杆式和焊接式等，见表 3–2。

表 3–2 缸筒与端盖的常见连接形式

连接形式	图示	优点	缺点	应用
法兰式	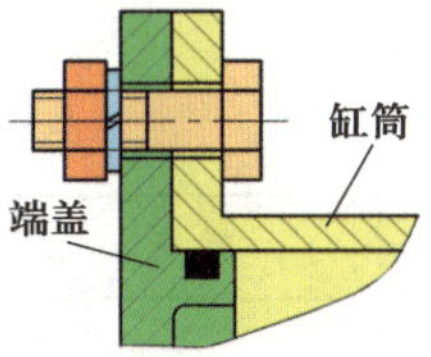 缸筒 端盖	结构简单，加工和拆装方便，连接可靠	外形尺寸和质量均较大	大、中型液压缸
半环式	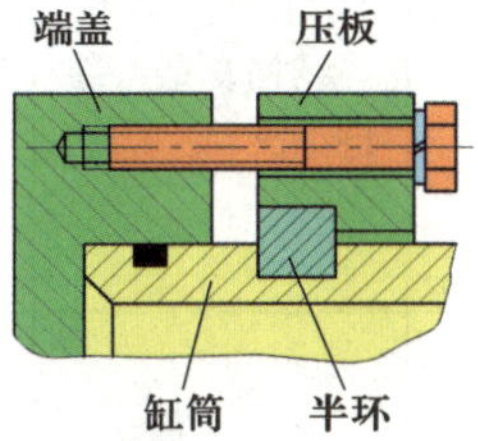 端盖 压板 缸筒 半环	工艺性较好，连接可靠，结构紧凑，装拆方便	对缸筒强度有所削弱，需要加厚筒壁	无缝钢管缸筒与端盖的连接
外螺纹式	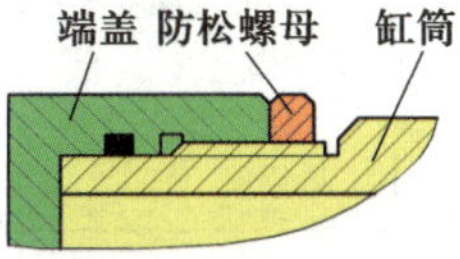 端盖 防松螺母 缸筒	质量小，外径小，结构紧凑	缸筒端部结构复杂，需专用工具进行拆装	无缝钢管或铸钢制作的缸筒与端盖的连接
内螺纹式	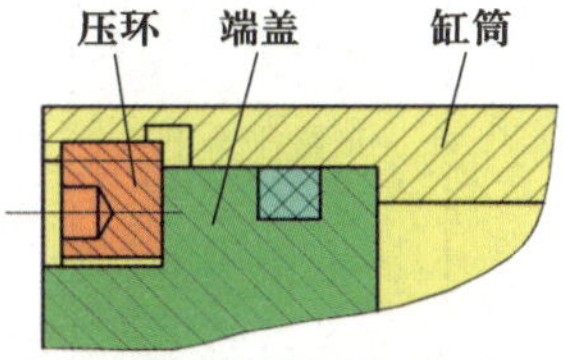 压环 端盖 缸筒			
拉杆式	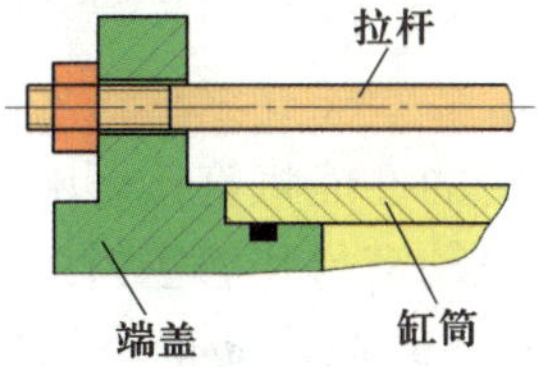 拉杆 端盖 缸筒	装拆方便	受力时拉杆会伸长，影响端部密封效果	长度不大的中低压液压缸
焊接式	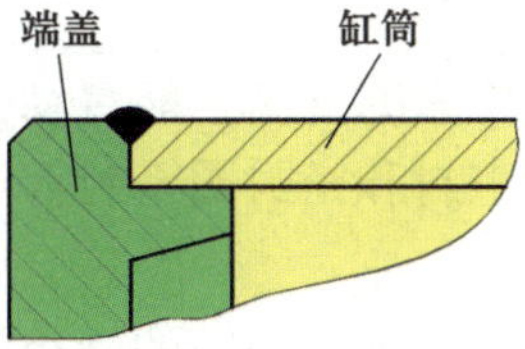 端盖 缸筒	结构简单，轴向尺寸小，工艺性较好	焊接时易引起缸筒变形	柱塞式液压缸

二、活塞组件

活塞组件由活塞和活塞杆等组成。

活塞在缸筒内受油压作用做往复运动，因此它必须具备足够的强度和良好的耐磨性。装配式活塞常采用灰铸铁、球墨铸铁、铝合金等制成，特殊要求的活塞可在活塞外面装上青铜、黄铜和尼龙耐磨套。

活塞杆是连接活塞和工作部件的传力零件，它必须具有足够的强度和刚度。活塞杆有实心的，也有空心的，但都用钢材制造。由于在导向套的孔中往复运动，外圆表面还应具有耐磨和防锈的能力。

活塞与活塞杆之间的连接方法很多，但无论采用何种方法连接，均须保证连接可靠。它们之间有半环连接、螺纹连接、锥销连接等连接方法，见表 3–3。

表 3–3　活塞与活塞杆之间的连接方法

连接方法	图示	优点	缺点	应用
半环连接	活塞杆　活塞　半环　压环　轴用弹簧挡圈	连接强度高	结构复杂，装拆不便	多用于高压、大负载和振动较大的场合
螺纹连接	活塞杆　活塞　弹簧垫圈　螺母	装卸方便，连接可靠	一般应增加锁紧装置	应用广泛
锥销连接	活塞杆　活塞　锥销	加工简单，装拆方便	承载能力小	多用于中低压、轻载液压缸中

三、密封装置

密封装置用来防止液压缸中液压油的内、外泄漏，密封的性能将直接影响液压缸的工作性能。根据两个需要密封的表面间有无相对运动，密封分为动密封和静密封两大类。如活塞和活塞杆之间、端盖与缸筒之间的密封属于静密封，活塞与缸筒内表面、活塞杆与定位套（或端盖）导向孔的密封属于动密封。

对密封装置的要求主要有：密封性能好，随系统工作压力的提高，能自动提高其密封性能，摩擦阻力小等。常用的密封方法有间隙密封、活塞环密封和密封圈密封等。

1. 间隙密封

间隙密封是一种最简单的密封方法，它通过密封两运动件配合面间的微小间隙，防止渗漏。为了提高这种结构的密封性能，常在活塞外圆表面上开几道细小的环形槽，以增大油液通过间隙时的阻力，减少泄漏，如图 3–17 所示。这种结构的摩擦力小，经久耐用，但对零件的加工精度要求高，且难以完全消除泄漏，只能用在低压、小直径的快速液压缸中。

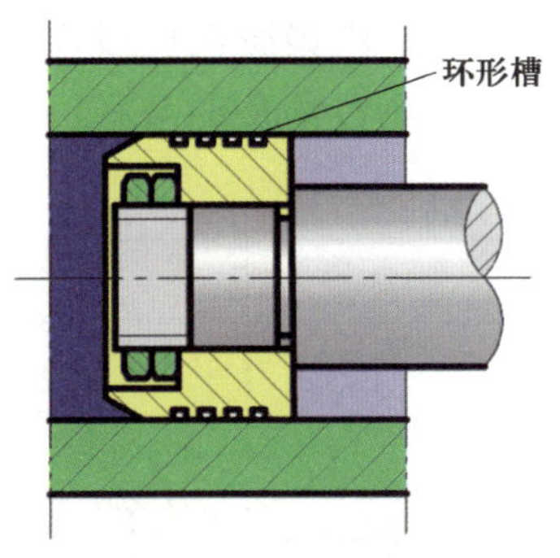

图 3–17 间隙密封

2. 活塞环密封

活塞环密封是将活塞环（弹性金属开口环）装在活塞外表面上的槽内，靠环的弹性使环的外表面紧贴缸筒内壁实现密封的，如图 3–18 所示。其密封效果好，适应的压力和温度范围均较宽，能在高速条件下工作，工作可靠，使用寿命长。但活塞环的加工工艺复杂，缸筒内表面的加工精度要求很高，一般只在高压、高温、高速的条件下采用。

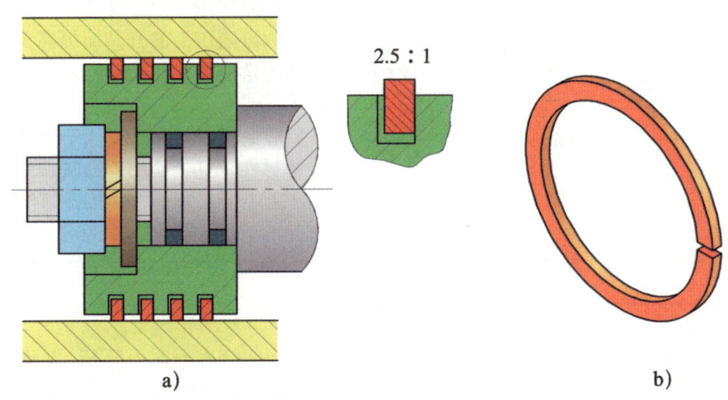

图 3–18 活塞环密封

a）装配图 b）活塞环

3. 密封圈密封

密封圈密封是液压传动系统中应用最广泛的一种密封方法，如图 3–19 所示。密封圈通常用耐油橡胶压制而成，它通过本身受压后的弹性变形来实现密封。

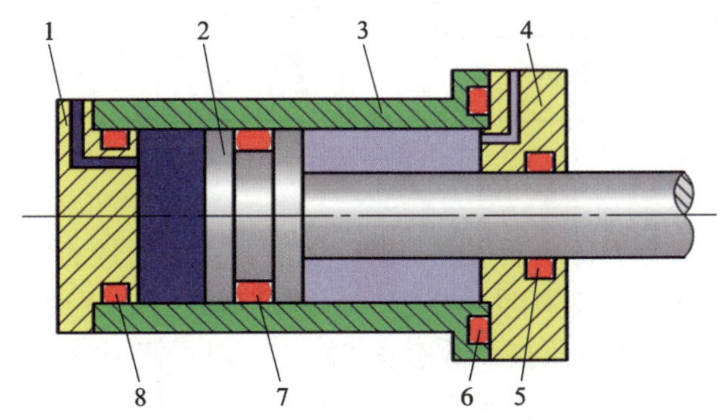

图 3–19 密封圈在液压缸中的应用

1—前端盖 2—活塞 3—缸体 4—后端盖 5、7—动密封 6、8—静密封常用的橡胶密封圈有O形橡胶密封圈、Y形橡胶密封圈和V形组合密封圈等，其形状及应用场合见表3–4。

表3–4　常用橡胶密封圈的形状及应用场合

名称	形状	材料、特点和应用场合
O形橡胶密封圈		O形橡胶密封圈一般用耐油橡胶制成，主要依靠装配后产生的压缩变形实现密封 它结构简单，密封性好，成本低，使用方便，应用广泛，既可用于做直线往复运动和回转运动的动密封，又可用于静密封；既可用于外侧密封，又可用于内侧密封和端面密封
Y形橡胶密封圈		Y形橡胶密封圈由耐油橡胶制成。它利用油的压力使两唇边紧压在配合件的两结合面上实现密封，其密封能力可随压力的升高而提高，并且磨损后有一定的自动补偿能力。装配时，其唇口端应对着压力高的油腔 Y形橡胶密封圈主要用于做往复运动的密封，是一种密封性较好、使用寿命较长的密封圈。一般用于工作压力小于或等于20 MPa、工作温度为–30 ~ 100 ℃、速度小于或等于0.5 m/s的场合
V形组合密封圈	a）压环 b）V形密封圈 c）支撑环	V形组合密封圈由压环、V形密封圈和支撑环3部分组成。V形密封圈一般用耐油橡胶制成，压环和支撑环一般用较硬的胶木压制而成。组合时V形密封圈被压环压紧在支撑环上时，通过V形密封环变形而起密封作用。可通过增加V形密封圈的数量提高密封效果，安装时应将V形密封圈开口面向压力油腔 V形密封圈密封接触面长，密封性能好，承受压力可高达50 MPa。但其摩擦阻力大，体积也较大。主要用于高压、大直径、低速的活塞（或柱塞）与其缸筒间的密封

四、缓冲装置

液压缸的缓冲装置是为了防止活塞在行程终了时，由于惯性力的作用与端盖发生撞击，导致液压缸损坏。一般液压缸都有缓冲装置，特别是当液压缸驱动重负荷或运动速度较大时，必须使用。但对于短行程液压缸和低速液压缸，一般不使用缓冲装置。

图3–20a所示为圆柱形环隙式缓冲装置，活塞端部有圆柱形缓冲柱塞，当柱塞运行至液压缸端盖上的圆柱孔内时，封闭在缸筒内的油液只能从环形间隙中挤压出去。这样活塞受到一个很大的、由间隙节流而造成的阻力，从而达到缓冲的目的。

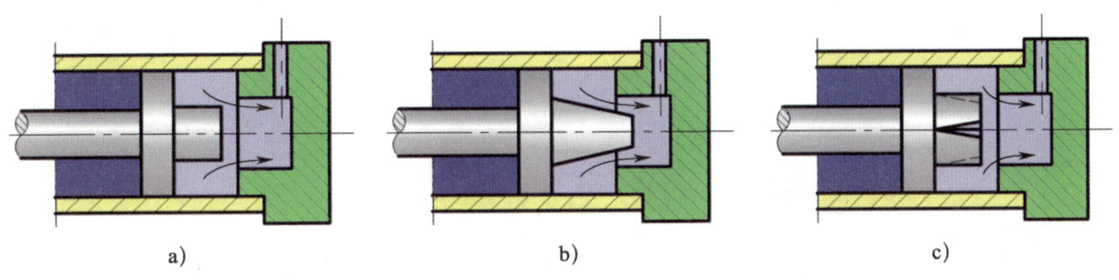

图 3-20 缓冲装置

a）圆柱形环隙式 b）圆锥形环隙式 c）可变节流槽式

图 3-20b 所示为圆锥形环隙式缓冲装置，其缓冲柱塞加工成圆锥体，其节流面积随着柱塞的深入而减小，缓冲压力变化平缓，缓冲效果优于圆柱形环隙式缓冲装置。

图 3-20c 所示为可变节流槽式缓冲装置，它是在缓冲柱塞上开有几个均布的轴向三角形节流沟槽，随着柱塞的深入，其节流面积逐渐减小，其缓冲压力变化平稳。

五、排气装置

液压传动系统中的油液如果混有空气，将会严重影响工作部件的平稳性，为了便于排出积留在液压缸内的空气，油液最好从液压缸的最高点进入，以便回油时空气能随油液排往油箱，再从油面逸出。对运动平稳性要求较高的液压缸，常在两端最高位置处装有排气塞，如图 3-21 所示。工作前拧开排气塞，使活塞全行程空载往返数次，空气即可通过排气塞排出。空气排净后，需把排气塞拧紧，再进行工作。

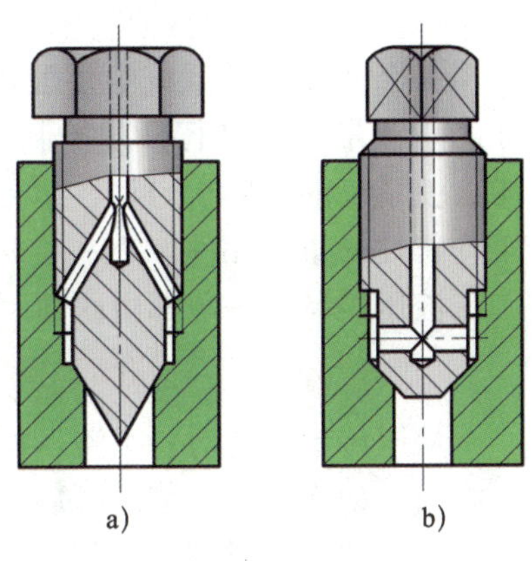

图 3-21 排气塞

a）斜孔式 b）直孔式

第四章　液压控制阀

§4-1　概　述

一、液压控制阀的作用

一个液压传动系统中要配备有一定数量的液压控制阀，它们对系统中油液的流动方向、压力和流量大小进行预期控制，以满足工作元件在运动方向上克服负载和运动速度上的要求，使系统能按要求启动、运行和停止。因此，液压控制阀是决定液压传动系统工作过程和工作特性的重要元件。

液压控制阀一般都由阀体、阀芯和驱动阀芯运动的元件三部分组成。

二、对液压控制阀的要求

液压传动系统对各类液压控制阀的要求如下：

（1）动作灵敏，使用可靠，工作时冲击和振动要小，噪声要小。

（2）油液通过液压控制阀时压力损失小，阀芯工作的稳定性要好。

（3）密封性能好，内泄漏少，无外泄漏。

（4）结构简单、紧凑，通用性好；安装、调整和使用方便。

（5）所控制的参数稳定，抗干扰能力强。

三、液压控制阀的类型

液压控制阀的类型较多，常用的分类方法主要有按用途分类、按操纵方法分类和按连接方式分类等，具体类型见表 4–1。

表 4–1　液压控制阀的类型

分类方法	种类	举例或说明
按用途分类	方向控制阀	单向阀、液控单向阀、换向阀、比例方向控制阀等
	压力控制阀	溢流阀、减压阀、顺序阀、比例压力控制阀、压力断电器等
	流量控制阀	节流阀、调速阀、比例流量控制阀等
按操纵方法分类	手动控制阀	用手柄及手轮、踏板、杠杆等进行控制
	机械控制阀	用挡块及碰块、弹簧等进行控制
	液压控制阀	利用油液压力所产生的力进行控制

续表

分类方法	种类	举例或说明
按操纵方法分类	电动控制阀	用电磁铁等进行控制
	电液控制阀	采用电动控制和液压控制的组合方式进行控制
按连接方法分类	管式连接	螺纹式连接、法兰式连接
	板式及叠加式连接	单层连接板式、双层连接板式、集成块连接、叠加阀
	插装式连接	螺纹式插装、法兰式插装

知识链接

法　　兰

法兰又叫法兰凸缘盘或突缘，是零件上垂直于零件轴线突出的边缘，用于轴与轴之间的相互连接，或管端之间的连接。管道上用的法兰连接一般是在两片法兰盘之间加上密封垫，然后用螺栓紧固，如图 4-1 所示。

图 4-1　法兰连接

§4-2 方向控制阀

方向控制阀是利用阀芯和阀体间的相对运动来控制液压传动系统中油液流动的方向或油液的通与断的液压阀，简称方向阀。它分为单向阀和换向阀两类。在液压系统中，工作元件的启动、停止和改变运动方向都是利用方向控制阀控制进入工作元件内液压油的通断及流动方向来实现的。

一、单向阀

单向阀分为普通单向阀与液控单向阀两种。普通单向阀用于液压传动系统中防止油液反向流动。液控单向阀除了能实现普通单向阀的功能外，还可按需要通入控制压力油，使油液实现双向流动。

1. 液压传动系统对单向阀性能的要求

在液压传动系统中的单向阀在性能上必须满足以下要求。

（1）正向开启压力小。国产阀的开启压力一般有两种：0.04 MPa 和 0.4 MPa。

（2）反向泄漏小，尤其是用在保压系统时要求更高。

（3）通流时压力损失小。液控单向阀在反向流通时压力损失也要小。

2. 普通单向阀

普通单向阀简称单向阀，它的作用是仅允许油液在油路中按一个方向流动，不允许油液倒流。普通单向阀根据连接方式可分为管式和板式两种。

（1）管式单向阀的工作原理

如图 4–2 所示为管式单向阀，主要由阀体、阀芯和弹簧等组成。其工作原理是：液体从 P 口流入，克服弹簧力而将阀芯顶开，再从 A 口流出。当液压油反向流入时，由于阀芯被压紧在阀座的密封面上，所以液流被截止。钢球式单向阀的阀芯为球体，其结构简单；锥阀式单向阀的阀芯为锥套，它与阀体的密封面为圆锥面，其密封效果优于钢球式单向阀。管式单向阀可以直接与油管接头连接。

a)

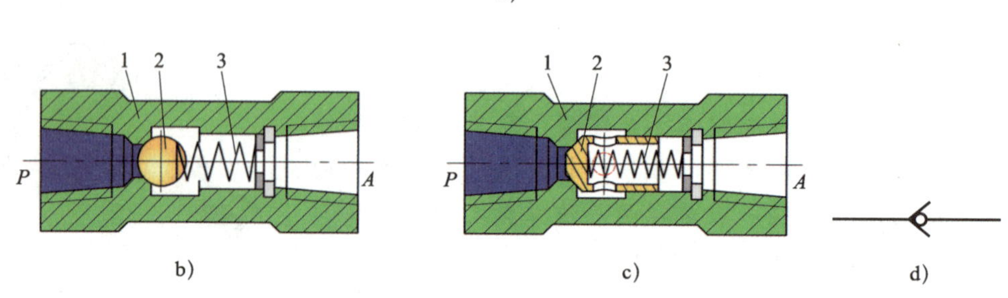

b) c) d)

图 4–2 管式单向阀

a）产品外形 b）钢球式单向阀 c）锥阀式单向阀 d）单向阀图形符号

1—阀体 2—阀芯 3—弹簧

（2）板式单向阀的工作原理

板式单向阀如图 4–3 所示，其工作原理与管式单向阀类似。它的进、出油口开在同一平面内，安装时，可将阀对着底板用螺钉固定，底板与阀口之间用 O 形密封圈密封，底板与油管接头采用螺纹连接。

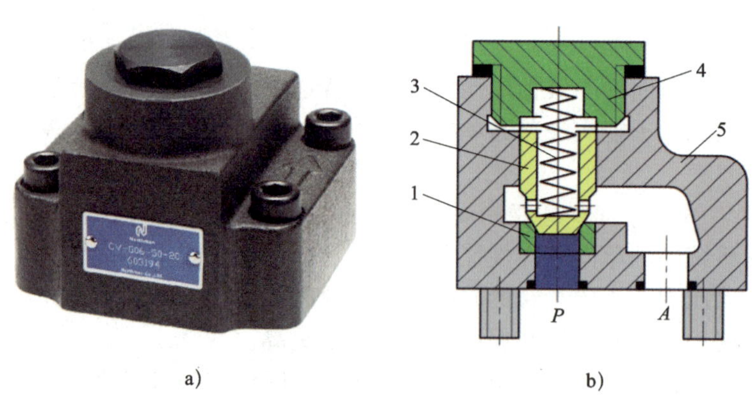

a) b)

图 4–3 板式单向阀

a）外形图 b）工作原理图

1—套 2—阀芯 3—弹簧 4—旋塞 5—阀体

（3）普通单向阀的图形符号

普通单向阀的图形符号如图 4–2d 所示，各符号要素的含义如下：

1）小圆表示阀芯。

2）90° 开口的 V 形图线表示阀座，当油液将阀芯推离阀座时，单向阀打开，反向则关闭。

3）两端的实线段表示油路。

（4）普通单向阀的应用

1）单向阀用于对液压缸需要长时间保压、锁紧的液压传动系统中；也常用于防止立式液压缸停止运动时因活塞自重而下滑的回路中。

2）在双泵供油的系统中，低压、大流量泵的出口处必须设单向阀，以防止高压、小流量泵输出的液压油流入低压泵内。

3）单向阀也常安装在泵的出口处，一方面可防止系统中的液压冲击影响泵的工作；另一方面在泵不工作时可防止系统中的油液倒灌入液压泵。

4）单向阀还可以在系统中分隔油路，以防止油路间的相互干扰。

3. 液控单向阀

根据液压传动系统的需要，有时要使被单向阀所闭锁的油路重新接通，为此把单向阀做成闭锁油路能够控制的结构，这就是液控单向阀。液控单向阀有普通型和带卸荷阀芯型两种，每一种又按其控制活塞的泄油腔的连接方式不同分为内泄式和外泄式。

（1）普通型外泄式液控单向阀

如图 4–4 所示为普通型外泄式液控单向阀，主要由活塞 1、阀体 2、阀芯 3、弹簧 4 和螺塞 5 组成，与回路采用板式连接。

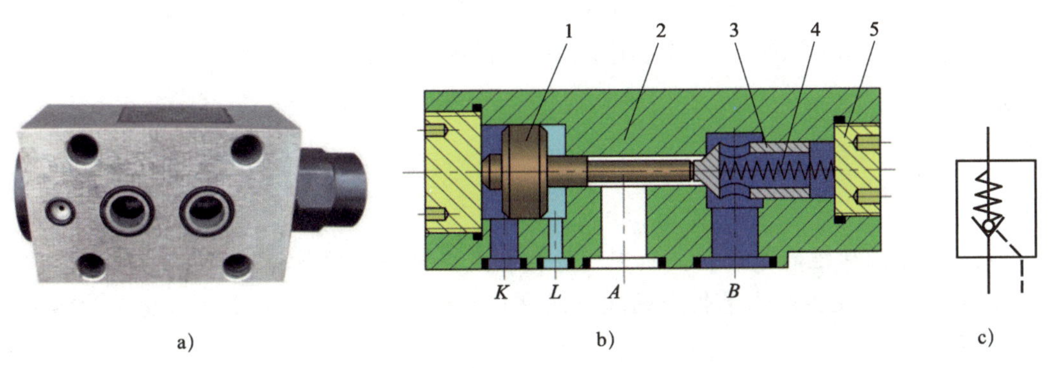

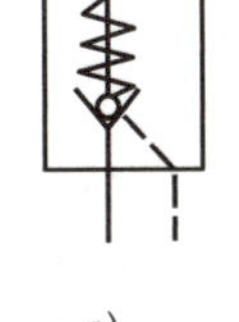

图 4–4　普通型外泄式液控单向阀

a）外形图　b）工作原理图　c）图形符号

1—活塞　2—阀体　3—阀芯　4—弹簧　5—螺塞

在图 4–4b 中，当控制油口 *K* 未通控制压力油时，主通道中的油液只能从进油口 *A* 流入，顶开阀芯从出油口 *B* 流出，相反方向则闭锁。当控制油口 *K* 接通控制压力油时，推动活塞 1 向右移动，借助于右端悬伸的顶杆将阀芯 3 顶开，使进油口和出油口接通，油液可以沿两个方向自由流动。由控制油口 *K* 漏出的油液经泄油口 *L* 流回油箱，因此这种液控单向阀为外泄式。这种结构的液控单向阀在反向开启时，需要的控制压力较大。

液控单向阀的图形符号如图 4–4c 所示，各符号要素的含义如下：

1）实线的矩形边框表示整个阀，小圆表示阀芯。

2）90° 开口的 V 形图线表示阀座，当油液将阀芯推离阀座时，单向阀正向打开，反向关闭。

3）虚线段表示控制油路。

4）矩形边框外部的实线段表示主油路。

5）折线表示弹簧。

（2）带卸荷阀芯的内泄式液控单向阀

在高压系统中，为了降低反向开启的控制油压力，则需要用带卸荷阀芯的液控单向阀。图 4–5 所示为带卸荷阀芯的内泄式液控单向阀，在主阀芯 2 的中心增加了一个用于卸荷的卸荷阀芯 3。主阀芯 2 向上移动之前，活塞 1 通过顶杆先顶起卸荷阀芯 3，这时主阀芯 2 上部的油液通过卸荷阀芯 3 上的缺口流入下腔而降压，上腔压力降低到一定值后，活塞 1 用较小的力即可将主阀芯 2 顶起，使 *B* 口和 *A* 口完全连通。用这种带卸荷阀芯的液控单向阀，其最小控制油压力约为主油路的 5%。

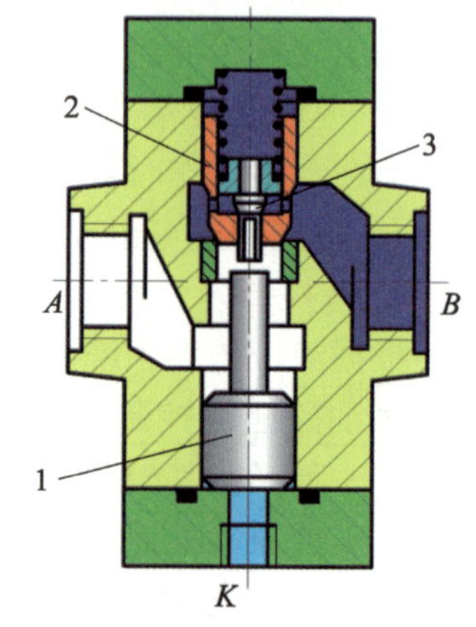

图 4–5　带卸荷阀芯的内泄式液控单向阀

1—活塞　2—主阀芯　3—卸荷阀芯

（3）液控单向阀的主要性能要求及应用

液控单向阀的最小反向开启控制压力：一般要求不带卸荷阀芯的为工作压力的 40% ~ 50%；带卸载阀芯的为工作压力的 5%。其余性能要求同普通单向阀。

液控单向阀既可以对反向液流起截止作用且密封性好，又可以在一定条件下允许正、反向液流自由通过，多用在液压传动系统的保压或锁紧回路中，也可用于蓄能器供油回路中。

知识链接

1. 管式阀

管式阀是指阀体上的进、出油口通过管接头或法兰与管路直接连接。其连接方式简单，质量轻，在移动式设备或流量较小的液压元件中应用较广。其缺点是阀只能沿管路分散布置，装拆不方便。

2. 板式阀

板式阀是指由安装螺钉固定在过渡板上的阀，阀的进出油口通过过渡板与管路连接。过渡板上可以安装一个或多个阀。当过渡板安装有多个阀时，又称为集成块，安装在集成块上的阀与阀之间的油路通过块内的流道连通，可减少连接管路。板式阀由于集中布置且装拆时不会影响系统管路，因而操纵、维修方便，应用十分广泛。

二、换向阀

换向阀是通过阀芯对阀体的相对运动，即改变两者的相对位置，使油路接通、关闭或变

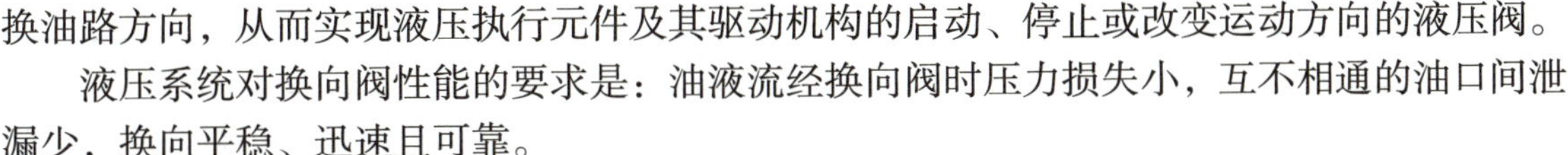

换油路方向，从而实现液压执行元件及其驱动机构的启动、停止或改变运动方向的液压阀。

液压系统对换向阀性能的要求是：油液流经换向阀时压力损失小，互不相通的油口间泄漏少，换向平稳、迅速且可靠。

1. 换向阀的类型及工作原理

（1）换向阀的类型

换向阀的类型见表 4–2。

表 4–2　换向阀的类型

分类方法	类型
按结构分	滑阀式、转阀式
按阀芯工作位置数分	二位、三位、多位
按进、出口通道数分	二通、三通、四通和五通
按操纵和控制方式分	人力控制、机械控制、电气控制、液压控制、液压先导控制、电液控制
按安装方式分	管式、板式、法兰式

知识链接

1. 滑阀

滑阀的阀芯为圆柱形，通过阀芯在阀体孔内的滑动来改变液流通路开口的大小，以实现液流压力、流量及方向的控制。

2. 转阀

转阀一般用于换向阀，它是通过将旋转部件（如阀芯或盖板等）旋转一定角度使阀连通或切断流道。

3. 提升阀

提升阀有锥阀、球阀等，利用阀芯相对阀座孔的移动来改变液流通路开口的大小，以实现液流压力、流量及方向的控制。锥阀的阀芯与阀口接触处为圆锥面，球阀的阀芯与阀口接触处为圆柱面。

（2）换向阀的工作原理

换向阀按结构可分为滑阀式换向阀和转阀式换向阀，其中滑阀式换向阀应用最为普遍。

1）滑阀式换向阀的工作原理。滑阀式换向阀的工作原理如图 4–6 所示，它变换油液的流向是利用阀芯相对阀体的滑动来实现的。活塞在中间位置时（图 4–6a），四个油口都被封闭，液压缸两腔不通压力油，活塞处于停止状态。若使阀芯左移（图 4–6b），则阀体的油口 P 和 A 连通、油口 T 和 B 连通，压力油经 P、A 进入液压缸左腔，液压缸右腔的油液经 B、T 流回油箱，活塞向右运动；若使阀芯右移（图 4–6c），则油口 P 和 B 连通、A 和 T 连通，活塞向左运动。

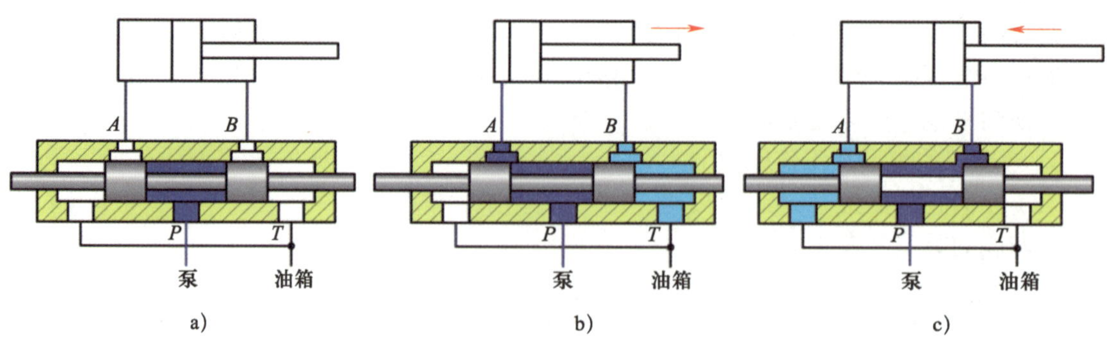

图 4–6　滑阀式换向阀的工作原理

a）活塞在中间位置　b）阀芯左移　c）阀芯右移

2）转阀式换向阀的工作原理。转阀式换向阀的工作原理如图 4–7 所示，它变换油液的流向是利用阀芯相对阀体的旋转来实现的。此阀有 3 个工作位置、4 个接口，且为手动操纵，故称作三位四通转阀式手动换向阀。

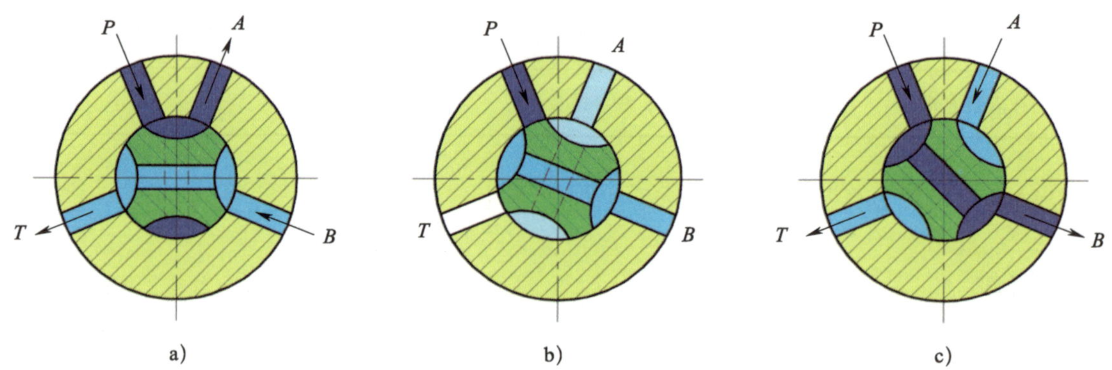

图 4–7　转阀式换向阀的换向原理

a）油口 P 与 A 相通、油口 B 与 T 相通　b）四个油口都被封闭

c）油口 P 与 B 相通、油口 A 与 T 相通

转阀式换向阀的密封性能较差，径向力又不平衡，一般用于低压、小流量的系统中。

2. 换向阀的图形符号

（1）换向阀图形符号的绘制规则

“通”和“位”是换向阀的重要概念。不同的“通”和“位”构成了不同类型的换向阀。通常所说的“二位阀”“三位阀”是指换向阀的阀芯有两个、三个不同的工作位置。所谓“二通阀”“三通阀”“四通阀”是指换向阀的阀体上有两个、三个、四个各不相通且可与系统中不同油管相连的油道接口，不同油道之间只能通过阀芯移位时阀口的开关来实现连接和断开。

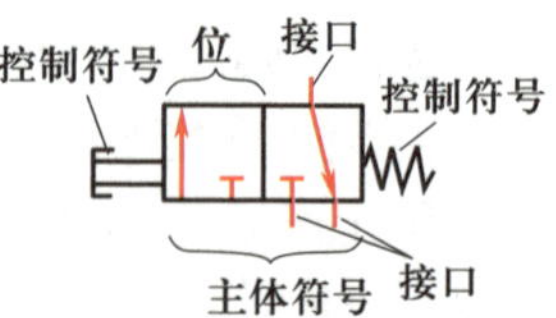

图 4–8　换向阀的图形符号

换向阀的图形符号如图 4–8 所示，它由主体符号和控制符号组成。

1）换向阀的主体符号用来表达换向阀的“位”和“通”。

2）方框中的“↑”表示管口连通，方框中的“T”表示阀体液口被封闭。注意：箭头的指向不表示液体的实际流向。

3）换向阀的控制符号表示阀芯移动的控制方式，绘制在主体符号的两端。图 4–8 表示的是按钮控制、弹簧复位二位三通换向阀。

4）当换向阀没有操纵力的作用处于静止状态时称为常态。对于弹簧复位的二位换向阀靠近弹簧的那一位置为常态；对于三位的换向阀，其常态为中间位置。

在液压传动系统图中，换向阀的图形符号与油路的连接一般应画在常态位上。

（2）换向阀的主体结构和图形符号

几种常用的不同“通”和“位”的滑阀式换向阀主体部分的结构形式和图形符号见表 4–3。

表 4–3　常用滑阀式换向阀主体部分的结构形式和图形符号

名称	结构形式	图形符号
二位二通	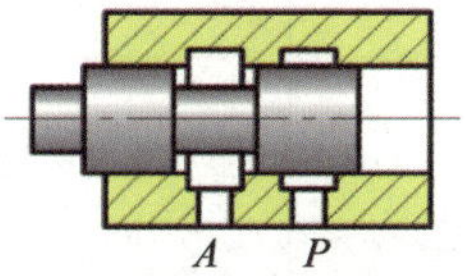 A　P	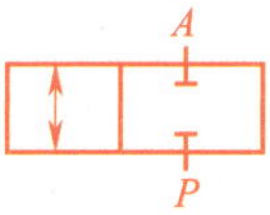 A P
二位三通	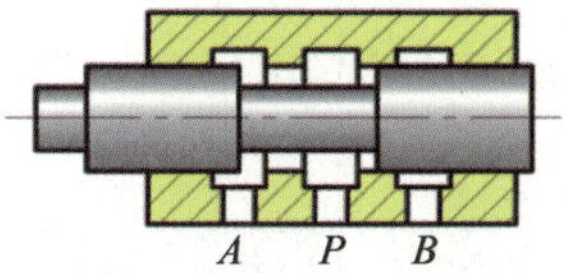 A　P　B	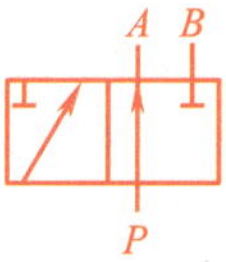 A B P
二位四通	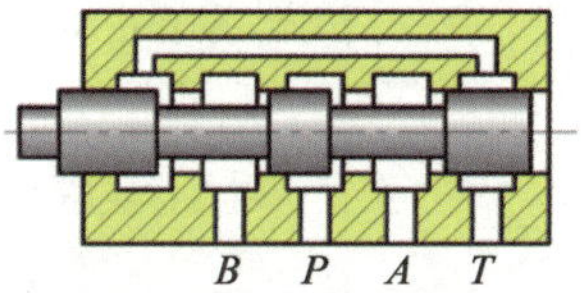 B　P　A　T	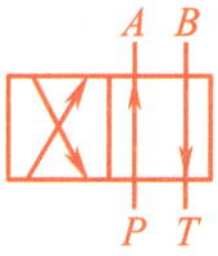 A B P T
二位五通	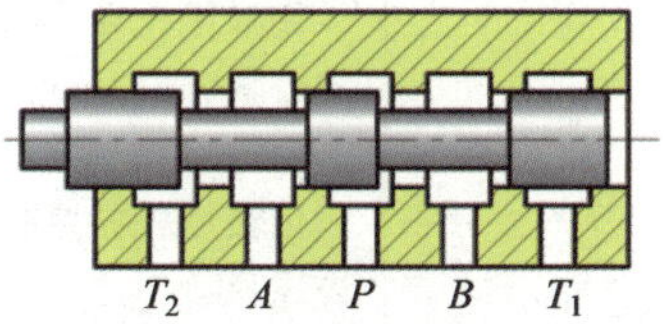 T_2　A　P　B　T_1	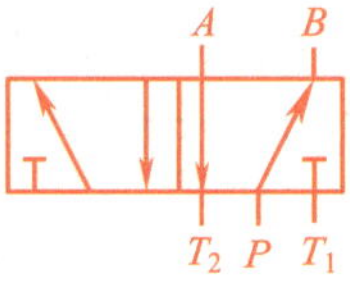 A B T_2 P T_1
三位四通	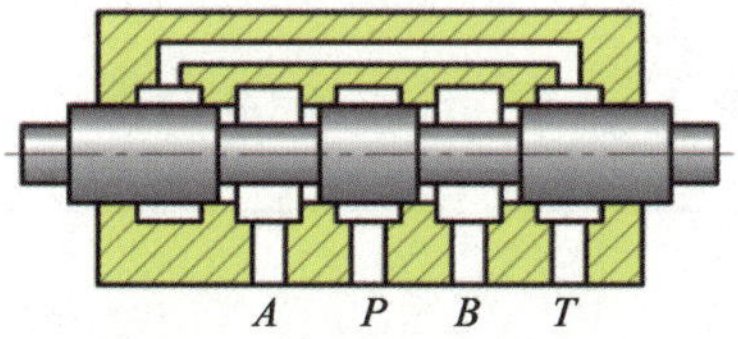 A　P　B　T	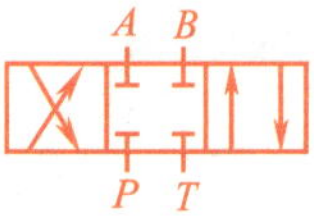 A B P T
三位五通	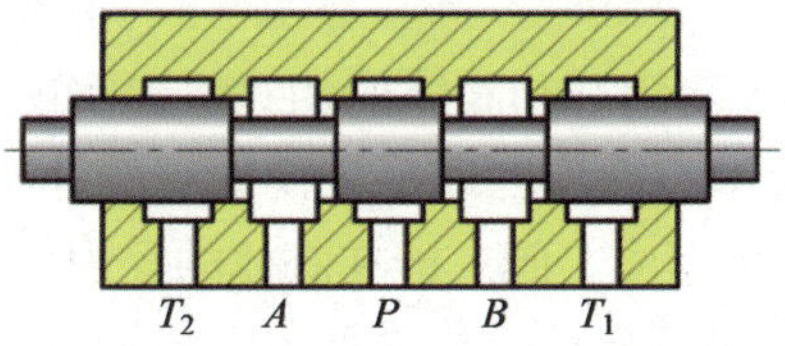 T_2　A　P　B　T_1	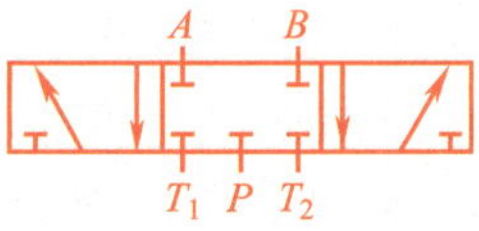 A B T_1 P T_2

（3）常用换向阀的控制方式及图形符号

常用换向阀的控制方式及图形符号见表 4–4。

表 4–4　　常见换向阀控制方式的图形符号

操纵方式		图形符号	说明
人力控制	手柄式		拉动手柄改变阀芯工作位置
	踏板式		通过踏动脚踏板改变阀芯工作位置
	推压控制式	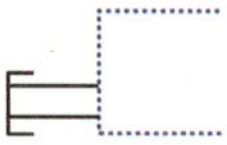	推压手柄改变阀芯工作位置
	带定位装置	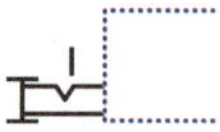	具有定位装置的推或拉控制机构
机械控制	滚轮式	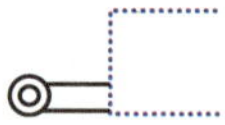	用机械控制方法改变阀芯工作位置
	滚轮杠杆式	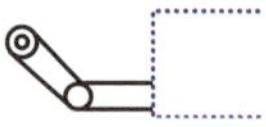	用作单向行程操纵的滚轮杠杆
	弹簧控制式		用弹簧的作用力改变阀芯工作位置
电气控制	单作用电磁铁		通过电磁铁通、断电改变阀芯工作位置，间断控制，动作指向阀芯
液压控制		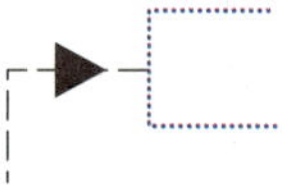	用直接液压力控制方法改变阀芯工作位置
液压先导控制	内部压力控制		用液压先导控制方法改变阀芯工作位置，内部压力控制
	外部压力控制	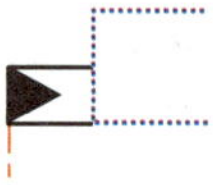	用液压先导控制方法改变阀芯工作位置，外部压力控制
电液控制		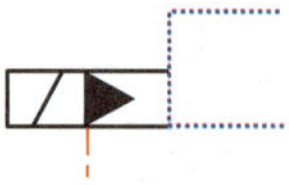	电气操纵的带有外部供油的液压先导控制机构

3. 常用换向阀的结构和工作原理

（1）手动换向阀

手动换向阀是利用手扳动杠杆来改变阀芯和阀体的相对位置实现换向的。有二位二通、二位三通、三位四通等多种。图 4–9a 所示为二位二通手动换向阀的外形图，图 4–9b 所示为工作原理图，它由手柄 1、阀体 2、阀芯 3 等组成。阀芯能在阀体的孔内滑动，扳动手柄，即可改变阀芯与阀体的相对位置，从而使油路接通或断开。阀芯的定位靠钢珠 4 和弹簧 5 实现。

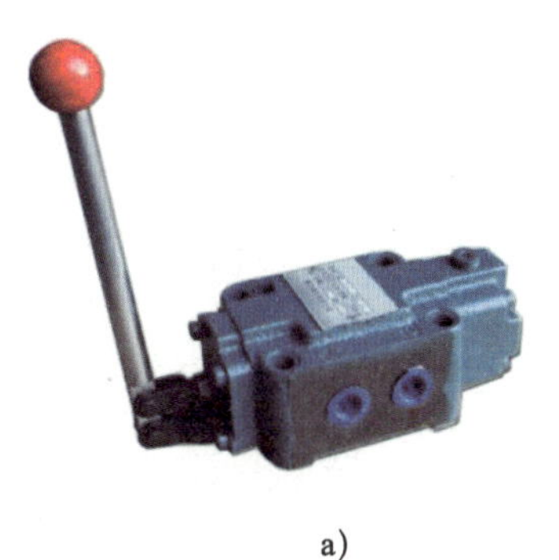
a)

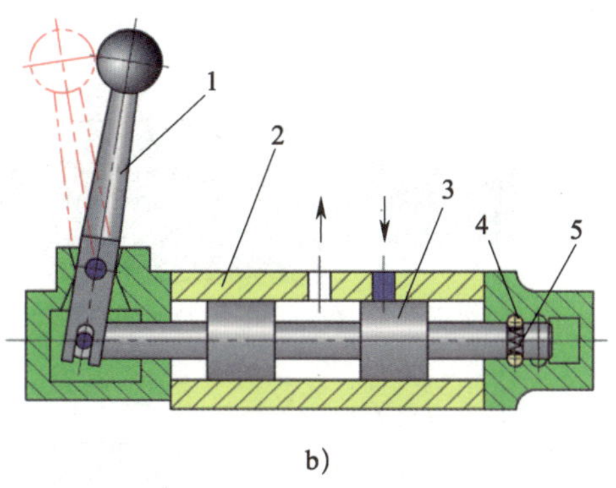

b)

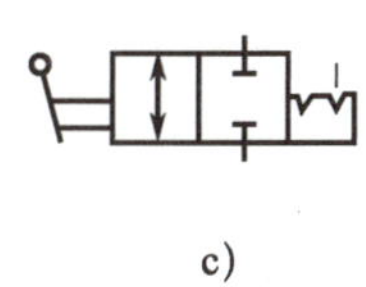
c)

图 4-9　二位二通手动换向阀

a）外形图　b）工作原理图　c）图形符号

1—手柄　2—阀体　3—阀芯　4—钢珠　5—弹簧

手动换向阀结构简单，动作可靠，但由于需要人力操纵，故只适用于间歇动作且要求人工控制的小流量场合。使用中应注意：定位装置或弹簧腔的泄漏油需要单独接油箱，以免泄漏油积聚产生阻力，导致不能换向，甚至造成事故。

（2）机动换向阀

机动换向阀又称行程阀。它一般利用安装在运动部件上的行程挡块压下顶杆或滚轮，使阀芯移动，来实现油路切换。机动换向阀常为二位阀，用弹簧复位，有二通、三通、四通等几种。二位二通又分常开式（常态位置两油口连通）和常闭式（常态位置两油口不通）两种形式。

二位三通弹簧复位机动换向阀如图 4-10 所示，在图示状态（常态）下，阀芯 2 被弹簧 1 顶向上端，油口 P 和 A 相通。当挡块 4 压下滚轮 5 时，推杆 3 使阀芯移到下端，油口 P 和 B 连通。

（3）电磁换向阀

利用电磁铁吸力推动阀芯来改变工作位置的换向阀称为电磁换向阀，简称电磁阀。

三位四通电磁换向阀如图 4-11 所示，阀的两端各有一个电磁铁和对中弹簧。当阀体两端的电磁铁均不通电，阀在常态位置时，阀芯只受两端的弹簧力作用，油口 P、T、A、B 互不相通，换向阀处于锁闭状态。当右端的电磁铁通电吸合时，衔铁通过推杆将阀芯推向左端，换向阀在右位工作。压力油从 P 口进入、B 口流出，回路中的回油从 A 口流入，从 T 口流回油箱。当左端电磁铁吸合时，衔铁通过推杆将阀芯推向右端，换向阀在左位工作。压力油从 P 口流入、A 口流出；回油从 B 口流入，从 T 口流回油箱。

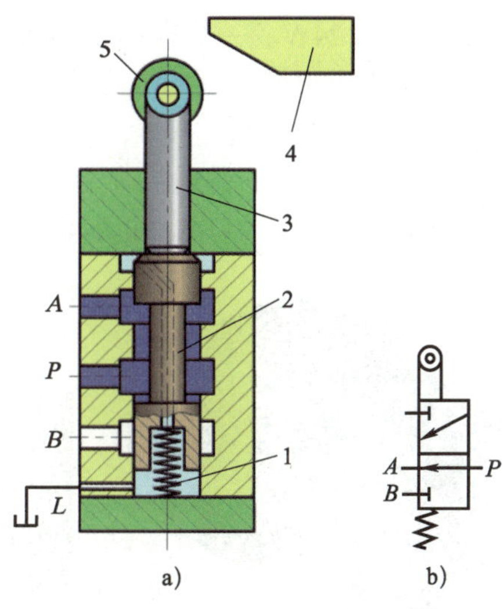

a)　　b)

图 4-10　二位三通机动换向阀

a）工作原理图　b）图形符号

1—弹簧　2—阀芯　3—推杆

4—挡块　5—滚轮

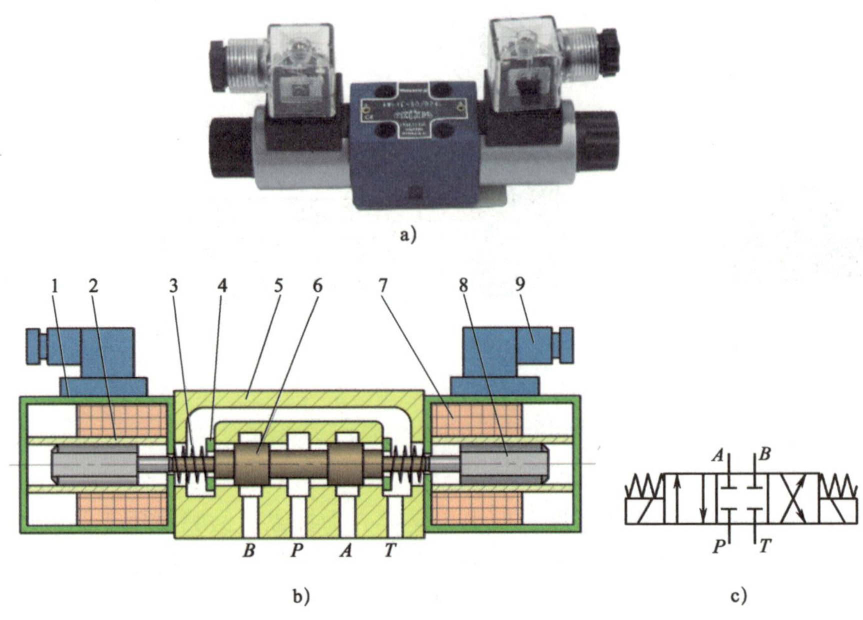

图 4-11　三位四通电磁换向阀

a）外形图　b）工作原理图　c）图形符号

1—壳体　2—隔套　3—弹簧　4—弹簧座　5—阀体

6—阀芯　7—线圈　8—衔铁　9—插头组件

电磁换向阀操纵方便，布局灵活，有利于提高设备的自动化程度，因而应用十分广泛。按使用电源的不同，电磁换向阀可分为交流和直流两种。交流电压常用 220 V 或 380 V，直流电压常用 24 V。一般电磁换向阀的阀芯皆为滑动式圆柱阀芯，故这种电磁阀又称为电磁滑阀。由于电磁换向阀的电磁铁吸力有限，只适用于小流量的换向阀。

（4）液控换向阀

液控换向阀是利用控制油路的压力油直接推动阀芯来改变阀芯位置的换向阀，如图 4-12 所示。当油口 K_1 和 K_2 都无压力油通入时，阀芯在两端弹簧的作用下，回到常态位

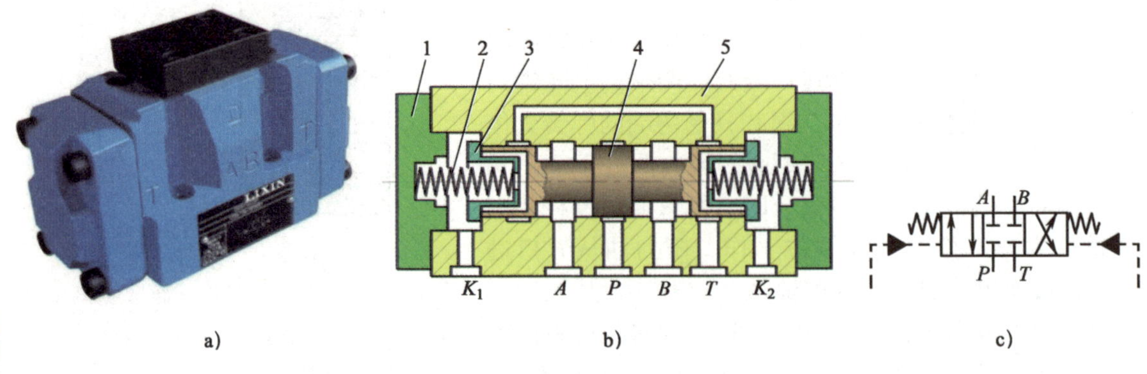

图 4-12　三位四通液控换向阀

a）外形图　b）工作原理图　c）图形符号

1—阀盖　2—弹簧　3—弹簧座　4—阀芯　5—阀体

（即中位），此时，油口 P、T、A、B 互不相通，换向阀处于锁闭状态。当控制油路的压力油从控制油口 K_2 进入阀体右腔时，阀体左腔接通 K_1 回油，压力油推动阀芯向左移动，换向阀右位工作。此时，油口 P 和油口 B 接通。系统的压力油从 P 口经 B 口流入工作元件，工作元件回油腔中的油液从油口 A 经回油口 T 流回油箱。当控制油路中的压力油从油口 K_1 进入阀体左腔时，阀体右腔接通 K_2 回油，换向阀处于左位工作。系统的压力油从油口 P 经油口 A 流入工作元件，工作元件回油腔中的油液从油口 B 经油口 T 流回油箱。液控换向阀控制油路的换向需要用另外一个小的换向阀来对油口 K_1 和 K_2 的供油进行切换。因此，液控换向阀常与其他控制方式的换向阀结合使用。

液控换向阀结构简单，动作可靠、平稳，由于液压驱动力大，故可用于流量大的液压传动系统中，但它不如电磁阀控制方便。

（5）电液换向阀

电液换向阀是电磁换向阀和液控换向阀的组合。电磁换向阀是先导阀，控制液控换向阀换向；液控换向阀是主阀，控制液压传动系统执行元件的动作。

图 4–13 所示为三位四通电液换向阀，其工作原理是：电磁阀阀芯处于中位时，液控换向阀的阀芯在弹簧力的作用下也处于中位，主阀上 A、B、P、T 油口均被封堵。当左端电磁铁通

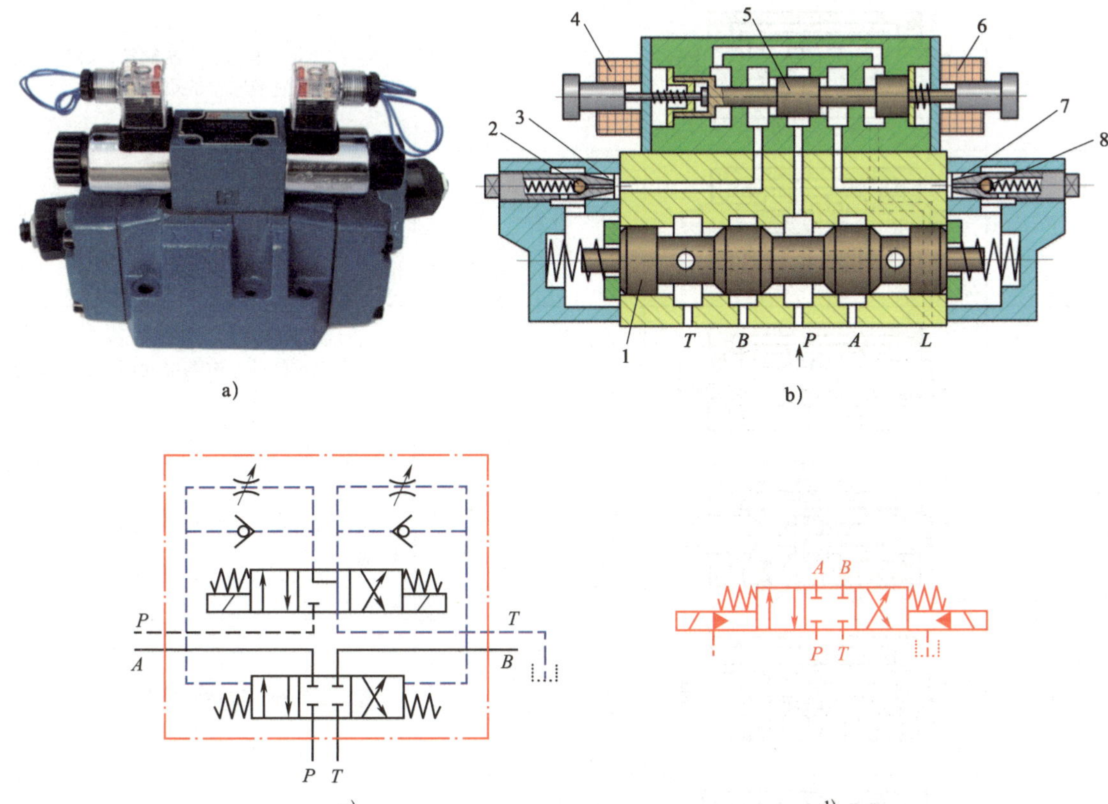

图 4–13　三位四通电液换向阀

a）外形图　b）工作原理图　c）详细图形符号　d）简化图形符号

1—主阀阀芯　2、8—单向阀　3、7—节流阀　4、6—电磁铁　5—电磁阀阀芯

电时，控制油液经电磁阀、左端单向阀流入主阀左端油腔，推动主阀芯右移；此时主阀芯右端油腔的回油经右端的节流口、电磁阀流回油箱，使 *P*、*A* 相通，*B*、*T* 相通。反之，当右端的电磁铁通电时，主阀芯左移，使 *P*、*B* 相通，*A*、*T* 相通。这种换向阀适用于高压、大流量的场合。

4. 三位四通换向阀的中位机能

三位四通换向阀处于中位（常态位）时，各油口间有各种不同的连接方式，以满足不同的使用要求。这种常态位时各油口的连通方式，称为三位四通换向阀的中位机能。中位机能不同，中位时对系统的控制性能也就不同。表 4–5 列出了常见的几种三位四通换向阀的中位机能的机能代号、结构、图形符号及特点。从表中看出，不同的中位机能是通过改变阀芯的结构和尺寸得到的。

表 4–5　三位四通换向阀的中位机能代号、结构、图形符号及特点

机能代号	结构	图形符号	特点
O	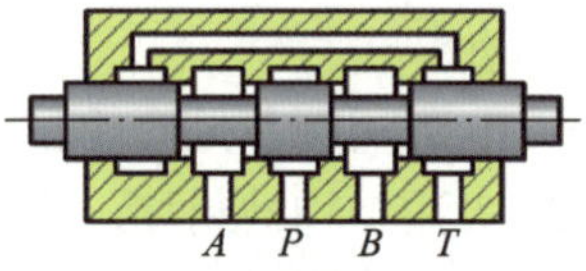 A P B T	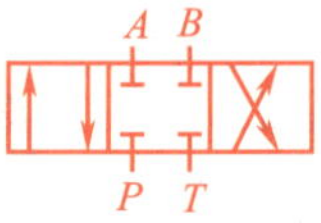 A B P T	各油口全部封闭，液压缸两腔封闭，系统不卸荷，液压缸充满油
H	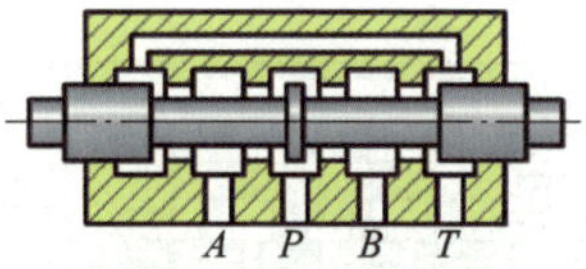 A P B T	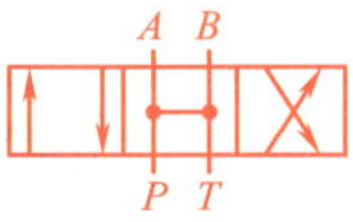 A B P T	各油口全部连通，系统卸荷，缸呈浮动状态，液压缸两腔接油箱
P	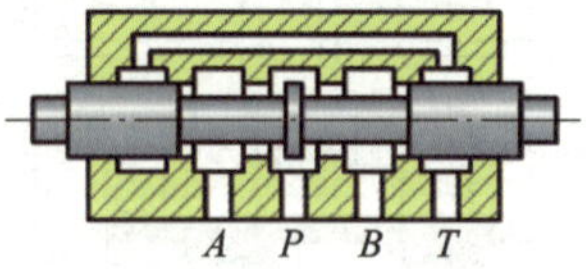 A P B T	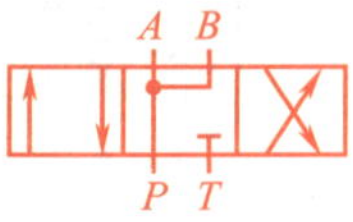 A B P T	压力油口 *P* 与缸两腔连通，回油口封闭，可形成差动回路
Y	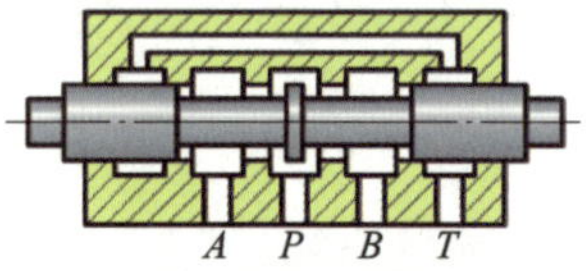 A P B T	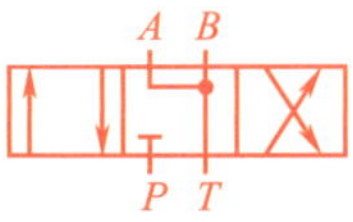 A B P T	液压泵不卸荷，缸两腔通回油，缸呈浮动状态
K	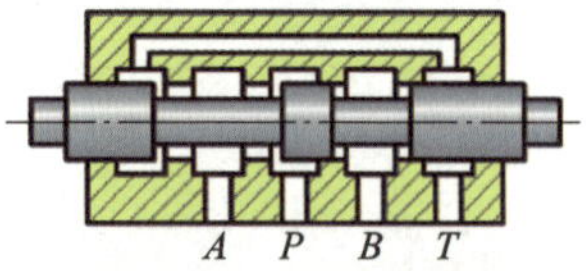 A P B T	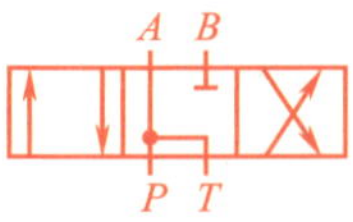 A B P T	液压泵卸荷，液压缸一腔封闭、一腔接回油
M	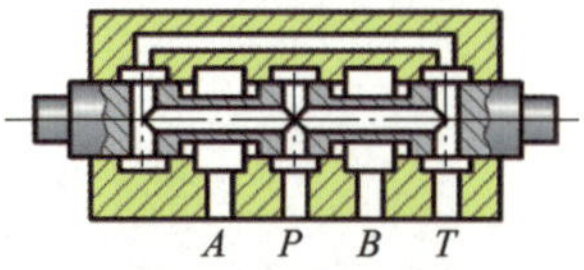 A P B T	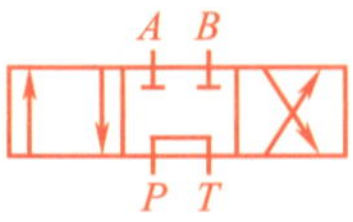 A B P T	液压泵卸荷，缸两腔封闭
X	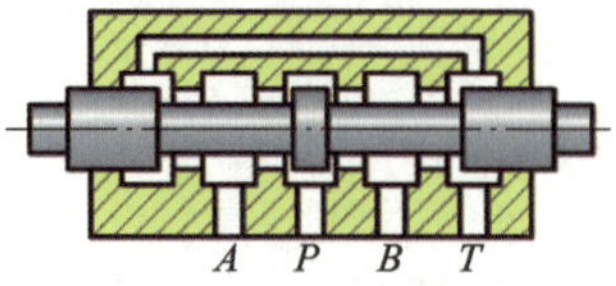 A P B T	 A B P T	各油口半开启接通，*P* 口保持一定的压力

知识链接

液压元件各油口符号的含义：P——压力油口；T——回油口；A、B——工作油口；L——泄油口；X、Y——控制油口。

§4-3　压力控制阀

压力控制阀是控制液压传动系统中的压力，或利用系统中压力的变化来控制其他液压元件动作的液压阀，简称压力阀。压力阀是利用作用于阀芯上的液压力与弹簧力相平衡的原理来进行工作的。

按照用途不同，压力阀可分为溢流阀、减压阀、顺序阀和压力继电器等。

一、溢流阀

溢流阀在液压传动系统中主要有三方面的作用：一是起溢流调压及稳压作用，可保持液压传动系统的压力恒定。二是起限压保护作用，防止液压传动系统过载（又称安全阀）。起这两种作用的溢流阀通常并联在液压泵出口处的油路上。三是串联在液压缸的回油路上，作为背压阀使用，以保证液压缸工作稳定。

根据结构和工作原理的不同，溢流阀可分为直动式溢流阀和先导式溢流阀两种。

1. 直动式溢流阀

图 4–14 所示为直动式溢流阀，它由阀体 3、阀芯 5（阀芯可以是锥形、球形或圆柱形）、调压弹簧 4 和调压螺杆 1 等组成。压力油进口 P 与系统相连，油液溢出口 T 通油箱。

当进油口压力 p 小于溢流阀的调定压力 p_k 时，由于阀芯受调压弹簧力作用而使阀口关闭，油液不能溢出。

当进油口压力 p 等于溢流阀的调定压力 p_k 时，阀芯所受的液压力与弹簧力相平衡，此时阀口即将打开。

当进油口压力 p 超过溢流阀的调定压力 p_k 时，液压力将阀芯向上推起，压力油进入阀口后经 T 口流回油箱，使进口处的压力不再升高。

溢流阀工作时，阀芯随着系统压力的变化而上下移动，以此维持系统压力基本稳定，并对系统起安全保护作用。

旋动调压螺杆可调节调压弹簧的预紧力，进而改变溢流阀的调定压力。

直动式溢流阀的进口压力油直接作用于阀芯，故称直动式溢流阀。直动式溢流阀的特点是结构简单、制造容易，一般只适用于低压、流量不大的系统。若液压传动系统压力较高和流量较大时，则需采用先导式溢流阀。

2. 先导式溢流阀

图 4–15 所示为先导式溢流阀，它由主阀和先导阀两部分组成。先导阀是锥阀，用于控制压力；主阀是滑阀，用于控制流量。结构中通口 P 为压力油进口，通口 T 为油液溢出口，通口 K 为远程控制口。

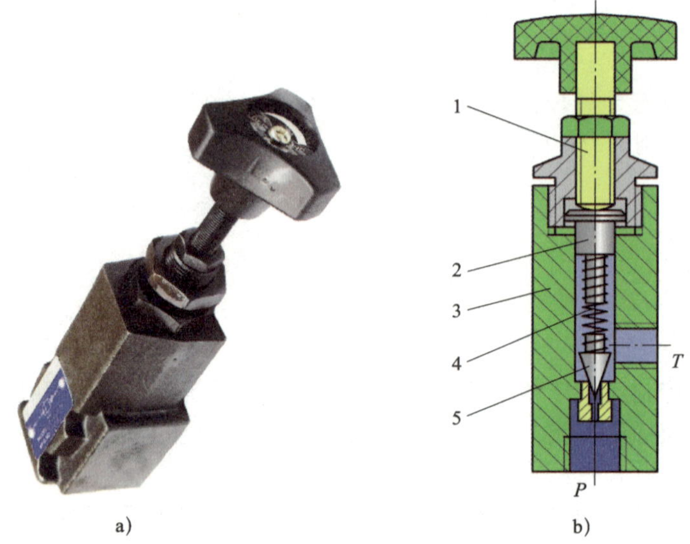

图 4-14　直动式溢流阀

a）外形图　b）工作原理图

1—调压螺杆　2—滑柱　3—阀体　4—调压弹簧　5—阀芯

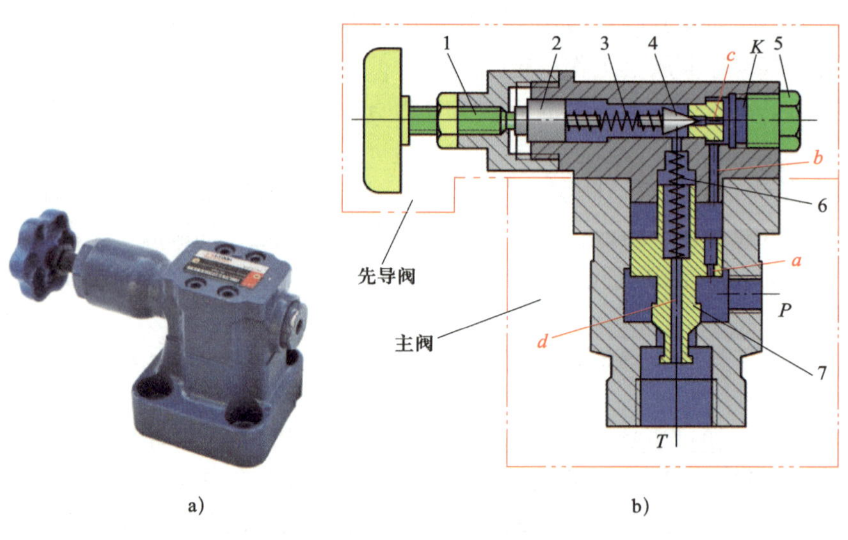

图 4-15　先导式溢流阀

a）外形图　b）工作原理图

1—调压螺杆　2—滑柱　3—调压弹簧　4—先导阀芯　5—螺塞　6—主阀弹簧　7—主阀芯

如图 4-15b 所示，压力油从 *P* 口进入，通过阻尼孔 *a* 后作用在主阀芯 7 上，并通过小孔 *b* 和阻尼孔 *c* 作用在先导阀芯 4 上（此时远程控制口 *K* 关闭）。当进油口压力较低，先导阀芯 4 上的液压作用力小于先导阀芯左边调压弹簧 3 的作用力时，先导阀关闭。因为没有油液流过阻尼孔 *a*，主阀芯 7 上、下两腔压力相等，所以主阀芯 7 在主阀弹簧力的作用下处于最下端位置，主阀处于关闭状态，溢流阀没有溢流。

当进油口压力升高，使作用在先导阀芯 4 上的液压力大于先导阀芯 4 所受的弹簧力时，先导阀被打开，压力油通过孔 a、b、c，经先导阀流入孔 d，最后流到出口 T。由于油液流过阻尼孔 a 时有压力降，使主阀芯 7 上腔的油液压力小于下腔的油液压力。此时有两种情况：一种情况是当主阀芯 7 上、下两腔的压力差不足以使主阀芯上移时，主阀关闭；另一种情况是当这个压力差足以使主阀芯 7 上移时，主阀阀口开启，油液从 P 口流入，经阀口 T 流入油箱，实现溢流，使系统压力不超过设定压力并维持压力基本稳定。

旋动调压手柄，调节调压弹簧的预紧力，可改变溢流阀的调定压力。在先导式溢流阀中，先导阀的作用是控制和调节溢流压力，主阀的功能则在于溢流。先导阀因为只通过泄油，其阀口直径较小，即使在较高压力的情况下，作用在阀芯上的液压推力也不是很大，因此调压弹簧的刚度不必很大，压力调整也比较轻便。主阀芯因两端均受油压作用，主阀弹簧只需很小的刚度，故先导式溢流阀的稳压性能优于直动式溢流阀。但先导式溢流阀是二级阀，其灵敏度低于直动式溢流阀。

先导式溢流阀有一个远程控制口 K，可实现远程调压或卸荷，不用时关闭。

3. 溢流阀的图形符号

溢流阀的图形符号如图 4–16 所示，各要素的含义如下：

（1）方框表示阀体，正方形外部的实线段表示外部油路。

（2）从进油口引出的虚线表示液控线。

（3）方框中的箭头线表示阀芯，正方形内部箭头与外部表示油路的实线段不共线，表示常闭。

（4）右侧的折线表示弹簧。

（5）弹簧上的斜箭头表示开启压力可调节。

（6）右侧带实心三角形的矩形表示液压先导控制。

（7）左侧的虚线表示控制油路

图 4–16 溢流阀的图形符号

a）直动式溢流阀 b）先导式溢流阀

4. 溢流阀的应用

（1）溢流稳压

图 4–17a 所示为一定量泵供油系统，执行机构油路上并联了一个溢流阀，起溢流稳压作用。在系统正常工作的情况下，溢流阀阀口是常开的（即一直有溢流存在），进入液压缸的流量由节流阀调节，系统压力由溢流阀调节并保持恒定。

（2）过载保护

图 4–17b 所示为一变量泵供油系统，执行机构油路上并联了一个溢流阀，起防止系统过载的安全保护作用，故又称安全阀。此阀阀口在系统正常工作情况下是常闭的。在此系统中，液压缸需要的流量由变量泵本身调节，系统中没有多余的油液，系统的工作压力取决于负载的大小。只有当系统压力超过溢流阀的调定压力时，溢流阀阀口才打开，使油溢回油箱，保证系统的安全。

（3）作为背压阀使用

图 4–17c 所示为在液压缸回油路上串联溢流阀，因为开启溢流阀需要一定的压力，这样就使液压缸右侧油腔中的油液也具有一定的压力。当负载压力为零或较小时，能保证液压缸活塞两侧都有一定的压力，从而保证了系统的稳定性。

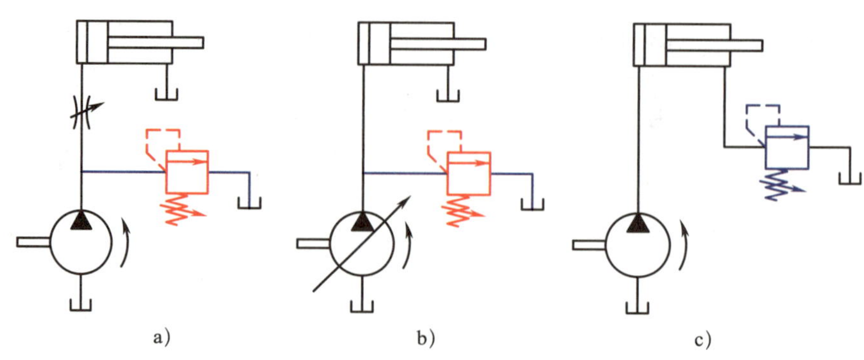

图 4–17　溢流阀的应用

a）溢流稳压　b）过载保护　c）作为背压阀使用

（4）远程调压或卸荷

利用先导式溢流阀的远程控制口，可实现液压系统的远程调压或卸荷，具体原理见§6—2 压力控制回路。

知识链接

1. 阻尼孔

阻尼孔是小孔或微孔，在无油液流动时，阻尼孔前后压力相等。当液压油流过阻尼孔时，由于小孔对液流的阻尼作用，使液压油流速减慢，流量减小，并使通过阻尼孔的液压油产生压力降。

2. 直动阀

阀芯被控制机构直接操纵的阀称为直动阀，如直动式溢流阀、直动式减压阀、直动式顺序阀等。

3. 先导阀

被操纵以提供控制信号的阀称为先导阀，如先导式溢流阀、先导式减压阀和先导式顺序阀中的先导阀都起着提供控制信号的作用。

二、减压阀

减压阀在液压传动系统中的主要作用是降低系统某一支路的油液压力，使同一系统有两个或多个不同压力。

减压原理：利用压力油通过缝隙（液阻）降压，使出口压力低于进口压力，并保持出口压力为一定值。缝隙越小，压力损失越大，减压作用就越强。

根据功用的不同，减压阀可以分为定值减压阀、定差减压阀和定比减压阀三种，其中最常见的是定值减压阀。如无特别说明，通常所说的减压阀即定值减压阀。根据结构和工作原理的不同，减压阀可分为直动式减压阀和先导式减压阀两种。

1. 直动式减压阀

图 4–18 所示为直动式减压阀，它由调压螺杆 1、滑柱 2、调压弹簧 3 和阀芯 4 等组成。结构中 h 为减压缝隙，P 为高压油液的进油口，A 为低压油液的出油口，L 为泄油口。

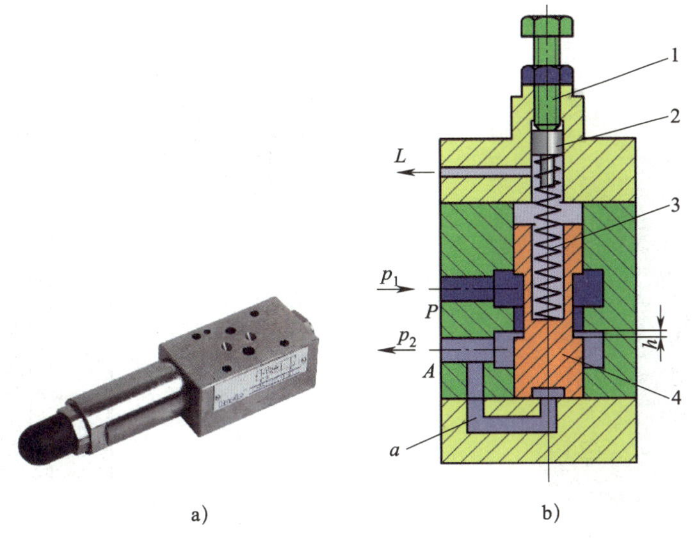

图 4–18　直动式减压阀

a）外观图　b）工作原理图

1—调压螺杆　2—滑柱　3—调压弹簧　4—阀芯

阀体内部通道将高压进油口 P 与低压出油口 A 连通，阀芯 4 的底部与出油口 A 相通，阀芯 4 的底部受到向上的液压力，该液压力与阀芯上腔的调压弹簧力相平衡。

减压阀在常态时是开启的，其进油口 P 和出油口 A 是连通的。油液经 P 口进入，从 A 口流出，并作用在负载上。

当作用在阀芯上的液压力小于弹簧力时，阀芯不动，减压阀进油口压力等于出油口压力（p_1=p_2），其压力值由出口负载决定。

当作用在阀芯上的液压力大于弹簧力时，阀芯上移，使缝隙 h 减小，直至作用在阀芯上的液压力等于弹簧力，达到新的平衡。因缝隙 h 减小，产生的压力降增加，从而起到了减压的目的，使 p_2 不再升高并稳定在调定值上，从而起到减压和稳压的作用。

旋动调压螺杆 1，加大或减小调压弹簧压缩量，可增大或减小 p_2 的值。因直动式减压阀出油口接负载，所以泄油口 L 必须单独接油箱。直动式减压阀结构较简单，适用于低压系统。

2. 先导式减压阀

图 4–19 所示为先导式减压阀，它由主阀和先导阀两部分组成，包括主阀芯 1、主阀弹簧 2、调压螺母 3、调压弹簧 4 和先导阀芯 5 等。图中 h 为减压缝隙，b 为阻尼孔，P 为进油口，A 为出油口，L 为泄油口。

如图 4–19b 所示，压力为 p_1 的高压油液自进油口 P 进入主阀，经减压缝隙 h 后，压力降至 p_2 的低压油液自出油口 A 流出，送往执行元件；同时，出油口处的部分低压油液经主阀芯 1 的轴心孔 a 进入主阀芯的下腔，同时经阻尼孔 b 进入主阀芯的上腔。进入主阀芯上腔的低压油液再经过通孔 c、d 后，作用在先导阀芯 5 上并与调压弹簧产生的弹簧力相平衡，以此控制出口压力的稳定。

当出口压力较低未达到先导阀的调定值时，作用于先导阀芯 5 上的液压力小于调压弹簧的弹簧力，先导阀的阀口关闭，阻尼孔 b 内的油液不流动，主阀芯上、下两腔的压力相等。

a)

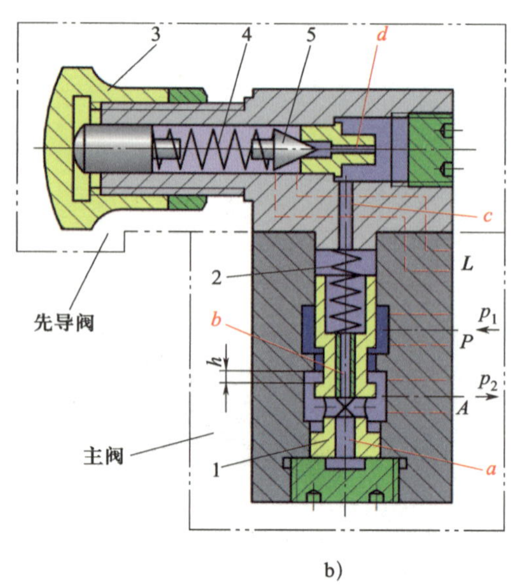

b)

图 4–19　先导式减压阀

a）外形图　b）工作原理图

1—主阀芯　2—主阀弹簧　3—调压螺母　4—调压弹簧　5—先导阀芯

主阀芯被主阀弹簧推至最下端，减压缝隙 h 开至最大，进、出口的油液压力基本相同，减压阀处于非调节状态。

当出口压力升高到超过先导阀的调定值时，作用在先导阀芯 5 上的液压力大于调压弹簧的弹簧力，先导阀芯 5 被顶开，主阀下腔的油液经孔 b、c、d 至先导阀的阀口，经泄油口 L 流回油箱；此时，阻尼孔 b 中有油液流过，其两端产生压力降，使主阀芯下腔中的压力大于上腔中的压力；当此压力差足以克服主阀弹簧的弹簧力，而推动主阀芯上移时，减压缝隙 h 减小，流阻增大，油液流过缝隙的压力损失也增大，从而使出口压力降低，直到出口压力达到调定压力。减压阀出口压力的大小可通过调压螺母进行调节。

上述减压阀可以保证在不同工况（不同的进口压力或不同流量）时保持出口压力基本不变，故称为定值减压阀。在机床的定位、夹紧装置的液压传动系统中要求得到一个比主油路压力（一次压力）低的恒定压力（二次压力）时，采用定值减压阀可以节省设备费用。

3. 单向先导式减压阀

单向先导式减压阀如图 4–20 所示，它是在先导式减压阀的基础上并联了一个单向阀。当压力油从 P 口流入、A 口流出时，单向阀右腔的油液压力大于左腔的压力，单向阀在弹簧力

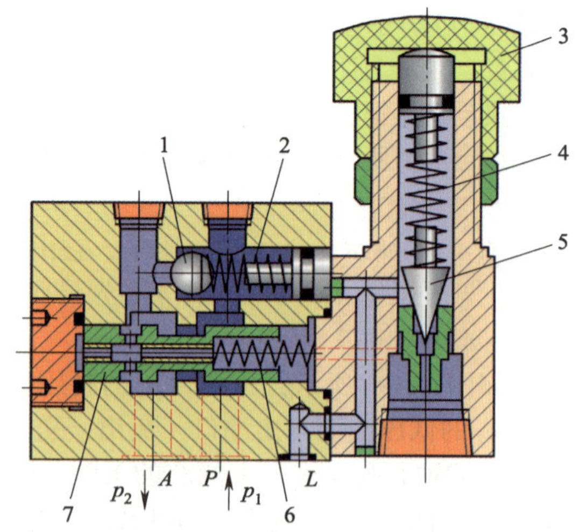

图 4–20　单向先导式减压阀

1—单向阀阀芯　2—单向阀弹簧　3—调压螺母　4—调压弹簧　5—先导阀芯　6—主阀弹簧　7—主阀芯

和左右腔压差的作用下处于关闭状态，这时先导式减压阀工作。当压力油从 A 口流入、P 口流出时，单向阀左腔油液压力大于右腔的压力，压力油克服弹簧的作用力将阀芯向右顶开，油液通过单向阀后从 P 口流出。油液通过单向阀时的阻力损失很小，这时减压阀不工作。

4. 减压阀的图形符号

减压阀的图形符号如图 4–21 所示，各要素的含义如下：

（1）内部箭头与油路共线，表示常开。

（2）通向油箱的虚线表示泄油路。

（3）点线绘制的是油箱的图形符号。

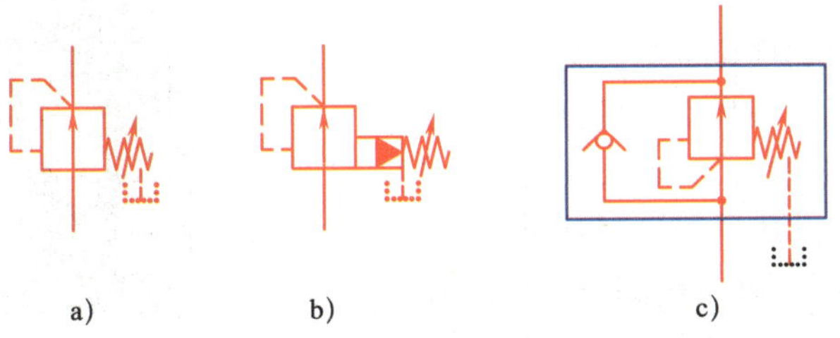

图 4–21　减压阀的图形符号

a）直动式减压阀　b）先导式减压阀　c）单向先导式减压阀

5. 减压阀的应用

（1）降低系统压力

在使用定量泵的机床油路系统中，至主系统（即液压缸）的工作压力 p_A 较高，而至润滑系统（或控制油路）的工作压力 p_B 较低。这时润滑油路的压力可用减压阀来调节，如图 4–22 所示。

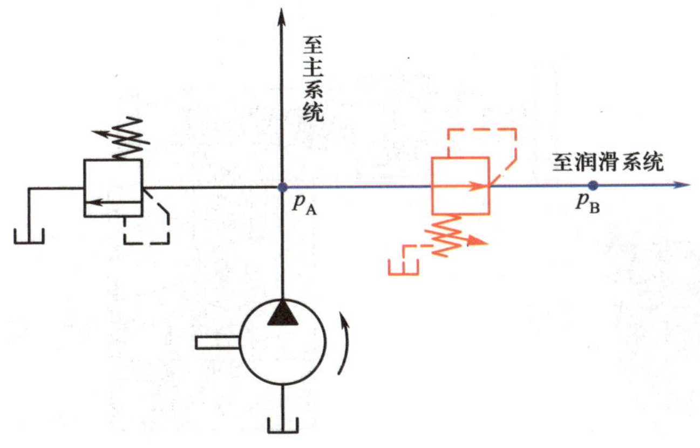

图 4–22　减压阀的应用

（2）稳定压力

减压阀输出的二次压力比较稳定，可避免液压泵输出压力波动对支路系统的影响。

三、顺序阀

顺序阀在液压传动系统中的主要作用是利用液压传动系统中的压力变化来控制油路的通

断，从而使某些液压元件按一定的顺序动作。

根据结构和工作原理的不同，顺序阀可分为直动式顺序阀和先导式顺序阀两种。根据所用控制油路连接方式的不同，先导式顺序阀又可分为内控式和外控式两种。

1. 直动式顺序阀

图 4–23 所示为直动式顺序阀。压力油自进油口 *P* 经阀芯内部小孔作用于阀芯底部，对阀芯产生一个向上的作用力。当油液压力较低时，阀芯在弹簧力的作用下处于下端位置，此时进油口 *P* 与出油口 *A* 不相通。

在进油口油压增大到预调的数值后，阀芯 4 底部受到的向上推力大于调压弹簧 3 的弹力，阀芯上移，此时进油口 *P* 与出油口 *A* 相通，压力油就从顺序阀流过（阀芯上腔的泄油可通过泄油口 *L* 流回油箱）。顺序阀的调定压力可以用调压螺母来调节。

图 4–23b 所示为直动式顺序阀的图形符号，顺序阀与溢流阀的图形符号类似，其不同之处是增加了表示卸油路的虚线和表示油箱的点线。

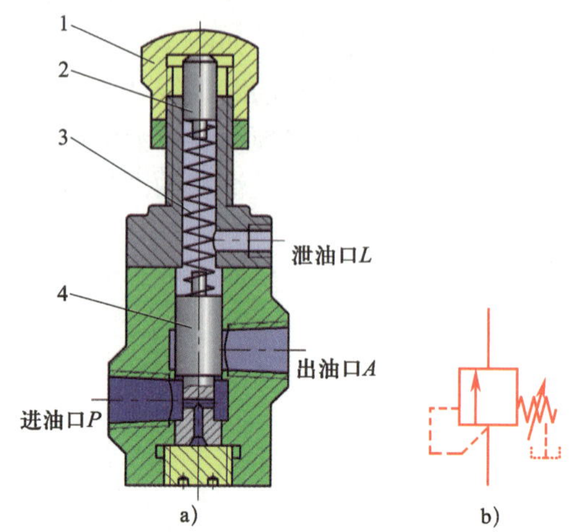

图 4–23 直动式顺序阀

a）工作原理图 b）图形符号

1—调压螺母 2—滑柱 3—调压弹簧 4—阀芯

2. 先导式顺序阀

图 4–24 所示为先导式顺序阀，其工作原理与先导式溢流阀相似，所不同的是先导式顺序阀的出油口 *A* 通常与另一工作油路连接，该处油液为具有一定压力的工作油液，因此需设置专门的泄油口 *L*，将先导式顺序阀溢出的油液输到阀外。图 4–24c 所示为先导式顺序阀的图形符号。

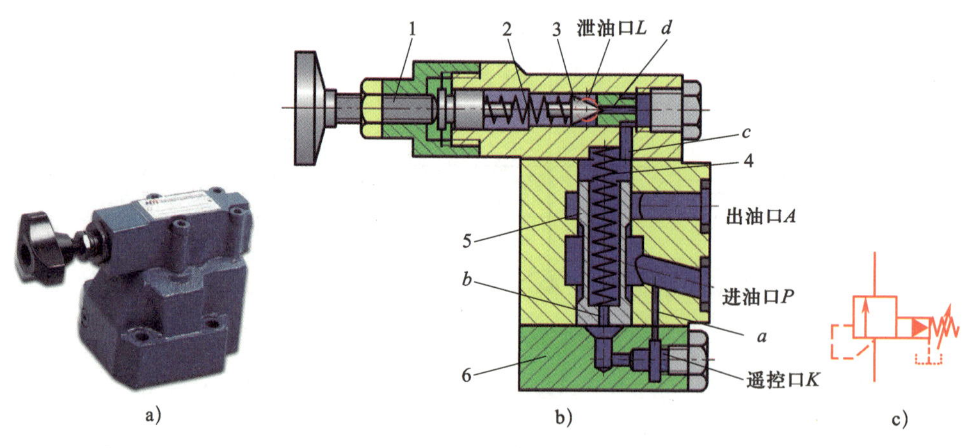

图 4–24 先导式顺序阀

a）外形图 b）工作原理图 c）图形符号

1—调压螺杆 2—调压弹簧 3—先导阀芯 4—主阀弹簧 5—主阀芯 6—盖板

如图 4–24b 所示，压力油自进油口 *P* 进入，通过孔 *a* 进入主阀芯 5 的下腔，然后通过阻尼孔 *b* 进入主阀芯 5 的内部，并通过孔 *c*、*d* 作用在先导阀芯 3 上。当作用力小于弹簧压力时，先导式顺序阀关闭，无油液流过阻尼孔 b，主阀芯 5 在主阀弹簧 4 的作用下处于最下端，将阀口堵死。

当油液压力增大，作用在先导阀芯 3 上的液压力大于调压弹簧 2 的弹力时，先导阀开启，油液从泄油口 L 排出，流回油箱。这时压力油经过阻尼孔 b 时会产生压降，从而使主阀芯上端的压力小于下部的压力，当压力差足以克服主阀弹簧 4 的弹力和主阀芯自重时，主阀芯 5 上移，进油口与出油口接通。

图 4–24b 所示为内控式先导式顺序阀，将盖板 6 转动 180°，并卸去螺塞，便成外控式。这时，如将出油口与油箱连通，则可用作卸荷。

3. 单向顺序阀

单向顺序阀由单向阀和顺序阀并联组合而成，如图 4–25 所示。当油液从 P 口流入时，单向阀关闭，顺序阀起控制作用；当油液从 A 口流入时，油液经单向阀从 P 口流出。单向顺序阀在液压传动系统中多用于平衡液压缸及其工作机构的自重，以防其自行落下，因此单向顺序阀又称为平衡阀。

4. 顺序阀的应用

如图 4–26 所示，液压泵输出的油液直接进入液压缸 A 的左腔，推动液压缸 A 中的活塞向右动作。当运动到达终点时，系统压力升高，顺序阀打开，液压泵输出的油液进入液压缸 B 的左腔，推动液压缸 B 中的活塞向右动作，从而实现顺序动作。

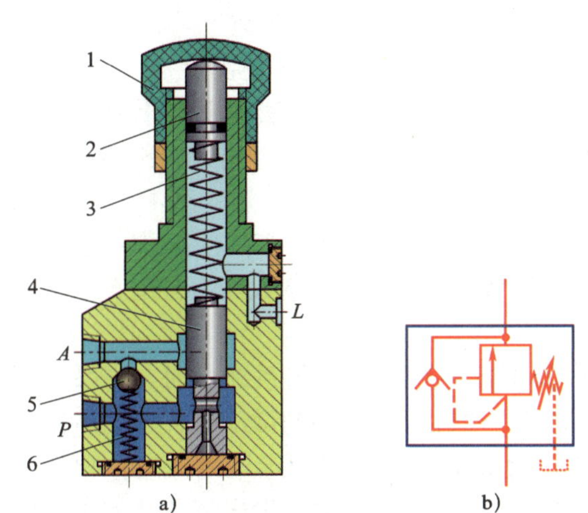

图 4–25　单向顺序阀

a）工作原理图　b）图形符号

1—调压螺母　2—滑柱　3—调压弹簧　4—阀芯

5—单向阀钢球　6—单向阀弹簧

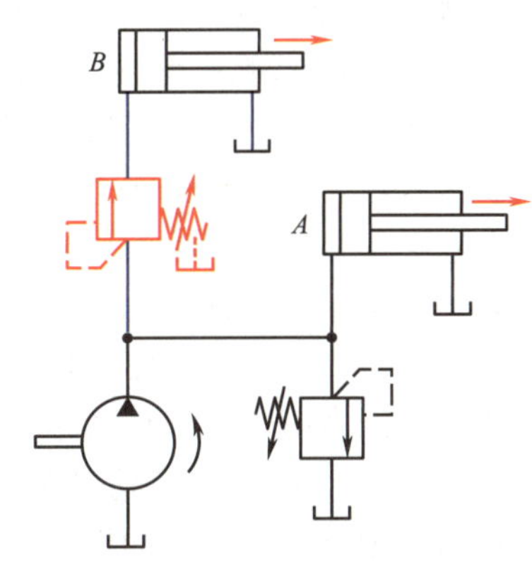

图 4–26　顺序阀的应用

知识链接

溢流阀、减压阀和顺序阀的工作特点比较

溢流阀、减压阀和顺序阀都属于压力控制阀，其工作特点既有相同之处，又有各自的特点，见表 4–6。

表 4–6　溢流阀、减压阀和顺序阀的工作特点比较

类型	溢流阀	减压阀	顺序阀
控制油路的特点	通过调整弹簧压力控制进油口的压力，从而保证进油口压力稳定	通过调整弹簧压力控制出油口的压力，从而保证出油口压力稳定	内控式顺序阀通过调整弹簧压力控制进油口的压力。外控式顺序阀由单独油路控制压力
出油口情况	出油口与油箱相连	出油口与减压回路相连	出油口与工作回路相连
泄漏形式	内泄式	外泄式	外泄式
初始状态	常闭	常开	常闭
工作状态	进油口压力为调定压力，出油口压力为零	出油口压力低于进油口压力，出油口压力稳定在调定值上	阀开启后，进、出油口压力基本相同，并取决于负载压力
连接方式	并联	串联	实现顺序动作时串联，用作卸荷阀时并联

四、压力继电器

压力继电器是一种将液压信号转变为电信号的转换元件。当控制流体压力达到调定值时，它能自动接通或断开有关电路，使相应的电气元件（如电磁铁、中间继电器等）动作，以实现系统按预定程序动作及安全保护。

一般的压力继电器都是通过压力和位移的转换使微动开关动作，借以实现其控制功能。压力继电器主要有柱塞式、膜片式、弹簧管式和波纹管式，其中以柱塞式最为常用。

1. 液压柱塞式压力继电器

图 4–27 所示为液压柱塞式压力继电器，其下部的控制口 *K* 与系统相通，当系统压力达到预先调定的压力值时，液压力推动柱塞 1 上移并通过顶杆 3 触动微动开关 5 的触销，使微动开关 5 发出电信号；当控制口 *K* 处的油液压力值下降至小于调定压力值时，顶杆 3 在调压弹簧 6 的作用下复位，继而微动开关 5 的触销复位，微动开关 5 发出复位电信号。限位挡块 2 可在系统压力超高时对微动开关 5 起保护作用，从柱塞 1 与阀座孔的缝隙中泄漏的油液从泄油口 *L* 流回油箱。图 4–27c 所示为压力继电器的图形符号。

2. 压力继电器的应用

在图 4–28 所示使用定量泵的机床液压系统中，要求主系统液压缸的工作压力 p_A 较高（*A* 点的压力，用溢流阀 7 调节），夹紧液压缸的油路的工作压力 p_B 较低（*B* 点的压力，用减压阀 2 来调节），并且要求在液压缸 5 将工件夹紧后，才能向主系统供油（此项工作即可由压力继电器完成）。当工件夹紧后，压力升高到一定数值，压力继电器 6 动作，使主系统油路的控制阀接通，向主系统供油。单向阀 3 的作用是防止主油路压力降低时油液倒流，从而使夹紧缸的压力（*C* 点压力）不受主系统压力的影响，起到短时保压的作用。

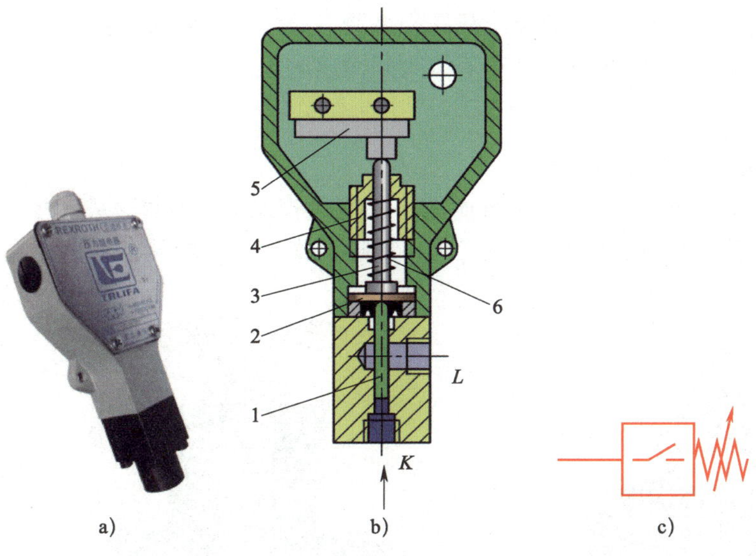

图 4-27　液压柱塞式压力继电器

a）外形图　b）工作原理图　c）图形符号

1—柱塞　2—限位挡块　3—顶杆　4—调压螺帽　5—微动开关　6—调压弹簧

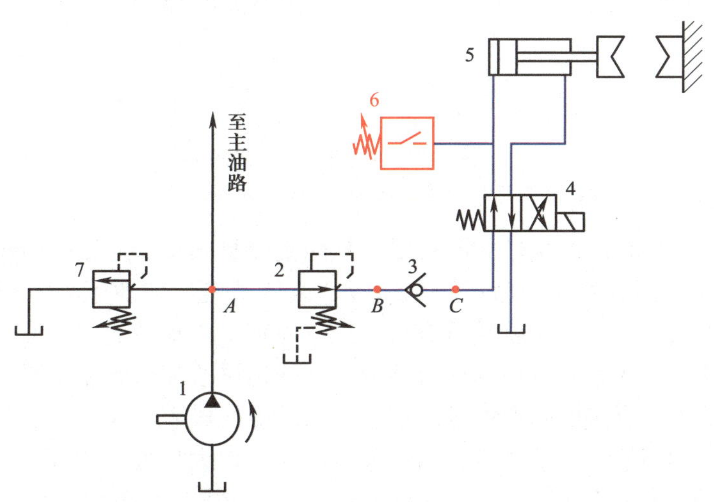

图 4-28　压力继电器的应用

1—单向定量液压泵　2—减压阀　3—单向阀　4—二位四通电磁换向阀

5—液压缸　6—压力继电器　7—溢流阀

§4-4　流量控制阀

流量控制阀在液压传动系统中的作用是控制液体的流量，从而调节执行元件的运动速度，流量控制阀简称流量阀。

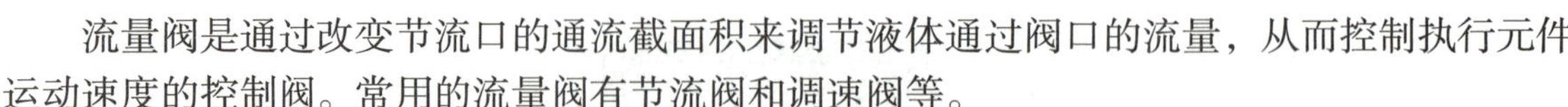

流量阀是通过改变节流口的通流截面积来调节液体通过阀口的流量，从而控制执行元件运动速度的控制阀。常用的流量阀有节流阀和调速阀等。

一、节流阀

1. 节流阀的结构及工作原理

节流阀是结构最简单、应用最普遍的一种流量控制阀。如图 4–29 所示，它是借助控制机构使阀芯相对于阀体孔移动，以改变阀口的通流面积，从而调节输出流量。

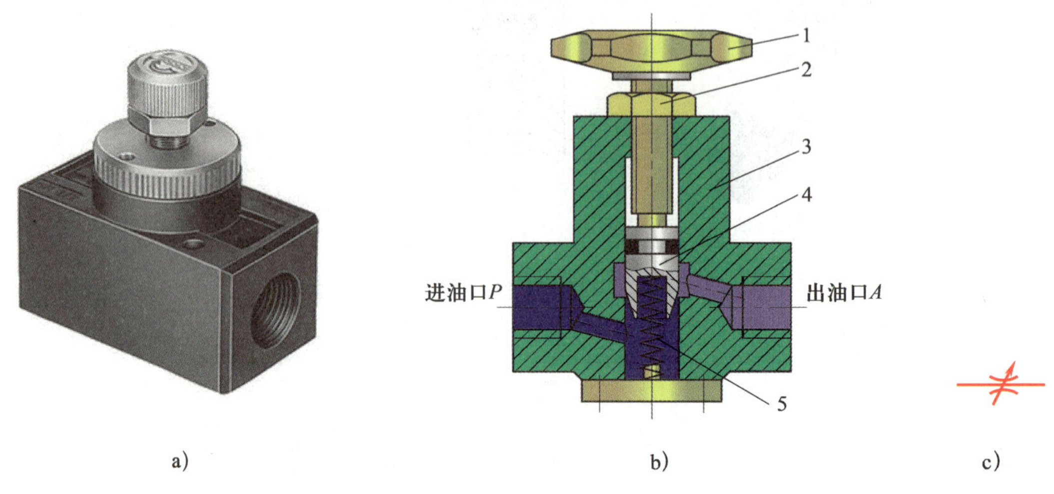

图 4–29　节流阀

a）外形图　b）工作原理图　c）图形符号

1—调压螺钉　2—锁紧螺母　3—阀体　4—阀芯　5—弹簧

油液在经过节流口时会产生较大的液阻，从而使流量减小。通流截面积越小，油液受到的液阻就越大，通过阀口的流量就越小。所以，改变节流口的通流截面积，使液阻发生变化，就可以调节流量的大小，这就是节流阀的工作原理。拧动节流阀上方的调压螺钉，可以使阀芯做轴向移动，从而改变阀口的通流截面积，使通过节流口的流量得到调节。

图 4–29c 所示为节流阀的图形符号。符号中间的直线段表示油路，油路两侧两条相背的弧线段表示节流，相当于一个节流口，斜箭头表示节流口大小可以调节。

节流阀的常用节流口形式有锥形（针阀）式、偏心式、三角槽式和周向缝隙式等，如图 4–30 所示。

2. 节流阀应用举例

在图 4–31 中，液压泵输出的油液一部分经节流阀进入液压缸的工作腔，多余的油液经溢流阀流回油箱。调节节流阀的通流截面积，即可改变通过节流阀的流量，从而调节液压缸的运动速度。由于负载和温度的变化会对节流阀流量的稳定性产生很大影响，节流阀一般用作负载较轻、速度不高或负载变化不大的场合。

二、单向节流阀

单向节流阀由节流阀和单向阀组合而成，如图 4–32 所示，它是利用一个阀芯同时起节流阀和单向阀的作用。当压力油从油口 P 流入时，油液经阀芯上的轴向三角槽节流口从油

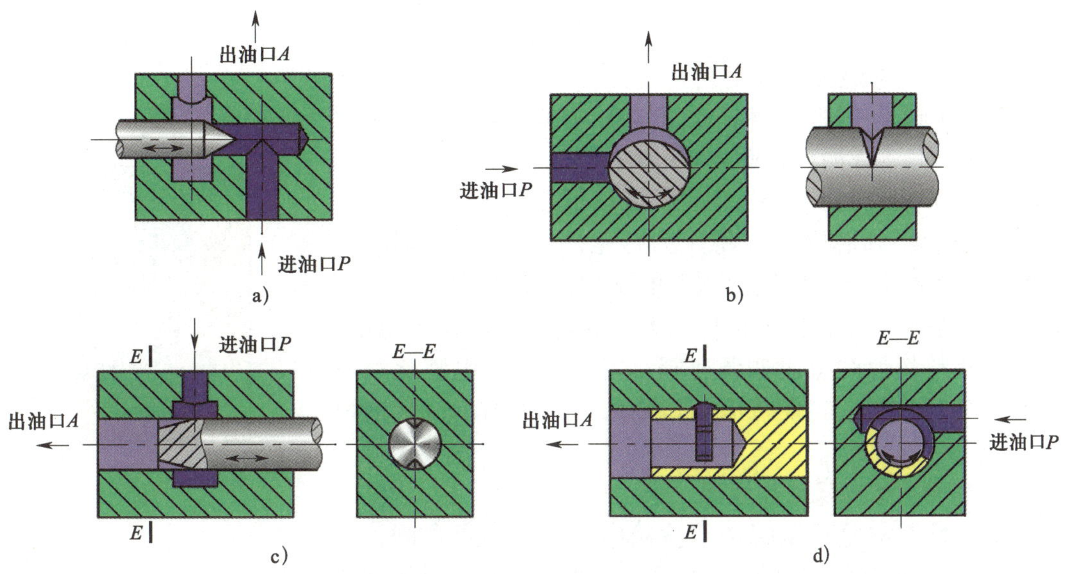

图 4-30 节流阀常用节流口形式

a）锥形（针阀）式 b）偏心式 c）三角槽式 d）周向缝隙式

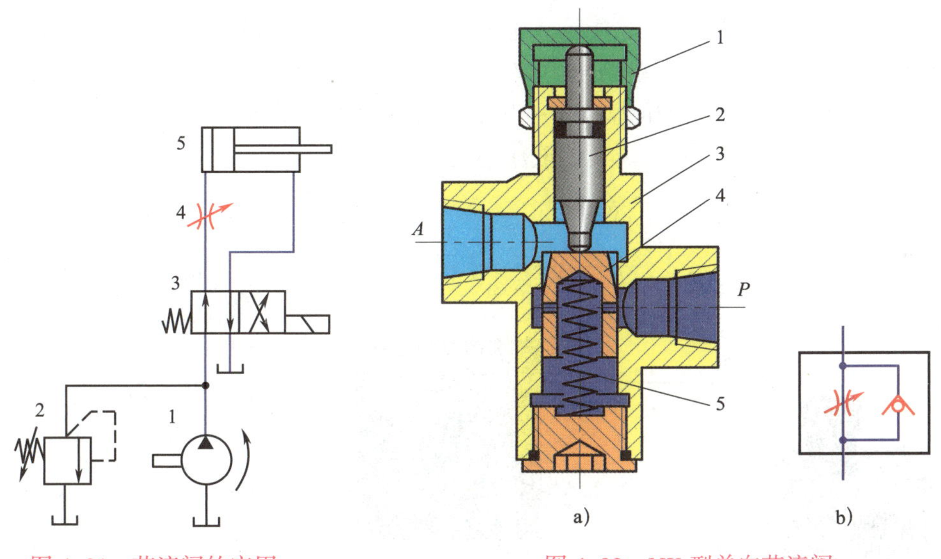

图 4-31 节流阀的应用

1—单向旋转定量泵 2—溢流阀 3—二位四通电磁换向阀 4—节流阀 5—液压缸

图 4-32 MK 型单向节流阀

a）工作原理图 b）图形符号

1—调压螺母 2—阀柱 3—阀体 4—阀芯 5—弹簧

口 A 流出，旋转调压螺母 1 可改变节流口通流面积大小，进而调节流量，此时该阀起节流阀作用。当压力油从油口 A 流入时，在油压作用下，阀芯下移，压力油从油口 P 流出，此时该阀起单向阀作用。

单向节流阀的图形符号如图 4-32b 所示，它由节流阀的图形符号和单向阀的图形符号并联而成。

三、调速阀

1. 定差减压阀的工作原理

定差减压阀是使进、出油口之间的压力差相等或近似于不变的减压阀，其工作原理如图 4–33 所示。

高压油 p_1 从 P 口经节流口减压后以低压 p_2 从 A 口流出，同时，低压油经阀芯中心孔将压力传至阀芯上腔，则其进、出油液压力在阀芯有效作用面积上的压力差与弹簧力相平衡。只要弹簧力基本不变，就可使压力差 Δp 近似地保持为定值。定差减压阀与其他阀组成如调速阀、定差减压型电液比例方向流量阀等复合阀，实现节流阀口两端压差及输出流量的恒定。

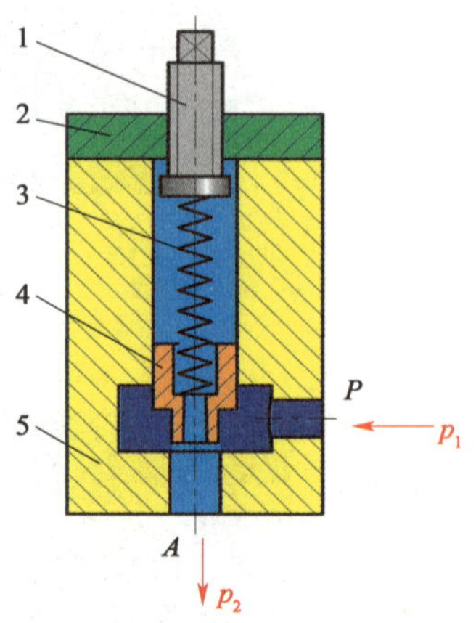

图 4–33 定差减压阀

1—调节螺杆 2—阀盖 3—弹簧 4—阀芯 5—阀体

2. 调速阀的结构及工作原理

调速阀是由定差减压阀和节流阀串联而成的组合阀，如图 4–34 所示。节流阀用来调节通过的流量，定差减压阀则自动补偿负载变化的影响，使节流阀前后的压差为定值，消除了负载变化对流量的影响。

调速阀的工作原理如图 4–34b 所示。油液压力 p_1 经减压阀减压后以压力 p_2 进入节流阀，然后以压力 p_3 输出。节流阀两端的压力差 $\Delta p=p_2-p_3$。减压阀阀芯 5 上端的油腔 b 经通道 a 与节流阀出油口相通，其油液压力为 p_3；其下部油腔 c 和下端油腔 d 经通道 f 和 e 与节流阀进油口（即减压阀出油口）相通，其油液压力为 p_2。

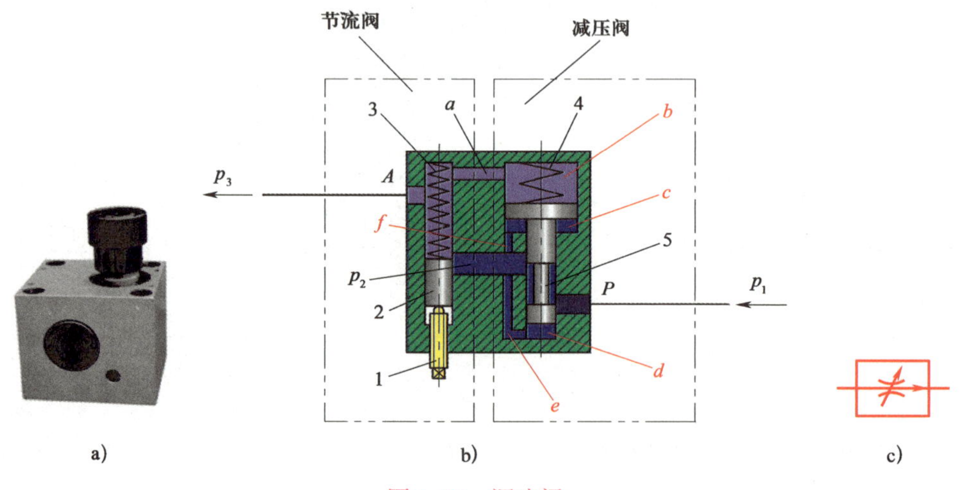

图 4–34 调速阀

a）外形图 b）工作原理图 c）图形符号

1—调节螺杆 2—节流阀阀芯 3—节流阀调压弹簧 4—减压阀调压弹簧 5—减压阀阀芯

当负载压力增大时，压力 p_3 也增大，作用于减压阀阀芯 5 上端的液压力也随之增大，使阀芯下移。减压阀进油口处的开口加大，压力降减小，因而使减压阀出油口（节流阀进油口）处的压力 p_2 增大。从而保持了节流阀两端的压力差 $\Delta p=p_2-p_3$ 基本不变。这样就使调速阀的流量恒定不变（不受负载影响），从而达到了稳定速度的目的。

当负载压力减小时，压力 p_3 减小，减压阀阀芯上端的油腔压力减小，阀芯在油腔 c 和 d 中压力油（压力为 p_2）的作用下上移，使减压阀进油口处的开口减小，压力降增大，因而使 p_2 随之减小，结果仍保持节流阀两端的压力差 $\Delta p=p_2-p_3$ 基本不变。

旋转节流阀的调节螺杆 1，可改变节流阀的开口大小，从而调整调速阀的输出流量，达到调整液压缸速度的目的。

3. 调速阀应用举例

在图 4–35 中，液压泵输出的油液一部分经调速阀进入液压缸的工作腔，泵内多余的油液经溢流阀流回油箱。调节调速阀的通流截面积，即可改变通过调速阀的流量，从而调节液压缸的运动速度。在负载较重、速度较高或负载变化较大时采用调速阀。

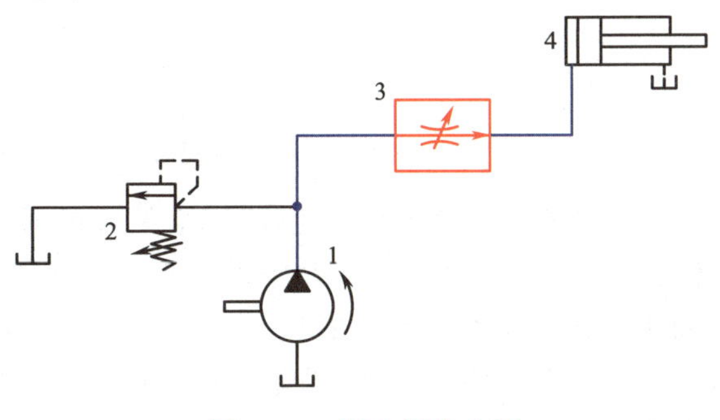

图 4–35　调速阀的应用
1—单向定量液压泵　2—溢流阀
3—调速阀　4—液压缸

知识链接

节流阀与调速阀的区别

1. 结构方面

调速阀是由定差减压阀和节流阀组合而成，节流阀中没有定差减压阀。

2. 性能方面

相同点：通过改变节流阀开口的大小调节执行元件的速度。

不同点：当节流阀的开口调定后，负载的变化对其流量稳定性的影响较大，而调速阀则可以弥补这种缺陷。当调速阀中节流阀的开口调定后，定差减压阀能自动补偿负载变化的影响，使节流阀前后的压差基本为一定值，基本消除了负载变化对流量的影响。

§4–5　叠加阀与比例阀

一、叠加阀

1. 叠加阀的结构特点

叠加阀即叠加式液压阀，它是在板式阀集成化基础上发展起来的一种新型液压元件，如图 4–36 所示为几种常见的叠加阀。叠加阀的上下两面都是平面，便于叠加安装，实现液压系统的无管式连接。

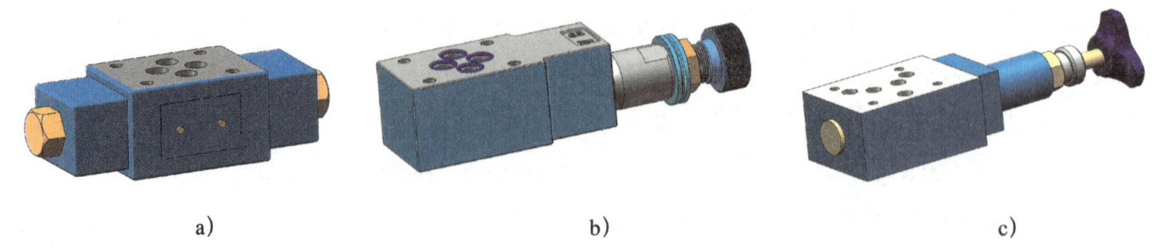

图 4–36　常见叠加阀

a）叠加式液控单向阀　b）叠加式先导溢流阀　c）叠加式减压阀

叠加阀的每个阀体均制成标准尺寸的长方体，并制有上、下两个安装平面及 4 ~ 5 个公共油液通道，每个叠加阀的进、出油口均与公共油道相接。使用时把若干个叠加阀按一定次序叠合在普通板式换向阀和基础板之间，然后用长螺栓连接在一起，组成一组叠加阀，如图 4–37 所示。

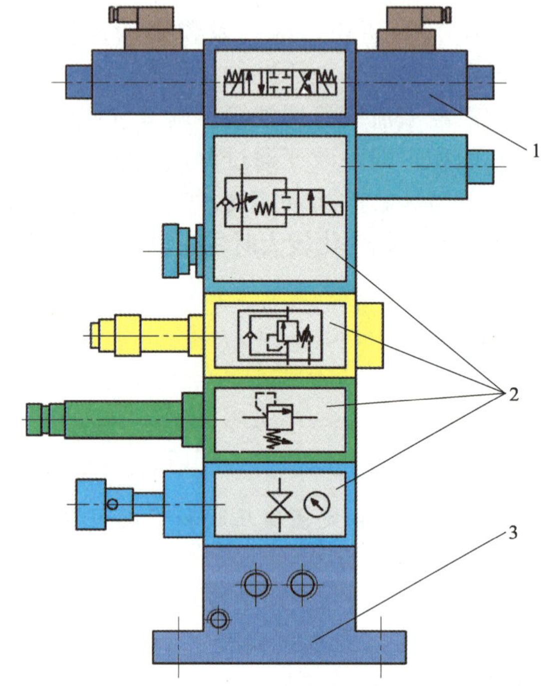

图 4–37　叠加阀组示意图

1—电磁换向阀　2—叠加阀　3—基础板

2. 叠加阀的分类、特点及应用

与普通液压控制阀一样，叠加阀也分为方向阀、压力阀和流量阀三大类，只是方向阀中仅有单向阀类，而换向阀可直接使用同规格的普通板式换向阀。

与其他液压控制阀相比，叠加阀具有以下特点：

（1）集成化程度高，结构紧凑，体积小，质量小。

（2）配置形式灵活，组装简便。

（3）无管连接，压力损失小，振动小。

（4）调整、更换、增减液压元件简单方便。

（5）使用安全可靠，外观整齐，便于维护保养。

（6）叠加阀通径较小，可组成的液压回路的形式较少，不能满足较复杂和大功率的液压传动系统的需要。

由于叠加阀的连接尺寸及高度已经标准化，从而使叠加阀具有更广泛的通用性和互换性。叠加阀广泛应用在机床、化工与塑料机械、冶金机械、工程机械等行业。

3. 叠加阀的工作原理

叠加阀的类型很多，下面以先导式叠加溢流阀为例介绍叠加阀的工作原理。图 4–38 所示为 Y1–F10D–P/T 型先导式叠加溢流阀，它由先导阀和主阀两部分组成，先导阀为锥阀，主阀相当于锥阀式的单向阀。油口 P 和 T 除了分别与溢流阀的进油口和回油口相连通外，还与上、下元件相对应油口相通。A、B、T_1 油口则是为了连通上、下元件相对应的油口而设置的。P 油口处的外接油口用于双泵供油的另一条液压油通路。

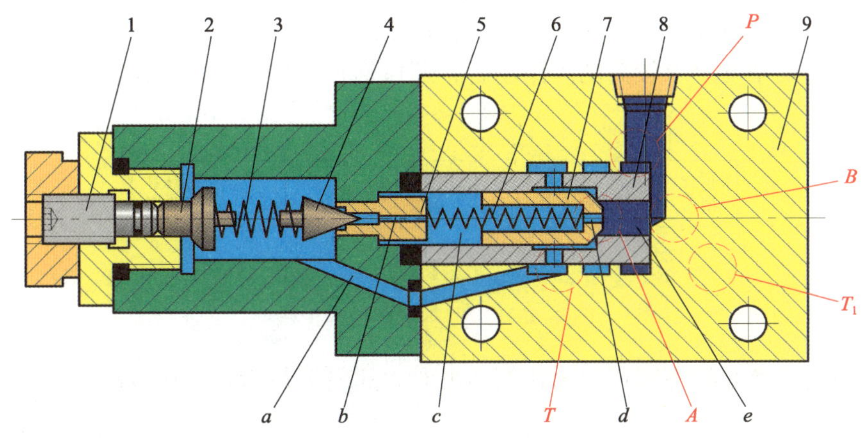

图 4–38　先导式叠加溢流阀

1—推杆　2—滑柱　3、6—弹簧　4—锥阀阀芯　5—锥阀阀座

7—主阀阀芯　8—主阀阀座　9—泵体

压力油由进油口 P 进入主阀阀芯 7 右端的 e 腔，并经阀芯上阻尼孔 d 流至阀芯 7 左端 c 腔，再经小孔 b 作用于锥阀阀芯 4 上。当系统压力低于溢流阀调定压力时，锥阀关闭，主阀也关闭，阀不溢流；当系统压力达到溢流阀的调定压力时，锥阀阀芯 4 打开，c 腔的油液经孔 b、锥阀口及孔 a 由油口 T 流回油箱，主阀阀芯 7 右腔的油液经阻尼孔 d 向左流动，于是使主阀阀芯的两端油液产生压力差。此压力差使主阀阀芯克服弹簧 6 的作用力而左移，主阀阀口打开，实现了油液自油口 P 向油口 T 的溢流。调节弹簧 3 的预压缩量便可调节溢流阀的溢流压力。这种阀主要用于双泵供油系统的高压泵的调压和溢流。

先导式叠加溢流阀的图形符号如图 4–39 所示，各要素的含义如下。

（1）矩形的点画线边框表示阀体。

（2）沿点画线边框宽度方向的几条平行实线段表示公共油道。

（3）与普通液压阀一样的符号部分代表该叠加阀的功能，功能符号与油道相连或画在油道上，因回路不同而异。

（4）P、A、B、T、P_1（T_1）等表示油口。通常，P 油口通液压源，A、B 油口通执行元件，T 通油箱。P_1（T_1）油口为备用油口。

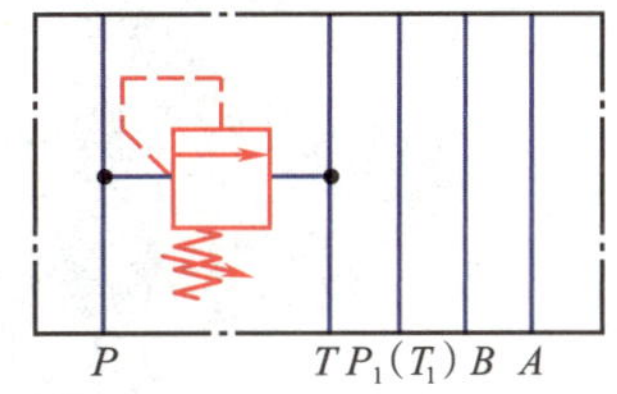

图 4–39　先导式叠加溢流阀的图形符号

二、比例阀

电液比例阀简称比例阀，它是一种把输入的电信号按比例地转换成力或位移，从而对液压传动系统中油液的压力、流量和方向等进行连续控制的一种液压阀。

比例阀由直流比例电磁铁与液压阀两部分组成。其液压阀部分与一般液压阀差别不大，而直流比例电磁铁和一般电磁阀所用的电磁铁不同，比例电磁铁要求吸力（或位移）与输入电流成比例。

1. 比例阀的工作原理和类别

图 4–40 所示为比例阀工作原理框图。指令信号经比例放大器进行功率放大，并按比例输出电流给比例阀的比例电磁铁，比例电磁铁输出力并按比例移动阀芯的位置，即可按比例

控制液流的压力、流量和改变液流的方向，从而实现对执行机构的位移或速度进行控制。在某些对位置或速度精度要求较高的应用场合，还可通过对执行机构的位移或速度检测，构成闭环控制系统。

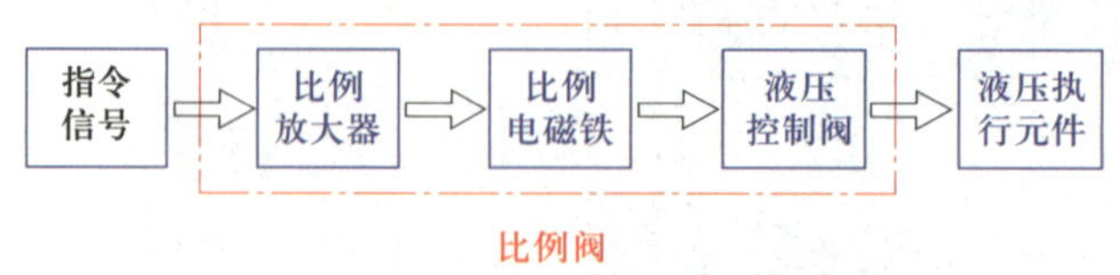

图 4–40　比例阀工作原理框图

比例阀按用途和结构不同可分为比例压力阀、比例流量阀及比例方向阀三类。

2. 比例溢流阀

图 4–41 所示为先导式比例溢流阀，当输入电信号（通过线圈 2）时，比例电磁铁 1 便产生一个相应的电磁力，它通过推杆 3 和弹簧作用于先导阀阀芯 4，从而使先导阀的控制压力与电磁力成比例，即与输入信号的电流成比例。分析主阀阀芯 4 的受力可知，进油口压力和控制压力、弹簧力相平衡（其受力情况与普通溢流阀相似），因此比例溢流阀开启压力的升降与输入信号电流的大小成比例。若输入的信号电流是连续、按比例或按一定程序变化的，则比例溢流阀所调节的系统压力，也连续按比例或按一定程序进行变化。

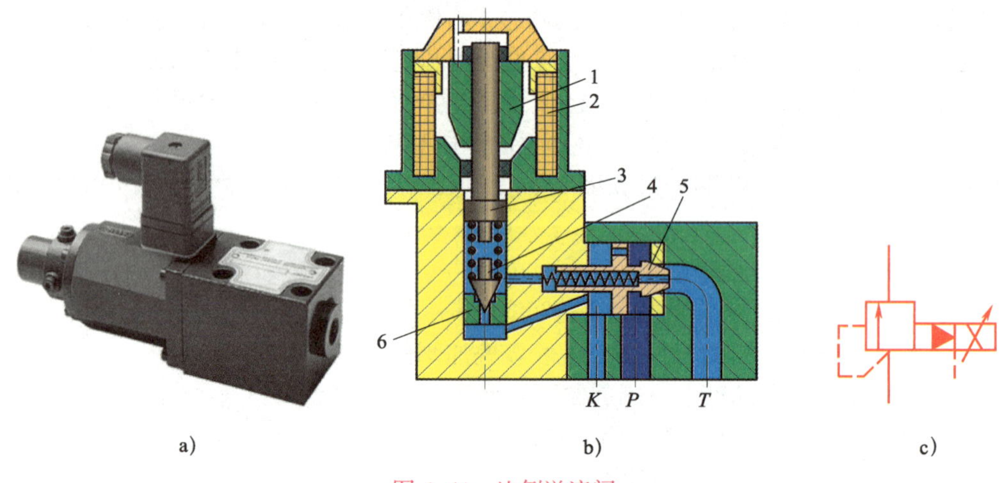

图 4–41　比例溢流阀

a）外形图　b）工作原理图　c）图形符号

1—比例电磁铁　2—线圈　3—推杆　4—先导阀阀芯　5—先导阀阀座　6—主阀阀芯

图 4–41c 所示为比例溢流阀的图形符号，它与先导式溢流阀的不同之处是用比例电磁铁的图形符号代替了弹簧及其上的斜箭头。

3. 比例调速阀

用比例电磁铁代替调速阀（图 4–34）的调节螺杆，控制其节流阀开口的大小，则组成比例调速阀，如图 4–42 所示。给比例电磁铁 3 输入电流，驱动推杆 4 运动，推杆 4 进而推动节流阀阀芯 2 运动，使节流阀的阀口 K 变化，流量随之变化。流量的变化与输入电流的变化成比例，改变输入电流即可得到多级调速。

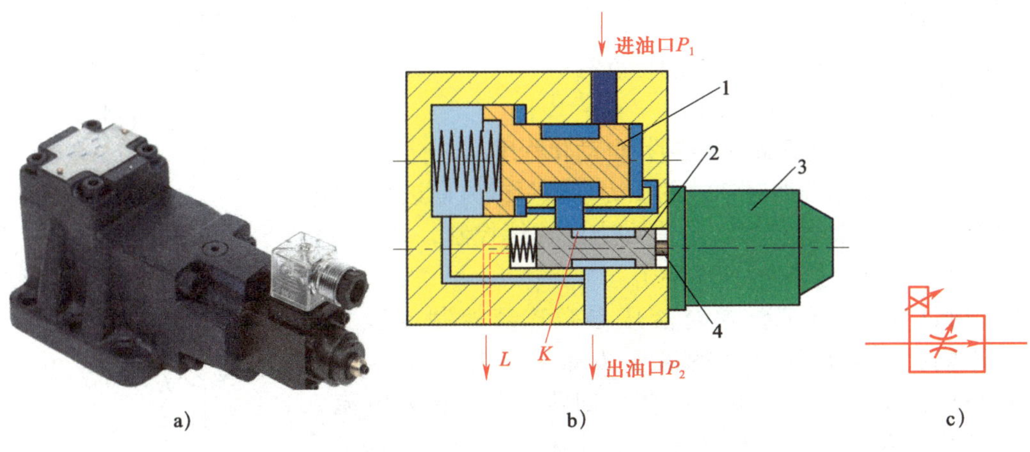

图 4-42　比例调速阀

a）外形图　b）工作原理图　c）图形符号

1—减压阀阀芯　2—节流阀阀芯　3—比例电磁铁　4—推杆

图 4-42c 所示为比例调速阀的图形符号，它与调速阀的不同之处是增加了比例电磁铁的图形符号。

4. 比例换向阀

比例换向阀能按输入电信号的极性和幅值大小，同时对液压传动系统液流方向和流量进行控制，从而实现对执行器运动方向和速度的控制。

图 4-43 所示为一种直动式比例换向阀，它主要由比例磁铁 1、6，阀体 3，阀芯 4，对中弹簧 2、5 组成。当比例磁铁 1 通电时，阀芯右移，油口 P 与 B 连通，A 与 T 连通。阀口的开度与比例磁铁 1 的输入电流成比例；当比例磁铁 6 通电时，阀芯向左移，油口 P 与 A 连通、B 与 T 连通，阀口开度与比例磁铁 6 的输入电流成比例。

图 4-43b 所示为直动式比例换向阀的图形符号，换向阀主体部分两侧的两条平行线段表示既可换向又可控制流量。

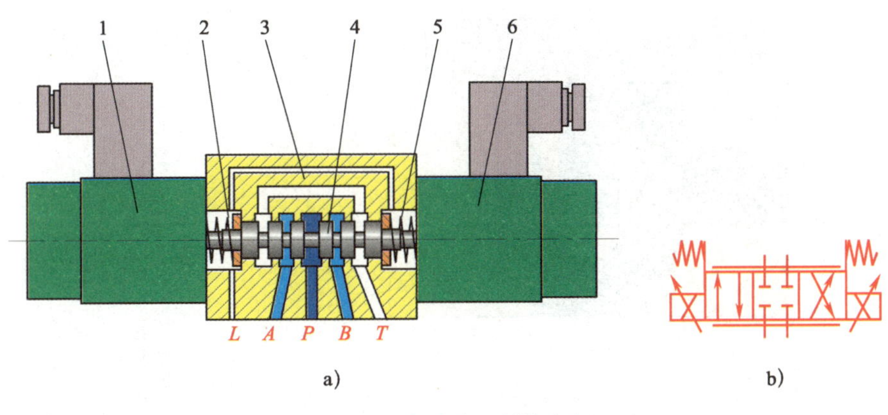

图 4-43　直动式比例换向阀

a）工作原理图　b）图形符号

1、6—比例磁铁　2、5—对中弹簧　3—阀体　4—阀芯

5. 比例阀的特点及应用

与普通液压阀相比，比例阀的特点有：

（1）油路简单，元件数量少。

（2）能简单地实现远距离控制，自动化程度高。

（3）能连续按比例地对油液的压力、流量或方向进行控制，从而实现对执行机构的位置、速度和力的连续控制，并能防止或减小压力、速度变换时的液压冲击。

比例阀广泛应用于要求对液压参数连续控制或程序控制，但不需要很高控制精度的液压传动系统中。图 4–44 所示为利用比例溢流阀调压的多级调压回路，改变输入电流 I，即可控制系统获得多级工作压力。它比利用普通溢流阀的多级调压回路所用液压元件数量少，回路简单，且能对系统压力进行连续控制。

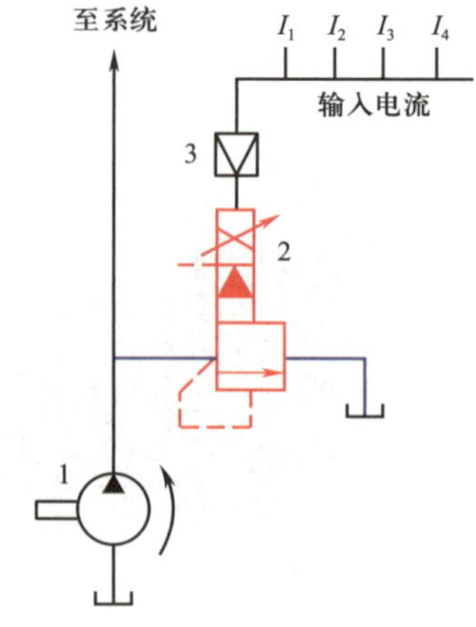

图 4–44　比例阀的应用

1—定量泵　2—比例溢流阀　3—电子放大器

§ 4–6　插 装 阀

插装阀又称逻辑阀，其主流产品是二通插装阀，它是一类覆盖压力、流量、方向以及比例控制等的新型控制阀。它的基本构件为标准化、通用化、模块化程度很高的插装式阀芯、阀套、插装孔和适应各种控制功能的盖板组件。

一、插装阀的工作原理

插装阀如图 4–45 所示，它由插装单元、控制盖板和阀体三部分组成。插装单元包含阀套 3、弹簧 4 和阀芯 5。控制盖板 1 上设有控制油路，必要时与控制元件相连。在插装单元上配置

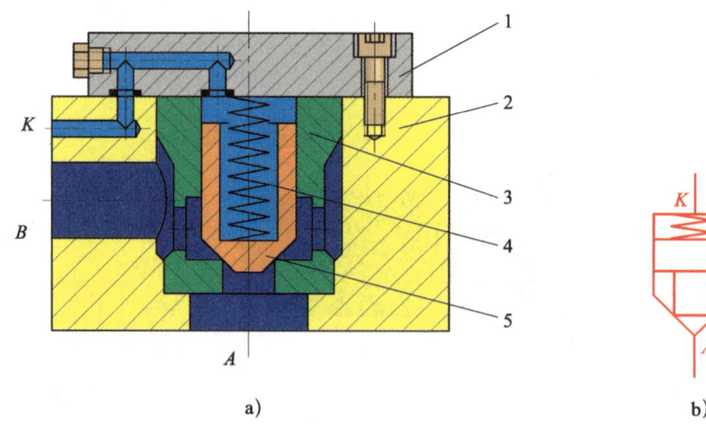

图 4–45　插装阀

a）工作原理图　b）图形符号

1—控制盖板　2—阀体　3—阀套　4—弹簧　5—阀芯

不同的盖板，便能实现各种不同的功能。阀体可根据需要加工，以组成方向阀组件、压力阀组件和流量阀组件等。同一阀体内可装入若干个不同机能的插装单元，形成不同性能的工作单元。

由于这种阀的插装单元在回路中主要起通、断作用，故又称二通插装阀。二通插装阀的工作原理相当于一个液控单向阀。图 4–45 中的油口 *A* 和 *B* 为接主油路的两个工作油口，*K* 为控制油口（与先导阀相接）。当 *K* 口无液压力作用时，若阀芯受到的向上的液压力大于弹簧力，阀芯开启，*A* 口与 *B* 口相通。至于液流的方向，视 *A*、*B* 口的压力大小而定。当 *K* 口有液压力作用，且 *K* 口的油液压力大于等于 *A* 和 *B* 口的油液压力时，*A* 口与 *B* 口之间不连通，插装阀处于关闭状态。

二、插装阀的插装单元

不同功能的插装阀，其插装单元的结构也不同，常用的插装单元的阀芯有普通锥阀阀芯、开阻尼孔的锥阀阀芯和开阻尼孔的滑阀阀芯等。

普通锥阀阀芯插装单元如图 4–46 所示，它常用作方向阀插装单元；开阻尼孔的锥阀阀芯插装单元如图 4–47 所示，它常用作溢流阀和顺序阀等压力阀插装单元；开阻尼孔的滑阀阀芯插装单元如图 4–48 所示，它常用作减压阀插装单元。

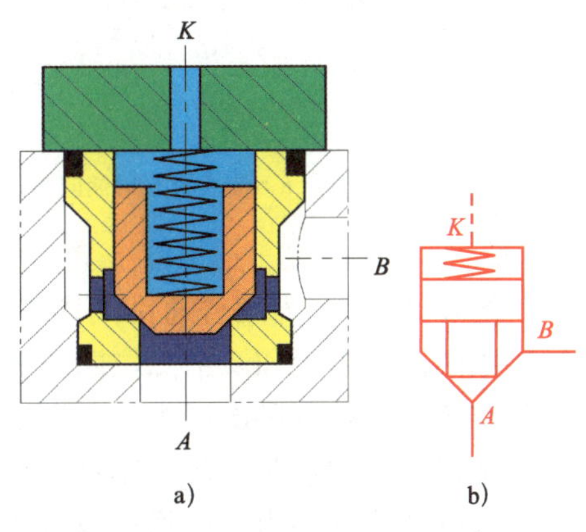

图 4–46　普通锥阀阀芯插装单元
a）工作原理图　b）图形符号

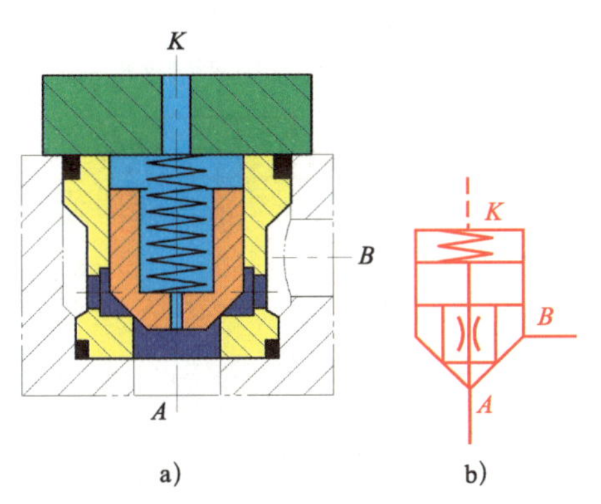

图 4–47　开阻尼孔的锥阀阀芯插装单元
a）工作原理图　b）图形符号

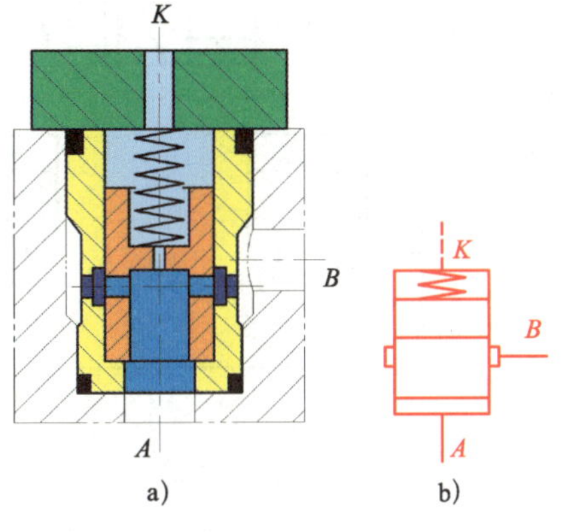

图 4–48　开阻尼孔的滑阀阀芯插装单元
a）工作原理图　b）图形符号

三、插装式方向控制阀

1. 插装式单向阀

如图 4–49 所示，将普通锥阀阀芯插装单元的 *K* 口与 *A* 口或 *B* 口接通，则成为单向阀。如图 4–49a 所示，当 *A* 口与 *K* 口相通，油液只能从 *B* 口流向 *A* 口；如图 4–49b 所示，当 *B* 口与 *K* 口相通，油液只能从 *A* 口流向 *B* 口。若在控制板上连接一个二位三通电液换向阀来变换 *K* 腔压力，如图 4–49c 所示，便成为液控单向阀。

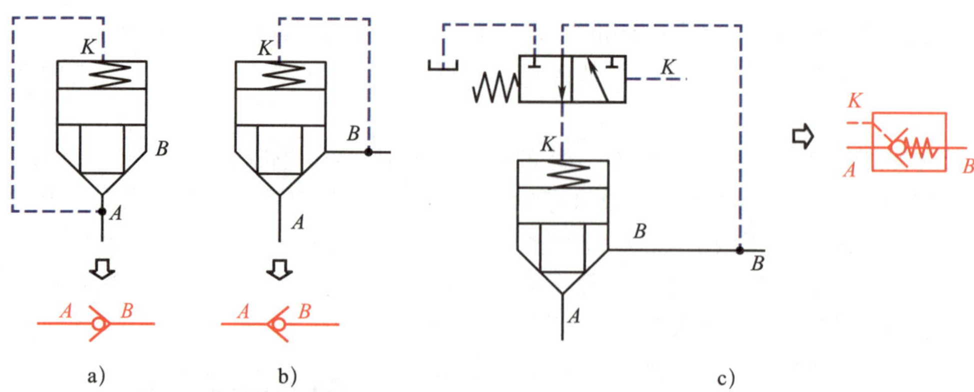

图 4–49　插装式单向阀用作单向阀

a）油液从 *B* 口流向 *A* 口　b）油液从 *A* 口流向 *B* 口　c）组成液控单向阀

2. 插装式二位三通电液换向阀

图 4–50 所示为用普通锥阀阀芯插装单元组装成的二位三通电液换向阀，它由两个普通锥阀阀芯插装单元和一个二位四通电磁阀组成。二位四通电磁阀（先导元件）用来转换两个插装锥阀组件控制腔的压力。在图示位置，左边插装阀的控制油口接油箱，锥阀打开，即 *A* 口通 *T* 口；右边插装阀的控制油口接压力油，锥阀关闭，*P* 口与 *A* 口不通。当二位四通电磁换向阀的电磁铁通电时，换向阀左位工作，右边锥阀打开，即 *P* 口通 *A* 口；左边锥阀关闭，*A* 口与 *T* 口不通。

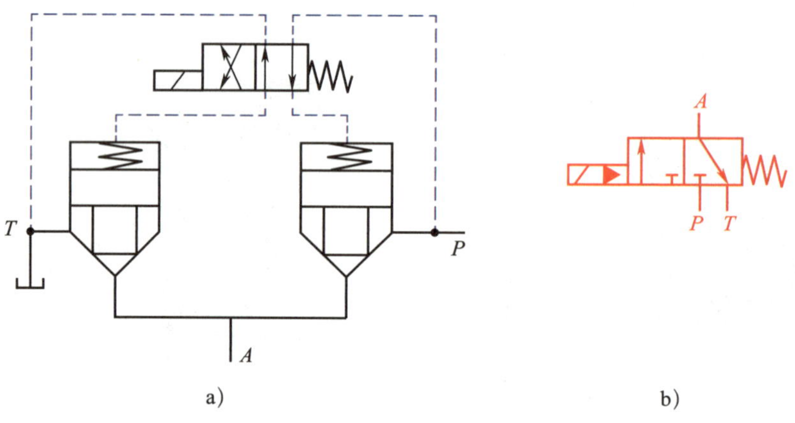

图 4–50　用插装阀组装成二位三通电液换向阀

a）插装阀图形符号　b）同功能液压阀图形符号

3. 插装式二位四通电液换向阀

将四个普通锥阀阀芯插装单元和一个二位四通电磁换向阀组装在一起，就可以得到一个插装式二位四通电液换向阀，如图 4–51 所示。当电磁铁断电时（图示位置），*P* 口与 *B* 口相通，*A* 口与 *T* 口相通；当电磁铁通电时（电液换向阀左位工作），*P* 口与 *A* 口相通，*B* 口与 *T* 口相通。

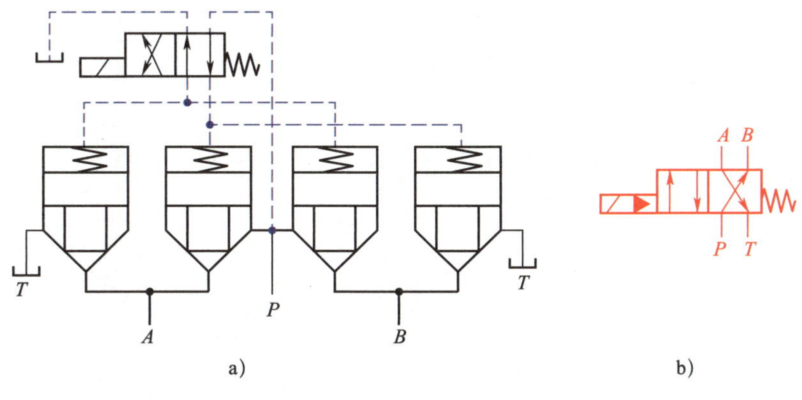

图 4–51　插装式二位四通电液换向阀

a）插装阀图形符号　b）同功能液压阀图形符号

四、插装式压力控制阀

在插装阀的 K 口进行压力控制，便可构成压力控制阀。

1. 插装式溢流阀和插装式顺序阀

如图 4–52 所示，在开阻尼孔的锥阀芯插装单元的控制盖板上连接直动式溢流阀，当出油口 B 接油箱时，此阀起溢流阀作用；当出油口 B 接另一工作油路时，则起顺序阀作用。

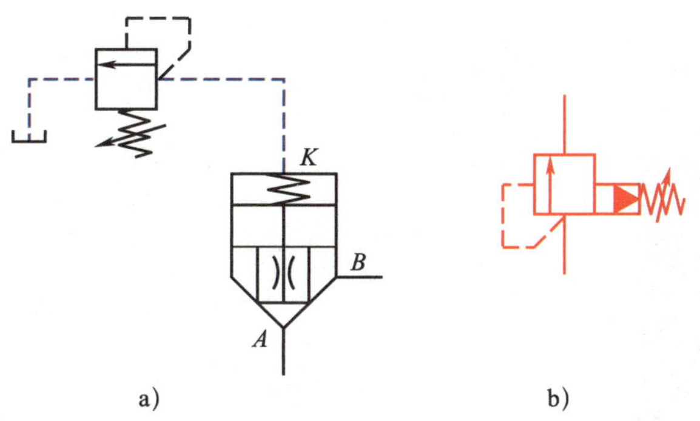

图 4–52　插装式溢流阀（顺序阀）

a）插装阀图形符号　b）同功能液压阀图形符号

2. 插装式卸荷阀

如图 4–53 所示，在开阻尼孔的锥阀芯插装单元的控制盖板上连接直动式溢流阀和二位二通换向阀，则构成插装式卸荷阀，当电磁铁通电时，出口接油箱，实现卸荷。

3. 插装式减压阀

将开阻尼孔的滑阀阀芯插装单元（图 4–48）和溢流阀连接，则构成插装式减压阀，如图 4–54 所示。液压油从 P_1 流入，从 P_2 流出，出口油液通过阀芯上的中心阻尼孔、盖板和溢流阀（先导阀）接通。当 K 口的压力较小，不足以打开溢流阀（先导阀）时，主阀芯上的阻尼孔只起通油作用，使主阀芯上、下两腔的液压力相等。插装阀的阀芯上腔有一个小弹簧，弹簧力使插装阀的阀芯处在最下端位置，阀口全部打开，阀不起减压作用。当压力增大到溢流阀的开启压力时，溢流阀打开，泄漏油液单独流回油箱，插装阀的阀芯上移，插

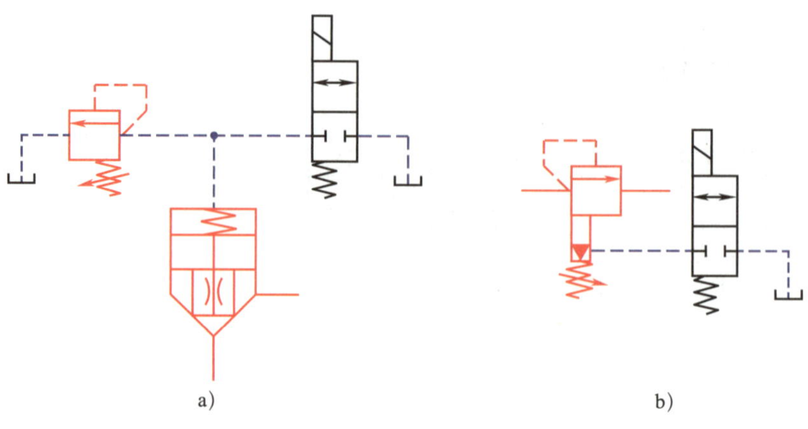

图 4-53　插装式卸荷阀

a）插装阀图形符号　b）同功能液压阀图形符号

装阀进行减压。由于出口压力与先导阀溢流压力和主阀芯弹簧力的平衡作用，保证了出油口压力为调定值。当出油口压力增大时，由于阻尼孔液流阻力的作用产生压力降，主阀芯所受的力不平衡，使阀芯上移，节流口的通流面积减小，使压降增加；反之，出口的压力减小时，阀芯下移，节流口的通流面积增大，压降减小，从而控制出口的压力维持在调定值。

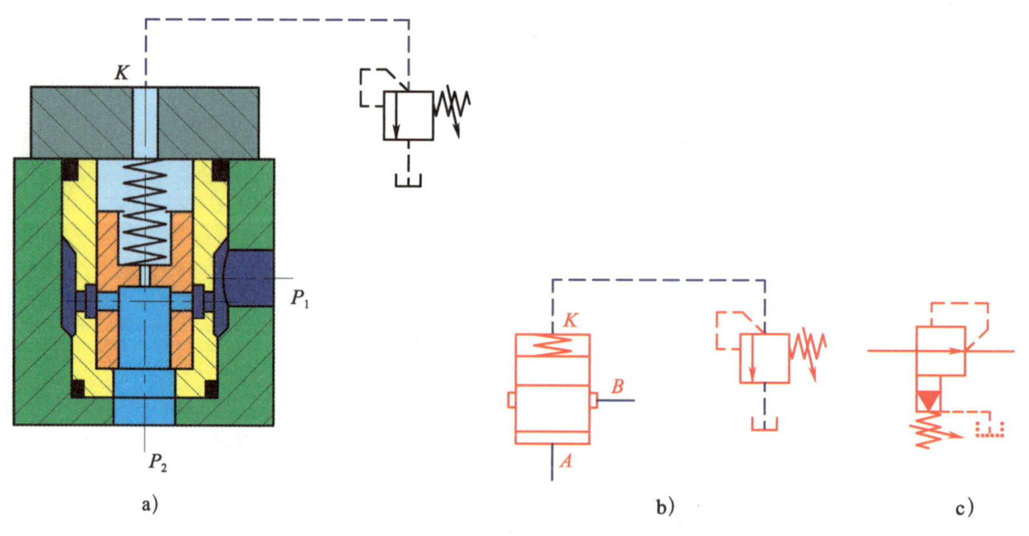

图 4-54　插装式减压阀

a）工作原理图　b）插装阀图形符号　c）同功能液压阀图形符号

五、插装式流量控制阀

1. 插装式节流阀

插装式节流阀如图 4-55 所示，它是通过在普通锥阀阀芯插装单元的盖板上安装的阀芯行程调节杆 3，调节阀芯和阀体间节流口的开度，从而控制阀口的通流面积，起节流阀的作用。实际应用时，起节流阀作用的插装阀芯一般采用滑阀结构，并在阀芯上开节流沟槽。

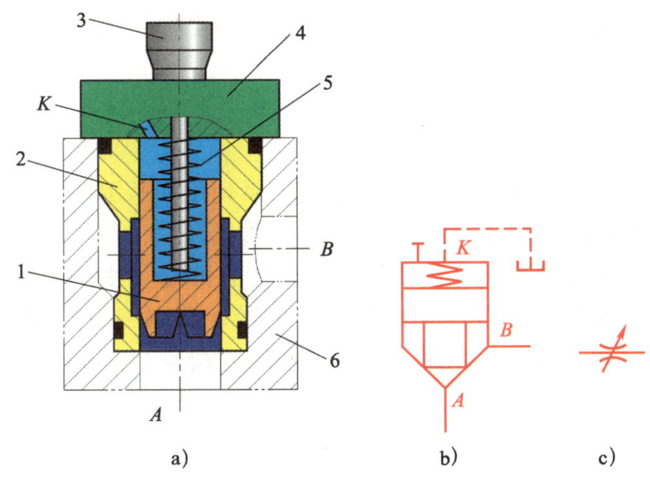

图 4-55 插装式节流阀

a）工作原理图 b）插装阀图形符号 c）同功能液压阀图形符号

1—阀芯 2—阀套 3—阀芯行程调节杆 4—阀盖 5—弹簧 6—阀体

2. 插装式调速阀

插装式节流阀同样具有随负载变化流量不稳定的问题。将开阻尼孔的滑阀阀芯插装单元和插装式节流阀按照如图 4-56 所示连接，组成插装式调速阀，就可以解决这一问题。

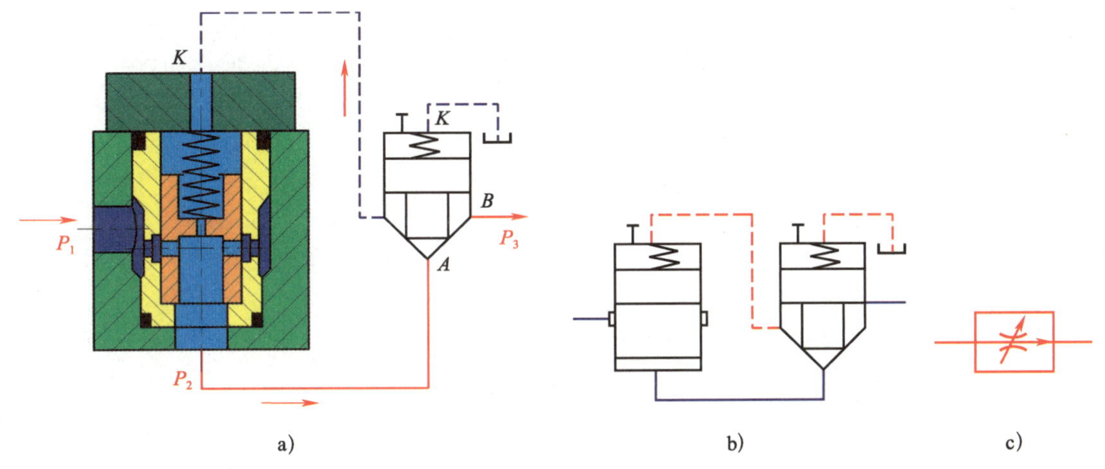

图 4-56 插装式调速阀

a）工作原理图 b）插装阀图形符号图 c）同功能液压阀图形符号

六、插装阀的特点及应用

插装阀与一般液压阀相比，具有以下特点。

1. 插装式元件已标准化，将几个插装单元组合到一起便可构成复合阀。

2. 通油能力大，特别适用于大流量的场合，插装阀的最大通径可达 250 mm，通过的流量可达到 10 000 L/min。

3. 插装式锥阀动作速度快，锥阀靠锥面密封而切断油路，阀芯稍一抬起，油路立即接通。此外，阀芯行程较短，且比滑阀的阀芯轻。因此，插装式锥阀动作灵敏，特别适合于高速开启的场合。

4. 密封性好，泄漏小。

5. 结构简单，制造容易，工作可靠，不易堵塞。

6. 一阀多能，易于实现元件和系统的标准化、系列化和通用化，并可简化系统。

7. 易于集成。与等效的普通阀组相比体积小，质量轻。

由于由插装阀组成的液压传动系统所用的电磁铁数目较一般液压传动系统有所增加，因而主要用于流量较大的系统或对密封性能要求较高的系统，对于小流量以及多液压缸无单独调压要求的或动作要求简单的液压系统，不宜采用插装阀。

第五章　液压辅助元件

液压辅助元件是液压传动系统的一个重要组成部分，包括油箱、热交换器、油管和管接头、蓄能器、过滤器等。上述元件虽起辅助作用，但如果选择或使用不当，也会直接影响系统的工作性能和使用寿命，甚至引起系统发生故障，因此应予以足够重视。其中油箱需根据系统要求自行设计，其他辅助元件是标准件，设计时可直接选用。

§5-1　油　箱

油箱的功用主要是储存油液，此外还起着散发油液中的热量（在周围环境温度较低的情况下则是保持油液中的热量）、释放出混在油液中的气体、沉淀油液中污物等作用。

一、油箱的分类

液压传动系统中的油箱按工作原理分有开式和闭式两种。开式油箱的上部开有通气孔，通过空气滤清器使液面与大气相通；闭式油箱中的油液与大气隔绝。

油箱按结构特征分有整体式和分离式两种。整体式油箱利用主机的内腔作为油箱，这种油箱结构紧凑，各处漏油易于回收，但增加了设计和制造的复杂性，维修不便，散热条件不好，且会使主机产生热变形。分离式油箱单独设置，与主机分开，减少了油箱发热和液压源振动对主机工作精度的影响，因此得到了普遍采用，特别在精密机械设备上。如图 5-1 所示的油箱即为一种分离式油箱。

根据油箱与液压泵的相对安装位置，油箱可分为上置式、下置式和旁置式三种。上置式油箱把液压泵等装置装在油箱的盖板上，其结构紧凑，应用极为普遍，要求油箱体要有一定的刚度，钢板相对较厚；旁置式油箱把泵等装置安装在油箱一旁，由于动力源不在箱盖板上，其钢板的厚度可以减小；下置式油箱把液压泵置于油箱底下，使泵的吸液能力大大改善。

油箱的图形符号是└┘。

二、油箱中油液的容量

油箱除储存必需的油量外，还应具有液压回路中的油液全流回油箱时不溢出的预备空间，所以油箱油面高度最高不超过油箱的 80%，最低应保证进油口过滤器不吸入空气。而油箱的有效容积（油箱 80% 的容积）一般为泵流量的 3 ~ 5 倍。行走机械和有冷却装置的设备，油箱的容量选小值；固定设备、没有冷却装置的，靠油箱散热的设备，油箱的容量选大值。

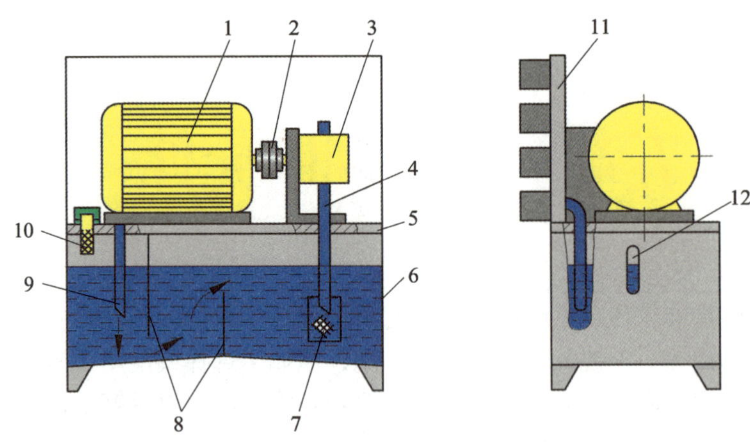

图 5-1　液压泵（油箱为分离式）

1—电动机　2—联轴器　3—液压泵　4—吸油管　5—盖板　6—油箱体　7—过滤器
8—隔板　9—回油管　10—加油口　11—控制阀连接板　12—液位计

三、油箱中油温

一般油箱中的油温在 30 ~ 50 ℃比较合适，最低不低于 15 ℃，最高不超过 65 ℃。温度过高或过低都会对液压元件的工作性能产生不利影响。

四、对油箱结构的要求

1. 吸油管与回油管之间的距离尽量要远，并设置隔板。隔板高度一般为油面高度的 3/4，以减小油液流速，防止某一部分油液连续循环，而另一部分油液不进入循环。同时延长油液循环距离，以便有更多的时间让气泡逸出、污物沉淀和油液冷却，并尽量使污物沉淀在回油管侧。

2. 吸油管离油箱底部的距离应大于管径的 2 倍；距箱边距离应大于管径的 3 倍；吸油口处应装有精度 0.08 ~ 0.1 mm、过滤能力为泵流量 2 倍的过滤器；回油管口切成 45° 角，斜切面面向箱壁浸入油面以下，距箱底的距离应大于管径的 2 倍。

3. 油箱应有密封的顶盖，盖上设有带滤网的注油器和带空气滤清器的通气口，应保证油箱中的压力始终为 1 个大气压，以免油泵出现空穴现象。

4. 油箱底部应做成倾斜的，最低处装有放油塞，油箱侧壁装有油位指示器。此外，油箱内还应装有测温计。根据需要，还应考虑安装加热与冷却装置。

5. 为了防止油箱锈蚀，在油箱的内、外壁上要喷涂耐油涂料。

五、油箱的冷却与加热

1. 油箱的冷却

如果油箱靠自然散热不能达到要求时，就应在油箱上安装冷却器。对冷却器的基本要求是：在保证散热面积足够大、散热效率高和压力损失小等前提下，要求结构紧凑、坚固、体积小、质量小。最好有自动控温装置，以保证油温控制在正常范围内。

2. 油的加热

在低温下使用的液压机械，需要对油箱中的液压油进行加热，油的加热有电加热、蒸汽加热、热水加热等。最常见的是电加热，因为电加热结构简单，可自动调节温度。电加热器的容量不能太大，以免引起管壁附近的油液温度过高而变质。需要时，一个油箱可安装几个电加热器。

§5-2　热交换器

热交换器包括冷却器和加热器。液压传动系统的工作温度一般希望保持在 30 ~ 50 ℃的范围内，最高不超过 65 ℃，最低不低于 15 ℃。液压传动系统如依靠自然冷却仍不能使油温控制在上述范围内时，就必须安装冷却器；反之，如环境温度太低无法使液压泵启动或正常运转时，就必须安装加热器。

一、冷却器

液压传动系统工作时，液压泵和马达（液压缸）的容积损失和机械损失、阀类元件和管路的压力损失及液体摩擦损失等消耗的能量几乎全部转化为热量。这些热量除一部分散发到周围空间外，大部分使系统油液温度升高。如果油液温度过高（>80 ℃），将严重影响液压传动系统的正常工作。保证油箱有足够的容量和散热面积，是控制油温过高的有效措施。但是，某些液压装置（如行走机械等）由于受结构限制，油箱不能很大；一些采用液压泵—马达的闭式回路，由于油液需要往复循环，工作时不能回到油箱冷却。这样就不可能单靠油箱散热来控制油温的升高。此外，有的液压装置还要求能够自动控制油液温度。对以上这些场合，就必须采取强制冷却的办法，通过冷却器来控制油液温度，使之合乎系统工作要求。

冷却器一般安装在油箱中或回油路上。但在很多情况下，油温的升高是由于大量高压油从溢流阀中溢出引起的，此时冷却器应该安装在溢流阀的溢流管道上。冷却器主要有水冷却器和风冷却器两种，常见水冷却器见表 5-1。

表 5-1　常见水冷却器

类型	图示	安装位置	特点
蛇形管式水冷却器	1　2　出水口　进水口 1—水管　2—油箱	直接置于油箱中	冷却水在管内流动，带去油液的热量，但这种冷却器冷却效果差，水的消耗量大

续表

类型	图示	安装位置	特点
对流多管式水冷却器	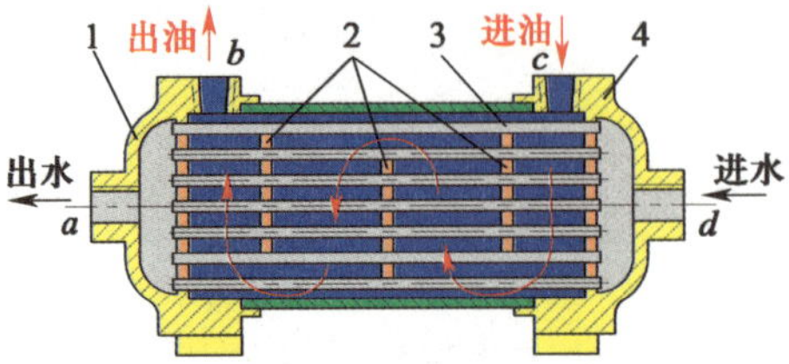 1、4—端盖　2—隔板　3—冷却水管	单独制成一体，安装在管路上	从系统来的热油从进油口 c 流入冷却器，将热量传给冷却水后从出油口 b 流出，再回到油箱，冷却水从进水口 d 流入冷却器后，从管壁吸收油液的热量后从 a 处流出，散热效果较好
翅片管式水冷却器	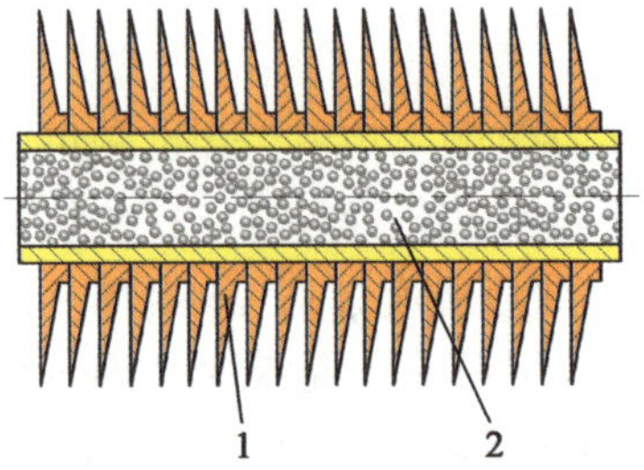 1—翅片　2—水管		结构与对流多管式水冷却器类似，在水管外部加装横向或纵向的散热翅片，以增加散热面积，使散热面积增大 8 ~ 10 倍，提高了散热效率

风冷却器包括风扇（或鼓风机）和由许多带散热片的管子。风扇（或鼓风机）使空气穿过散热片的表面，而热的油液从带散热片的管子内部流过。风冷却器适用于移动式液压传动系统。它的优点是不用另设通水管路，结构简单，价格低廉；缺点是空气换热系数很小，冷却效果较差。工程机械上多采用风冷却器。

二、加热器

当系统工作温度低于 15 ℃时，必须对液压油进行加热。液压传动系统的加热一般常采用结构简单、能按需要自动调节最高和最低温度的电加热器。这种加热器的安装方法是用法兰盘横装在箱壁上，发热部分全部浸在油液内，如图 5–2 所示。加热器应安装在箱内油液流动处，以有利于热量的交换。由于油液是热的不良导体，单个加热器的功率容量不能太大，以免其周围油液过度受热后发生变质现象。确有需要时，可在油箱不同位置安装几个小功率加热器，使油箱中的油液均匀受热。

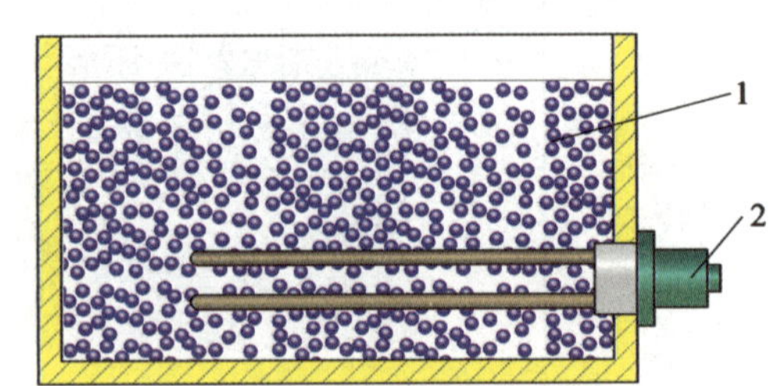

图 5–2　电加热器的位置

1—油箱　2—加热器

三、热交换器的图形符号

热交换器的图形符号见表 5–2。

表 5-2　热交换器的图形符号

名称	图形符号	说明
冷却器一般符号		风冷或水冷，向外的箭头表示热量向外散失
用液体冷却的冷却器		使用液体冷却，四边形外带箭头的直线段表示冷却液管路
加热器		向内的箭头表示热量向内，加热

注：（1）四边形表示冷却器或加热器。
（2）贯穿四边形的直线表示液压油路。
（3）与管路垂直的双箭头向外为冷却器。
（4）与管路垂直的双箭头向内为加热器。
（5）四边形外的两个箭头表示冷却液管路。

§5-3　油管和管接头

油管和管接头在液压系统中承担着连接油泵、工作元件、控制阀等液压元件的作用，使它们形成一个完整的液压传动系统。通过合理选择油管内径，以减小油液流动中的压力损失。油管和管接头应有足够的强度，良好的密封性，无泄漏，压力损失小，装拆方便。

一、油管

液压传动系统中常用的油管有钢管、铜管、橡胶管、尼龙管和塑料管等。固定元件之间常用钢管和铜管连接，有相对运动的元件之间一般采用软管连接。图 5-3 所示为几种不同接头形式的软管。液压系统中常用的油管的种类、特点和适用场合见表 5-3。

图 5-3　软管

表 5-3　　油管的种类、特点和适用场合

种类		特点和适用场合
硬管	钢管	耐油、耐高压、强度高、工作可靠，但装配时不便弯曲，常在装拆方便处用作压力管道。中压以上用无缝钢管，低压用焊接钢管
	纯铜管	价高，承压能力低（6.5 ~ 10 MPa），抗冲击和振动能力差，易使油液氧化，但易弯成各种形状，常用在仪表和液压传动系统不便装配处
软管	塑料管	耐油、价低、装配方便，长期使用易老化，只适用于压力低于 0.5 MPa 的回油管或泄油管
	尼龙管	乳白色，透明，可观察流动情况，价格低，加热后可随意弯曲、扩口，冷却后定形，安装方便，承压能力因材料而异（2.5 ~ 8 MPa）
	橡胶管	用于相对运动间的连接，分高压和低压两种。高压软管由耐油橡胶夹几层钢丝编织网（层数越多耐压越高）制成。价格高，用于压力管路。低压软管由耐油橡胶夹帆布制成，用于回油管路

知识链接

管路及接点的表示方法

在液压传动系统图中，供油管路用实线绘制，控制管路和泄油管路用虚线绘制。管路接点的画法如图 5-4 所示，供油的连接有 T 字形连接和十字形连接。T 字形连接可加实心圆点（连接符号“•”），也可不加实心圆点。十字形连接必须加实心圆点。没有实心圆点的为不连接（跨越）。

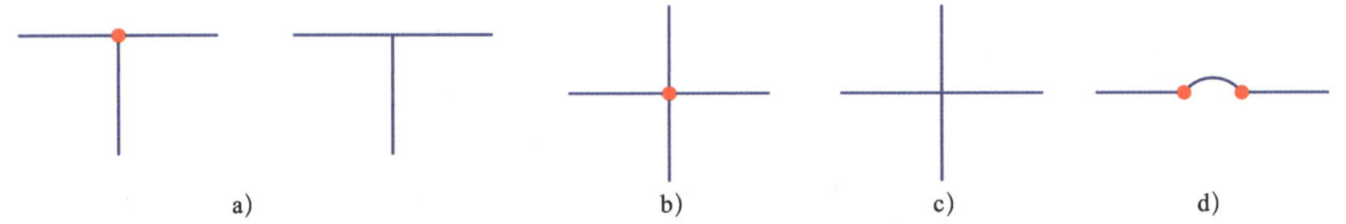

图 5-4　管路接点的画法

a）T 字形连接　b）十字形连接　c）不连接（跨越）　d）软管连接

二、管接头

管接头用于油管与油管、油管与液压元件间的连接。管接头的形式很多，图 5-5 所示为几种常用的管接头，管路的连接螺纹采用管螺纹和细牙普通螺纹。常用管接头的类型、示意图及应用特点见表 5-4。

图 5-5　管接头

表 5-4　　常用管接头的类型、示意图及应用特点

类型	示意图	应用特点
锥端密封焊接式管接头	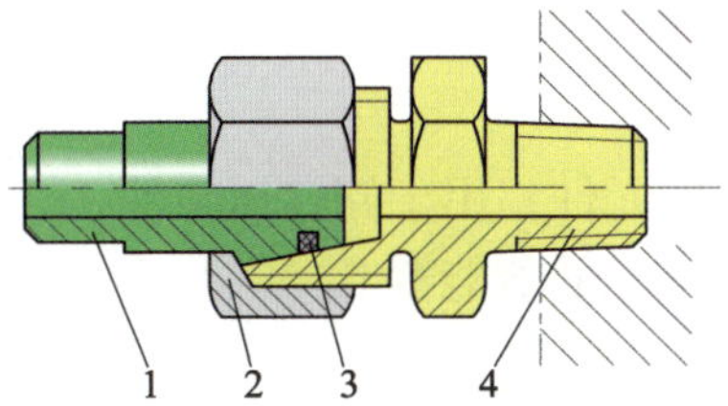 1 2 3 4 1—接管　2—螺母 3—O 形密封圈　4—接头体	接管与管子焊接。旋转螺母使接管外锥表面和其上的 O 形密封圈与接头体内的内锥表面紧密配合。其特点是密封可靠、抗振能力强，但装卸接头不方便，可用于油、气等管路系统
卡套式管接头	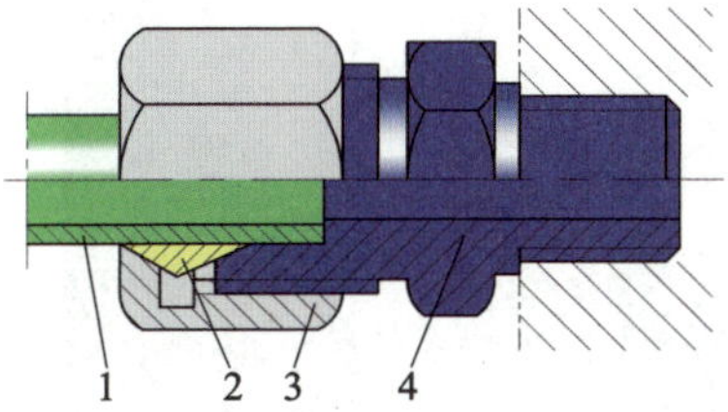 1 2 3 4 1—钢管　2—卡套 3—螺母　4—接头体	旋紧螺母前，将卡套和螺母套在钢管上，并将钢管插入接头体的孔内，由于接头体和螺母的内锥表面作用，使卡套卡在钢管壁上。其特点是质量轻，体积小，使用方便，但对管子的尺寸精度要求较高。适用于油、气等管路系统
扩口式管接头	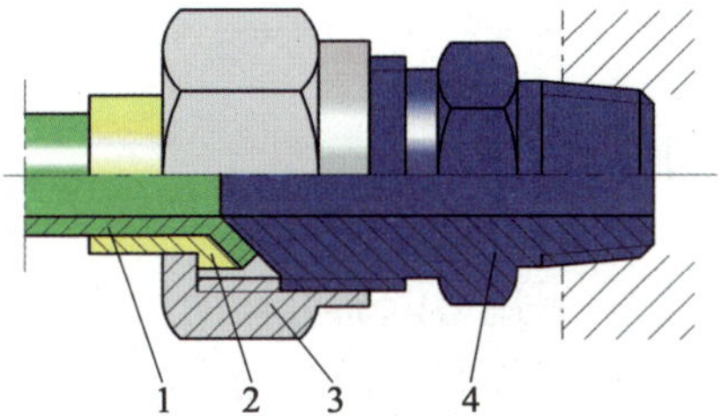 1 2 3 4 1—管子　2—管套 3—螺母　4—接头体	利用管子端部扩口进行密封，不需其他密封件。结构简单，适用于薄壁管件连接。常用于以油、气为介质的中、低压管路系统
扣压式液压软管接头	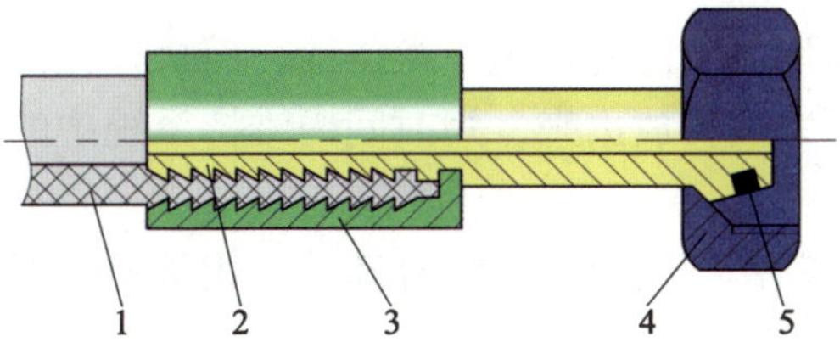 1 2 3 4 5 1—软管　2—接头体 3—压套　4—螺母　5—密封圈	扣压接头在专用设备上扣压。密封可靠，结构紧凑，安装方便。软管接头可与扣压式或焊接式接头连接。工作压力与软管的钢丝增强层结构和橡胶软管直径有关。适用于油、气等管路系统

§5-4 蓄能器

蓄能器是液压传动系统中的一种重要的辅助元件，用于储存压力油，并在系统需要时输出压力油，供给系统使用。图 5-6 所示为几种常见的蓄能器。

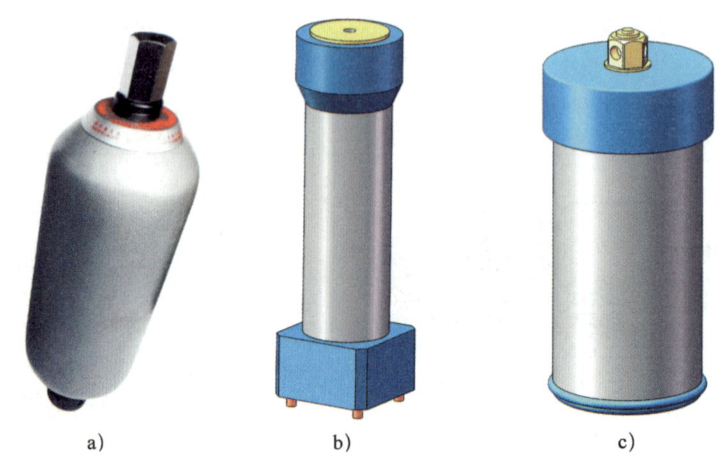

a)　　b)　　c)

图 5-6　蓄能器

a）管式连接气囊式蓄能器　b）法兰连接活塞式蓄能器　c）管式连接活塞式蓄能器

一、蓄能器的用途

蓄能器作为一种储能元件，它有以下几方面的用途。

1. 作辅助动力源

对于短时间内需大量压力油的液压传动系统，采用蓄能器可辅助供油以减少液压泵的流量，从而减少电动机的功率消耗。当工作元件暂停工作时，油泵输出的压力油进入蓄能器储存起来。当工作元件快速运动需要大流量的油液，而油泵的额定流量不能满足要求时，蓄能器中的压力油便被释放出来，与油泵的流量一起进入工作元件，满足工作机构快速运动的需要。

2. 作应急动力源

有的液压传动系统，当停电或油泵损坏，不能向系统正常供油，而执行元件又必须继续完成必要的动作时，蓄能器便将储存的压力油释放出来，短时间内维持系统中的压力。

3. 补充泄漏

若系统中液压缸在长时间内保压而无动作，这时可让油泵卸荷，用蓄能器保压并补充系统的泄漏。

4. 吸收系统的压力脉动，缓和液压冲击

液压传动系统中，齿轮泵、叶片泵、柱塞泵均会产生流量和压力脉动，若在脉动源处设置蓄能器，则可以减少脉动的程度。特别是液压控制阀的突然关闭或换向，或液压缸启动和

制动时，系统中会出现液压冲击，产生振动。若在液压冲击源附近安装蓄能器，则可吸收这种冲击，使冲击压力的幅值大大减少。

二、蓄能器的结构

蓄能器主要有弹簧加载式和充气式两大类。充气式蓄能器是利用气体的压缩或膨胀来储存或释放压力能，有气瓶式、活塞式和气囊式等。为安全起见，充气或蓄能器所充气体一般为惰性气体或氮气。

1. 弹簧加载式蓄能器

弹簧加载式蓄能器如图 5–7 所示，它利用弹簧的压缩能来储存能量，产生的压力取决于弹簧的刚度和压缩量。壳体上部有通气孔，使壳体的上腔与大气相通。它的特点是结构简单、反应较灵敏，但容量小、有噪声，使用寿命取决于弹簧的寿命。不宜用于高压和循环频率较高的场合，一般在小流量或低压系统中起缓冲作用。

2. 气瓶式蓄能器

图 5–8 所示为气瓶式蓄能器，气体和油液在蓄能器中直接接触，故又称气液直接接触式（非隔离式）蓄能器。这种蓄能器容量大、惯性小、反应灵敏、外形尺寸小，没有摩擦损失，但气体易混入（高压时易溶入）油液中，影响系统的工作平稳性，而且耗气量大，必须经常补充。因此，气瓶式蓄能器适用于中、低压大流量液压系统。

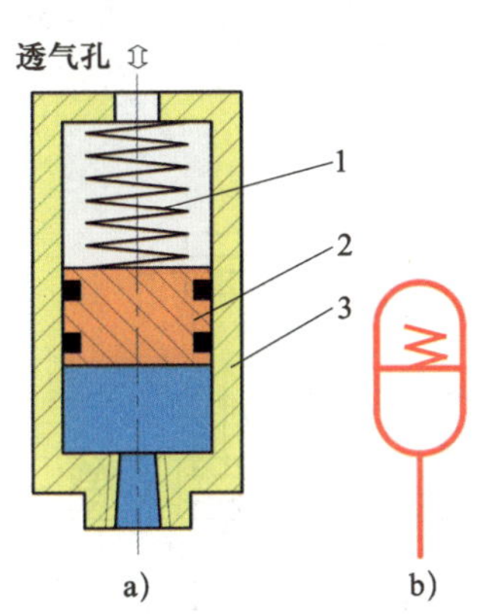

图 5–7　弹簧加载式蓄能器
a）工作原理图　b）图形符号
1—弹簧　2—活塞　3—壳体

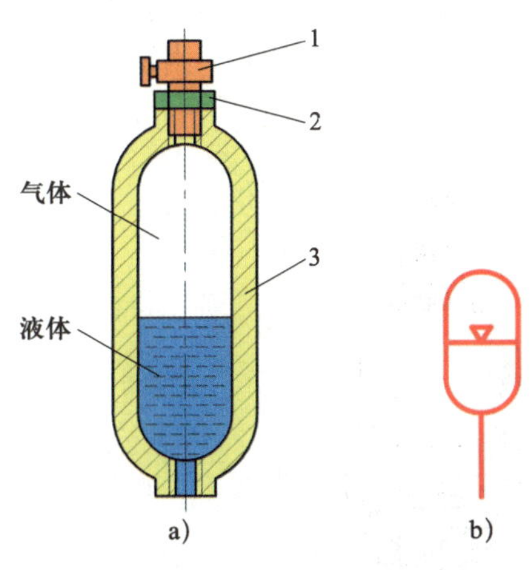

图 5–8　气瓶式蓄能器
a）工作原理图　b）图形符号
1—充气阀　2—螺母　3—气瓶

3. 活塞式蓄能器

活塞式蓄能器利用活塞将油液与气体隔开，如图 5–9 所示。活塞式蓄能器由油液腔、活塞和气体腔构成，气体腔内预先充有氮气，油液腔与液压回路连接在一起。当压力升高时，蓄能器吸收液体，气体被压缩；当压力下降时，被压缩的气体膨胀，且将蓄积的油液压入液压回路。

活塞式蓄能器结构简单，尺寸小，易安装维护，使用寿命长。但因活塞在运动时有摩擦阻力，且有惯性，故低压下动作不灵敏，动作频率也不能太高。所以这种蓄能器主要供蓄能和中高压下吸收脉动用。充气压力一般为液压系统最低工作压力的 80% ~ 90%。

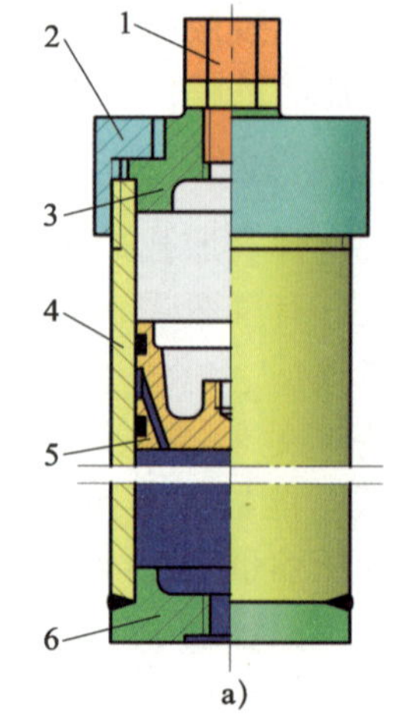

图 5–9　活塞式蓄能器

a）工作原理图　b）图形符号

1—充气阀　2—压盖　3—上盖

4—壳体　5—活塞　6—下盖

4. 气囊式蓄能器

气囊式蓄能器的结构如图 5–10 所示。它主要由充气阀、壳体、气囊和提升阀组成。气囊用耐油橡胶制成，并与充气阀座压制在一起固定在壳体 2 的上半部。充气阀仅在蓄能器工作前对其充气用，蓄能器工作后始终为关闭状态。一般气囊的充气压力为系统油液最低工作压力的 60% ~ 70%。气囊外部为压力油，气囊内部的气体体积随蓄能器内液压油压力的降低而膨胀，并将油液排出。提升阀 4 的作用是防止油液全部排出时气囊膨胀出容器之外。

气囊式蓄能器的气囊惯性小，反应灵敏，尺寸小，容易维护，易于安装，但气囊和壳体制造困难，容量较小。

三、蓄能器应用实例

图 5–11 所示为蓄能器的一种应用实例。在液压缸停止工作时，泵输出的压力油进入蓄能器，将压力油储存起来。当液压缸动作时，蓄能器与泵同时供油，使液压缸得到快速运动。

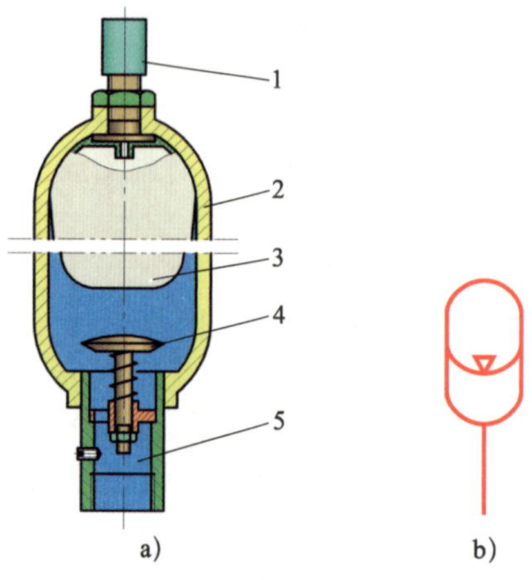

图 5–10　气囊式蓄能器

a）工作原理图　b）图形符号

1—充气阀　2—壳体　3—气囊

4—提升阀　5—油口

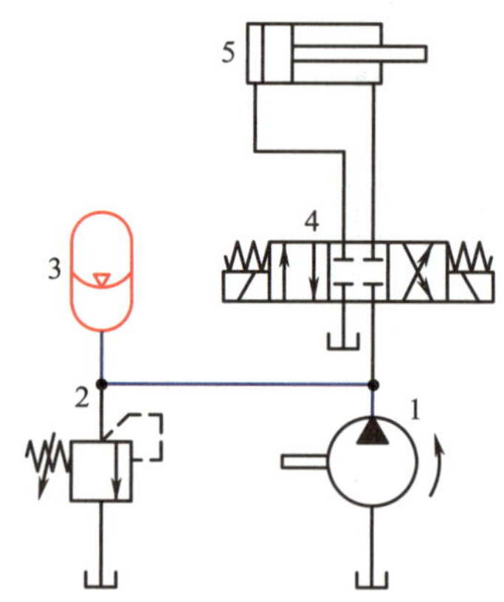

图 5–11　蓄能器应用实例

1—单向定量液压泵　2—溢流阀　3—蓄能器

4—三位四通电磁换向阀　5—液压缸

§5-5　过　滤　器

液压油中往往含有粒状杂质，它们会造成液压元件相对运动表面的磨损、滑阀卡滞、节流孔堵塞，以致影响液压传动系统的正常工作和使用寿命。据统计，液压传动系统中的故障约有 75% 以上与油液的污染有关。过滤器又称滤油器，它能清除油液中的固体颗粒，使油液保持清洁，延长液压元件的使用寿命，保证液压传动系统正常工作。

一、液压系统对过滤器的要求

1. 能满足液压传动系统对过滤精度的要求，即能阻挡一定尺寸的固体杂质进入系统。
2. 通流能力大，即全部流量通过时，不会引起过大的压力损失。
3. 滤芯应有足够的强度，不会因压力油的作用而损坏。
4. 易于清洗或更换滤芯，便于拆装和维护。

二、过滤器的主要性能指标

过滤器的主要性能指标有过滤精度、通流能力、纳垢容量、压降特性、工作压力和温度等，其中过滤精度为主要指标。

1. 过滤精度

过滤器的过滤精度是指滤芯能够滤除的最小杂质颗粒的大小，以直径 d 作为测量标准，过滤器按过滤精度可分为粗过滤器（$d \geqslant 100$ μm）、普通过滤器（d=10 ～ 100 μm）、精过滤器（d=5 ～ 10 μm）和特精过滤器（d=1 ～ 5 μm）。

2. 通流能力

通流能力是指在一定压力差下允许通过过滤器的最大流量。

3. 纳垢容量

纳垢容量是指过滤器在压力降达到规定值以前，可以滤除并容纳的污染物数量。过滤器的纳垢容量越大，使用寿命就越长。一般来说，过滤面积越大，其纳垢容量也越大。

4. 压降特性

压降特性主要是指油液通过过滤器滤芯时所产生的压力损失。滤芯的精度越高，所产生的压降越大；滤芯的有效过滤面积越大，其压降就越小。压力损失还与油液的流量、黏度和混入油液中的杂质数量有关。为了保持滤芯不被破坏或系统的压力损失不致过大，要限制过滤器最大允许压力降。过滤器的最大允许压力降取决于滤芯的强度。

5. 工作压力

过滤器在工作时，在滤芯不被破坏的前提下所能够承受的系统最大压力称为工作压力。

三、过滤器的类型及特点

过滤器按滤芯材质和过滤方式，分为表面型过滤器（如网式过滤器、线隙式过滤器等）、深度型过滤器（如烧结式过滤器、纸芯式过滤器等）和吸附型过滤器（如磁性过滤器）等，其图形符号如图 5-12 所示，结构、特点和应用见表 5-5。

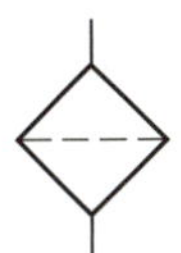

图 5-12　过滤器的图形符号

表 5–5　　过滤器的结构、特点和应用

类型		结构图	滤芯结构	特点和应用
表面型	网式过滤器	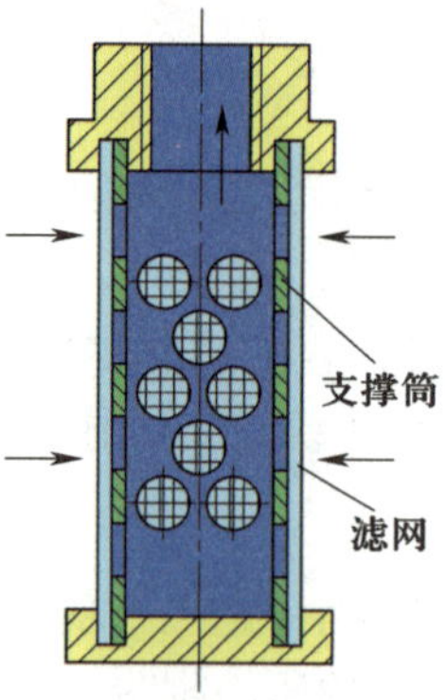	由金属或塑料圆筒制成，外包一层或两层铜丝网	结构简单，通流能力大，但过滤精度低，一般作粗过滤器用。通常安装在液压泵的吸油口处，过滤进入液压泵油液中的杂质
	线隙式过滤器	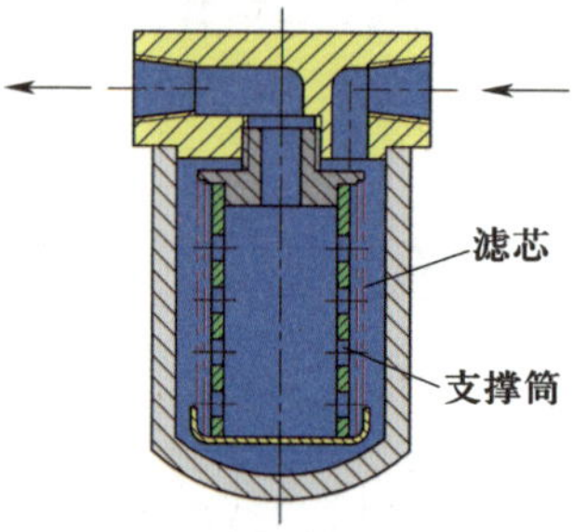	滤芯是用铜线或铝线在滤架上绕制而成，它依靠线之间的微小间隙来过滤杂质	结构简单，过滤效果较好，但不易清洗，一般用于中、低压系统。大多安装在液压泵后面，以保证液压控制元件和执行元件的用油清洁
深度型	烧结式过滤器	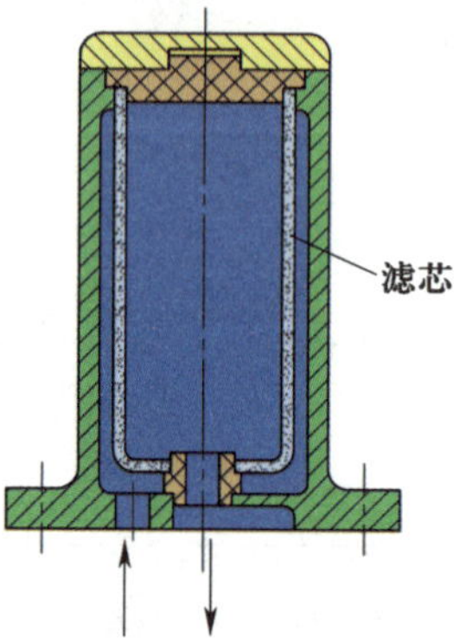	滤芯用青铜粉末烧结成一定的形状（如杯状、管状等），依靠颗粒间的间隙滤油	过滤精度高，耐高温、抗腐蚀，制造简单、滤芯强度大，是一种使用较广的精过滤器。其缺点是通流能力较低、压力损失较大、易堵塞、难于清洗。用于过滤质量要求较高的系统中
	纸芯式过滤器	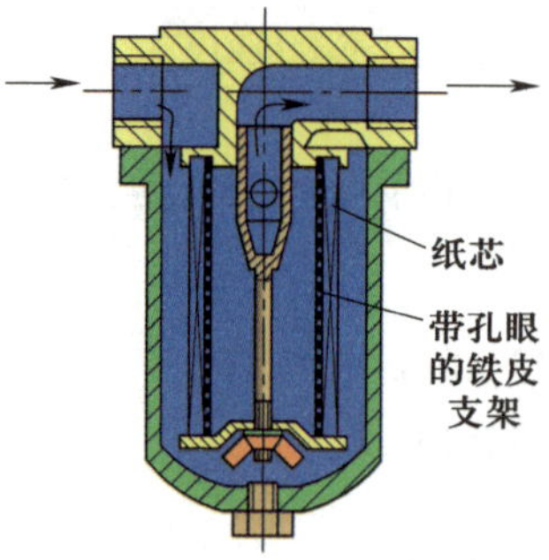	滤芯用微孔滤纸做成，装在壳体内使用	过滤精度高，但易堵塞，无法清洗，需要经常更换纸芯。可作精过滤器使用，一般和其他过滤器配合使用

续表

类型		结构图	滤芯结构	特点和应用
吸附型	磁性过滤器	1—永久磁铁　2—铁圈 3—非磁性罩子	能吸住油液中的铁屑、铁粉和带磁性的磨料	常与其他滤芯合起来制成复合型过滤器，对加工钢铁件的机床液压传动系统特别适用

四、过滤器的选用与安装

1. 过滤器的选用

在为液压传动系统选择过滤器时，应先了解系统的工作环境，使用的液压油的黏度，油液在管道中的流动速度和压力等参数，同时还要注意以下几点：

（1）过滤器的过滤精度应满足系统对油液的要求。

（2）过滤器在较长的时间内能保持标称的通流能力，即有较长的寿命。

（3）滤芯应有足够的强度，不会因油液的压力作用而损坏。

（4）滤芯耐腐蚀性好，在规定的温度下能持久工作。

（5）滤芯的清洗、更换要方便。

综合考虑了上面这些因素后，便可按过滤精度、通流能力、工作压力、油液黏度、工作温度等条件来选定过滤器的型号和规格。

2. 过滤器的安装位置

（1）在泵的吸油管路上安装

泵的吸油管路上一般都安装有表面型过滤器，目的是滤去较大的杂质微粒，以保护液压泵，如图 5-13 所示。此处安装的过滤器的过滤能力应为泵流量的 2 倍以上，压力损失应小于 0.02 MPa。

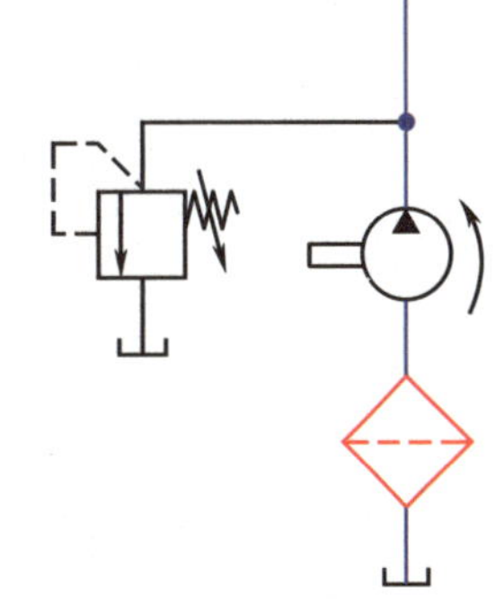

图 5-13　在泵的吸油管路上安装过滤器

（2）在泵的出油口处安装

在泵的出油口处安装过滤器（图 5-14）是用来滤除可能侵入阀类等元件的污染物。其过滤器的过滤精度应为 10 ~ 15 μm，且能承受油路上的工作压力和冲击压力，压力降应小于 0.35 MPa。同时应安装溢流阀，以防过滤器堵塞。

（3）在系统的回油管路上安装

如图 5–15 所示，在系统的回油管路上安装过滤器起间接过滤作用，防止油液中的污物进入油箱。此处安装时，一般在过滤器两端并联安装一个溢流阀，当过滤器堵塞达到一定压力值时，溢流阀打开。

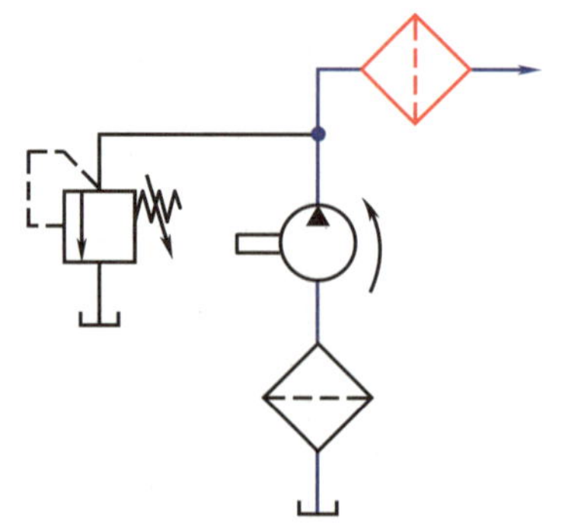

图 5–14　在泵的出油口处安装过滤器

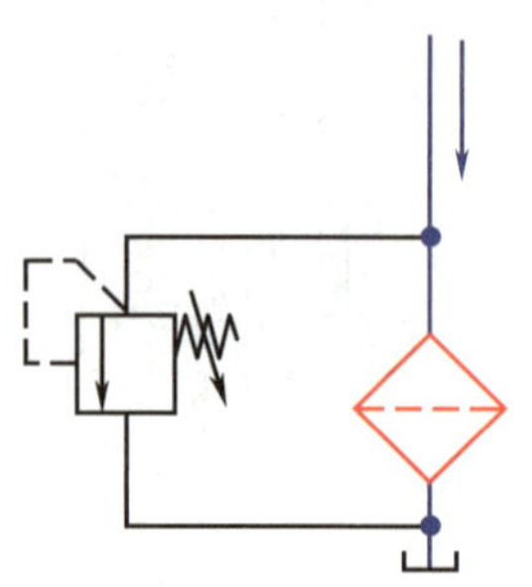

图 5–15　在系统的回油管路上安装过滤器

（4）在系统支路上安装

液压传动系统中除了整个系统所需的过滤器外，还常常在一些重要的支路上安装专用的精过滤器来确保支路上的元件正常工作，如图 5–16 所示。图中的过滤器 5 即为安装在支路上的精过滤器，而顺序阀 4 用于当过滤器 5 堵塞后给支路临时供油。

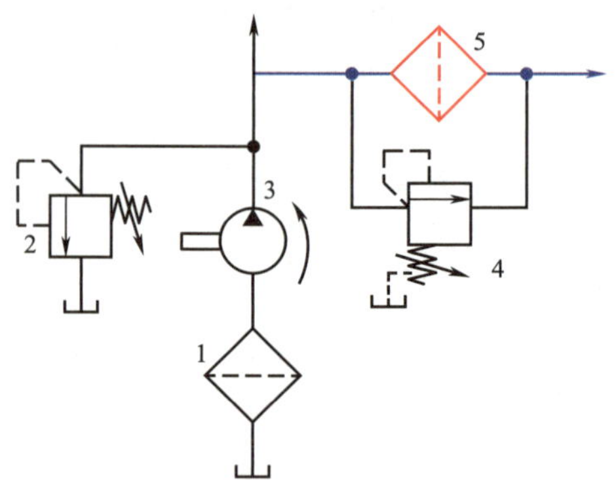

图 5–16　在系统支路上安装过滤器

1、5—过滤器　2—溢流阀　3—定量泵　4—顺序阀

知识链接

液压压力表

在液压传动系统中，为保证液压传动系统的正常工作，常用压力表来观测系统中各工作点的压力。压力表是液压辅助元件之一，是液压传动系统的“眼睛”。在液压传动系统中最

常用的压力表是弹簧管式压力表，如图 5–17 所示。当压力油进入弹簧弯管 1 时，产生管端变形，通过杠杆 6 使扇形齿轮 5 摆转，带动小齿轮 4 使指针 2 偏转，由表盘 3 读出压力值。

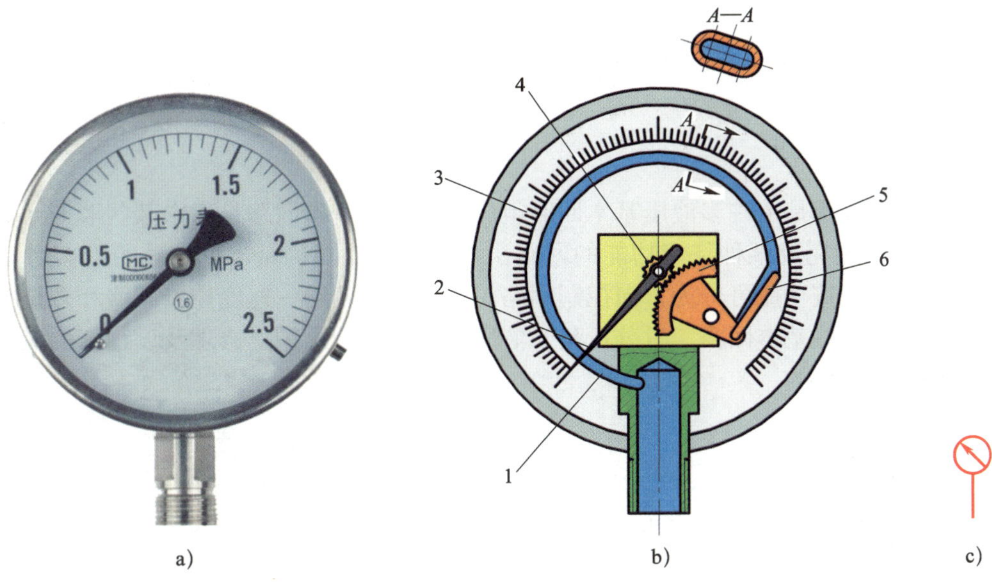

图 5–17　弹簧管式压力表

a）外形图　b）结构图　c）图形符号

1—弹簧弯管　2—指针　3—表盘　4—小齿轮　5—扇形齿轮　6—杠杆

第六章　液压基本回路

液压传动系统都是由许多液压基本回路组成的，液压基本回路是指由某些液压元件和辅助元件所组成并能完成某种特定功能的回路。对于同一功能的基本回路，可有多种实现方法。液压基本回路按功能可分为方向控制回路、压力控制回路、速度控制回路和多缸控制回路四大类。熟悉这些基本回路，对分析整个液压传动系统，维护、修理及设计新的液压传动系统，都是十分重要的。

§6-1　方向控制回路

在液压传动系统中，执行元件的启动和停止，是通过控制进入执行元件的液流的通和断来实现的；执行元件运动方向的改变，是通过改变流入执行元件的液流方向来实现的。在液压传动系统中，控制执行元件的启动、停止（包括锁紧）及换向的回路称为方向控制回路。方向控制回路主要有换向回路、锁紧回路和制动回路等。

一、换向回路

控制执行元件换向的回路称为换向回路，一般可采用各种换向阀来实现。根据执行元件换向的要求不同，可以采用二位四通或五通、三位四通或五通等各种控制方法的换向阀进行换向。电磁换向阀的换向回路应用最为广泛，尤其是在自动化程度要求较高的组合机床液压传动系统中被广泛采用。

1. 采用二位四通电磁换向阀的换向回路

采用二位四通电磁换向阀实现双作用单杆缸换向的回路如图 6–1 所示。当电磁铁通电时，换向阀左位工作，压力油进入液压缸左腔，推动活塞杆向右移动；当电磁铁断电时，换向阀右位工作，压力油进入液压缸右腔，推动活塞杆向左移动。

2. 采用三位四通手动换向阀的换向回路

图 6–2 所示为采用三位四通手动换向阀的换向回路，它实现了双作用单杆缸的换向。当换向阀左位工作时，活塞杆伸出；当换向阀右位工作时，活塞杆缩回；当换向阀处于中位时，活塞被锁紧。

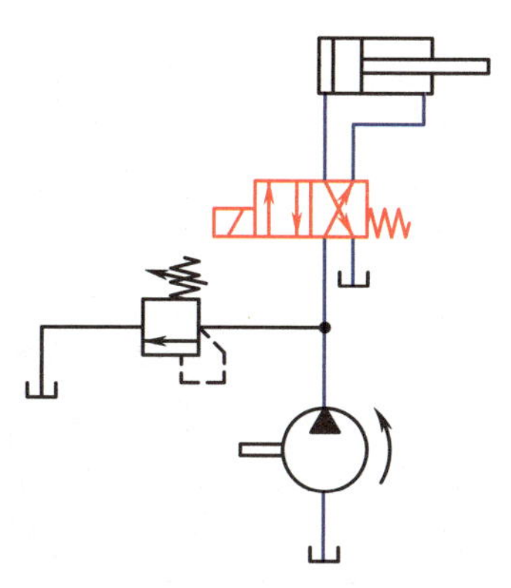

图 6–1　采用二位四通电磁换向阀的换向回路

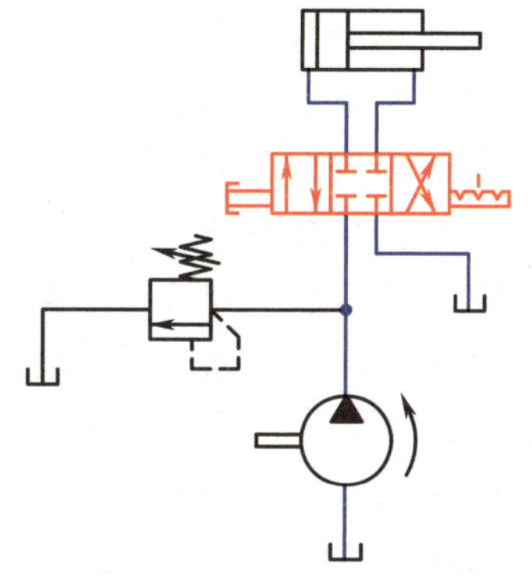

图 6–2　采用三位四通手动换向阀的换向回路

知识链接

表 6–1　常用液压管路符号要素的表示方法

名称	符号	说明
实线	————————	供油管路、回油管路
虚线	- - - - - - - - - - - -	内部或外部先导（控制）管路、泄油管路
点画线	—·—·—·—·—	组合元件框线
实心正三角形	▶	无特殊要求的液压源

二、锁紧回路

使执行元件能在任意位置停留以及在停止工作时防止在受力的情况下发生移动的回路称为锁紧回路。

1. 采用 O 型三位四通电磁换向阀的锁紧回路

如图 6–3 所示为采用 O 型中位机能的三位四通电磁换向阀的锁紧回路，该换向阀采用电磁铁通电换向，弹簧复位。当阀芯处于中位时，液压缸的进、出口都被封闭，可以将液压缸锁紧。这种锁紧回路由于受到换向阀泄漏的影响，锁紧效果较差。

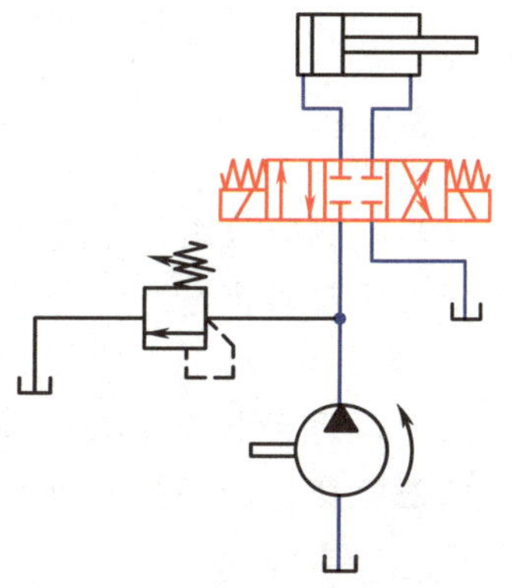

图 6–3　采用 O 型三位四通电磁换向阀的锁紧回路

> **提示**
>
> 凡是具有“O”或“M”中位机能的换向阀，均可组成锁紧回路。但是，换向阀存在较大的泄漏，锁紧功能较差，只能用于锁紧时间短且要求不高的场合。

2. 采用液控单向阀的锁紧回路

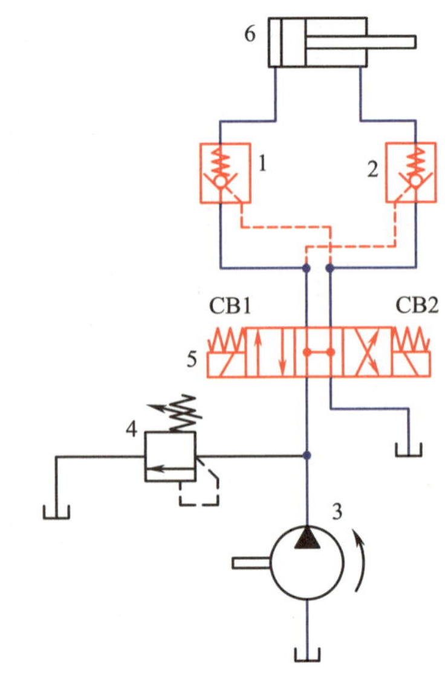

图 6–4　采用液控单向阀的锁紧回路

1、2—液控单向阀　3—定量泵

4—直动式溢流阀　5—换向阀　6—液压缸

图 6–4 所示为采用液控单向阀的锁紧回路。在液压缸的进、回油路中分别串接液控单向阀 1、2，活塞可以在行程的任何位置锁紧。当 H 型三位四通电磁换向阀 5 处于中位时，液压泵 3 输出油液经电磁换向阀 5 的中位流回油箱，因无控制油液作用，液控单向阀 1、2 关闭，液压缸两腔均不能进、排油，于是，活塞被双向锁紧。要使活塞向右运动，则需使电磁铁 CB1 通电，换向阀左位接入系统，压力油经液控单向阀 1 进入液压缸左腔，同时也进入液控单向阀 2 的控制油口，打开液控单向阀 2，使液压缸右腔回油经液控单向阀 2 及换向阀 5 流回油箱，活塞向右运动。当电磁铁 CB2 通电，换向阀 5 右位接通，液控单向阀 2 开启，压力油进入液压缸右腔，同时进入液控单向阀 1 的控制油口，打开液控单向阀 1，活塞向左运动，回油经液控单向阀 1 和换向阀 5 流回油箱。

采用液控单向阀的锁紧回路能在液压缸不工作时使活塞在两个方向的任意位置上迅速、平稳、可靠且长时间地锁紧。其锁紧精度主要取决于液压缸的泄漏，而液控单向阀本身的密封性很好。

知识链接

液压缸的锁紧与浮动

1. 锁紧

液压缸锁紧状态是指液压缸活塞两侧的油液被封闭，从而使活塞即使受到外力的作用也不会产生运动的状态。

2. 浮动

液压缸浮动状态是指液压缸活塞的两侧油腔里没有压力，可用外力推动活塞向两侧运动，活塞就像是船浮在水面上一样。

三、制动回路

使执行元件由运动状态平稳地转换成静止状态的回路称为制动回路，如图 6–5 所示。在液压缸两端的油路上设置单向阀 6 和 7，同时设置灵敏度较高的小型直动式溢流阀 4 和 5。在三位四通推压换向阀 3 换成中位时，活塞在溢流阀 4 和 5 调定的压力值下完成制动过程。当活塞向右运动的过程中突然将换向阀切换至中位，液压缸两端被封闭，但活塞由于惯性还要继续向右运动，导致液压缸右端腔中的油液压力突然升高。当压力超过溢流阀 5 的调定值时，溢流阀 5 开始溢流。这样，减缓了管路中的液压冲击现象，使活塞平稳地由运动状态变为静止状态；与此同时，液压缸左腔通过单向阀 6 从油箱补油。当活塞向左运动突然切换换向阀至中位时，由溢流阀 4 起缓冲作用，由单向阀 7 从油箱补油。一般情况下，为了维持整个液压传动系统的压力稳定，溢流阀 4 和 5 的调压值应比主油路中的先导式溢流阀 2 的调压值高 5% ～ 10%。

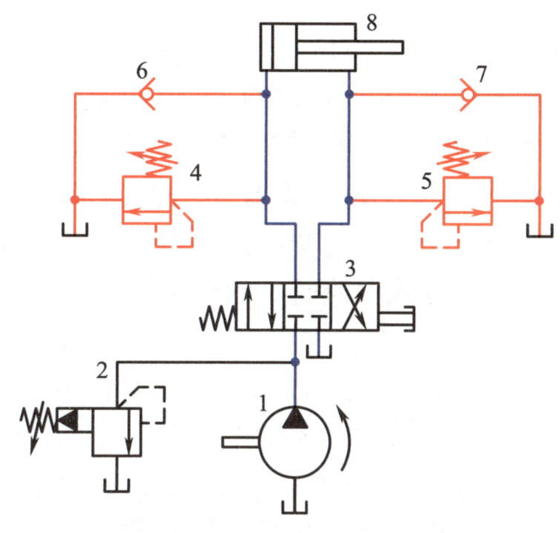

图 6-5　采用溢流阀的制动回路

1—液压泵　2—先导式溢流阀　3—三位四通推压换向阀

4、5—直动式溢流阀　6、7—单向阀　8—液压缸

§6-2　压力控制回路

利用压力控制阀来调节系统或其中某一部分压力的回路称为压力控制回路，主要有调压回路、增压回路、卸荷回路、平衡回路和保压回路等。

一、调压回路

控制系统的工作压力，使其不超过某一预先调定好的数值，或者使工作机构在运动过程的各个阶段具有不同压力的回路称为调压回路。很多液压传动机械在工作时，要求系统的压力能够调节，以便与负载相适应，同时降低动力损耗，减少系统发热。

1. 二级调压回路

图 6-6 所示为采用先导式溢流阀的二级调压回路，该回路可实现两种不同的系统压力控制，即由先导式溢流阀 4 和直动式溢流阀 2 各调一级。当电磁换向阀 3 断电时，先导式溢流阀 4 工作，此时系统压力较高。当电磁换向阀 3 通电时，直动式溢流阀 2 工作，此时系统压力较低。先导式溢流阀 4 控制油口流出的液压

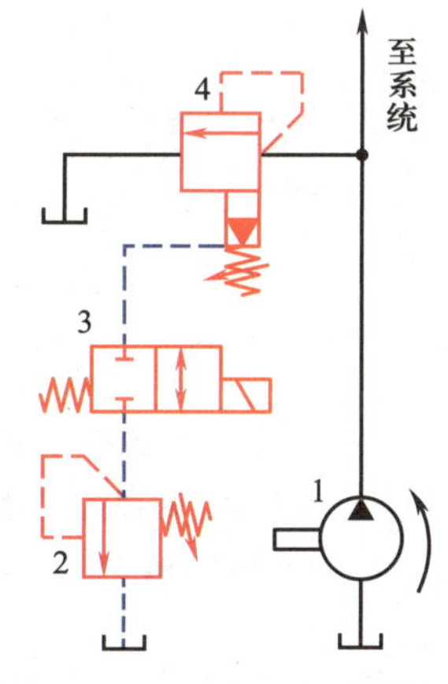

图 6-6　采用先导式溢流阀的二级调压回路

1—定量泵　2—直动式溢流阀

3—二位二通电磁换向阀　4—先导式溢流阀

油从直动式溢流阀 2 流出，系统的溢流从先导式溢流阀 4 流出。

注意，先导式溢流阀 4 的调定压力一定要高于直动式溢流阀 2 的调定压力，否则不能实现双级调压。

2. 三级调压回路

图 6–7 所示为由三个溢流阀和一个三位三通电磁换向阀组成的三级调压回路。该回路由先导式溢流阀 2 和直动式溢流阀 4、5 分别控制系统的压力，使系统得到三种不同的压力，以满足工作元件的需要。当两块电磁铁均不带电时，系统压力由先导式溢流阀 2 调定。当 CB1 通电、CB2 断电时，换向阀左位工作，系统压力由溢流阀 4 调定。当 CB2 通电、CB1 断电时，系统压力由溢流阀 5 调定。在这种调压回路中，直动式溢流阀 4 和 5 的调定压力可以不相同，但调定压力都要低于先导式溢流阀 1 的调定压力。

3. 双向调压回路

当执行元件的正、反行程需不同的供油压力时，可采用双向调压回路，如图 6–8 所示。当二位四通换向阀在左位工作时，活塞移动为工作行程，油泵的出口油液压力由溢流阀 2 调定为较高的压力进入液压缸左腔，液压缸右腔的油液经换向阀流回油箱，溢流阀 3 不起作用。当二位四通换向阀在右位工作时（图示位置），活塞作空行程返回，油泵的出口油液压力由溢流阀 3 调定为较低压力进入液压缸右腔，溢流阀 2 不起作用。活塞退到终点后，油泵在低压下卸荷，功率损耗小。

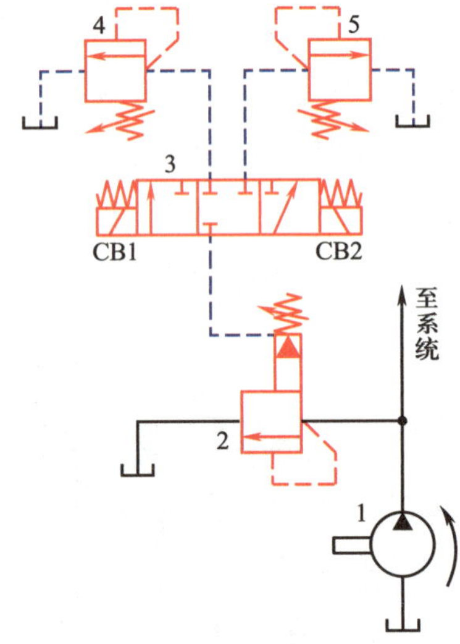

图 6–7 三级调压回路

1—定量泵 2—先导式溢流阀

3—三位三通电磁换向阀 4、5—直动式溢流阀

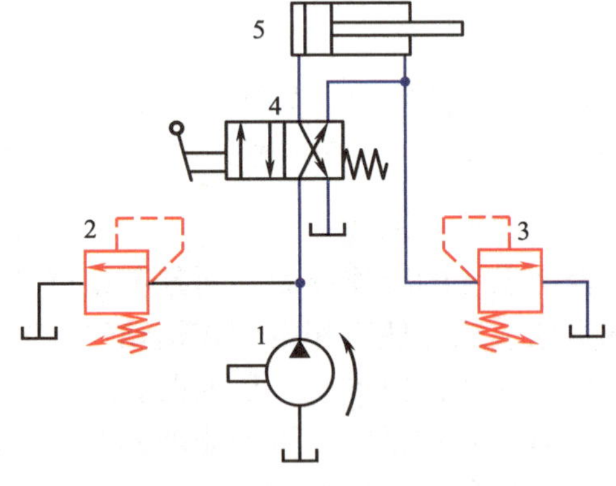

图 6–8 双向调压回路

1—定量泵 2、3—溢流阀

4—二位四通手柄式换向阀 5—液压缸

4. 支路减压回路

在定量泵供油的液压传动系统中，溢流阀按主系统的工作压力进行调定。若系统中某个执行元件或某条支路所需要的工作压力低于溢流阀所调定的主系统压力时，就要采用减压回路。

支路减压回路的功用是使系统中某一部分油路具有较低的稳定压力。减压功能主要由减压阀实现。

在图 6–9 所示的多执行元件减压回路中，整个系统的工作压力由溢流阀 2 调定，回路中有液压缸 6 和液压缸 7 两个执行元件，由于液压缸 6 所需要的压力低于溢流阀 2 的调定压力，因此在液压缸 6 的进油路上串联单向减压阀 5。当液压缸 6 的活塞向右运动时，单向减压阀的减压阀工作；当液压缸活塞向左运动时，单向减压阀的单向阀工作。

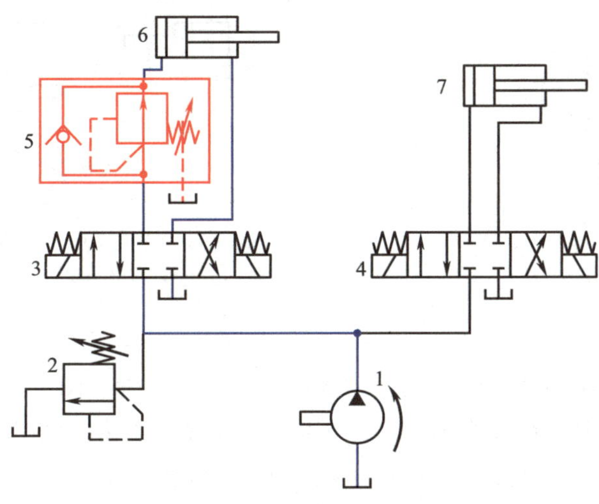

图 6–9　支路减压回路

1—定量泵　2—溢流阀　3、4—换向阀　5—单向减压阀　6、7—液压缸

二、增压回路

使系统中的局部油路或某个执行元件得到比主系统压力高得多的压力的回路称为增压回路。采用增压回路比选用高压大流量泵要经济得多。

1. 单作用增压液压缸的增压回路

如图 6–10 所示为单作用增压液压缸的增压回路。当系统处于图示位置时，压力为 p_1 的油液进入增压器的大活塞腔，此时在小活塞腔即可得到压力为 p_2 的高压油液。当二位四通电磁换向阀右位接入系统时，增压器的活塞返回。补充油箱中的油液经单向阀补入小活塞腔。

2. 双作用增压液压缸的增压回路

单作用增压液压缸只能断续供油，若需连续输出高压油，可采用图 6–11 所示的双作用增压液压缸的增压回路。在图示位置，液压泵的压力油进入增压液压缸 6 左端大、小油腔，右端大油腔的回油经换向阀流回油箱，右端小油腔中的油液被增压后经单向阀 7 输出，此时单向阀 4 和 8 被封闭。当活塞移到右端极限位置时，换向阀电磁铁通电，油路换向后增压液压缸 6 的活塞反向左移。同理，左端小油腔输出的高压油通过单向阀 8 输出，单向阀 5 和 7 被封闭。这样，增压液压缸的活塞不停地往复运动，两端便交替输出高压油，从而实现了连续增压。

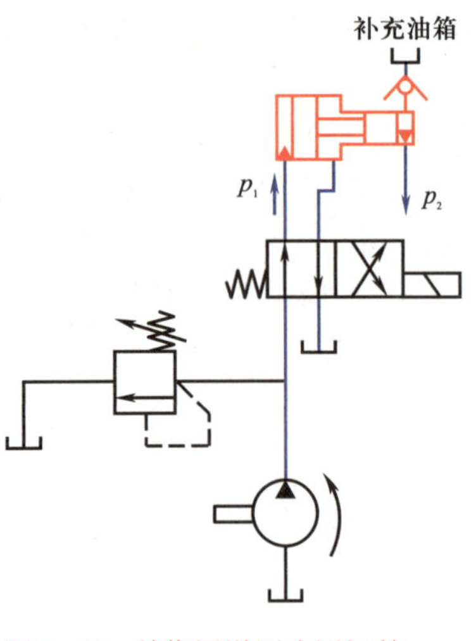

图 6-10　单作用增压液压缸的增压回路

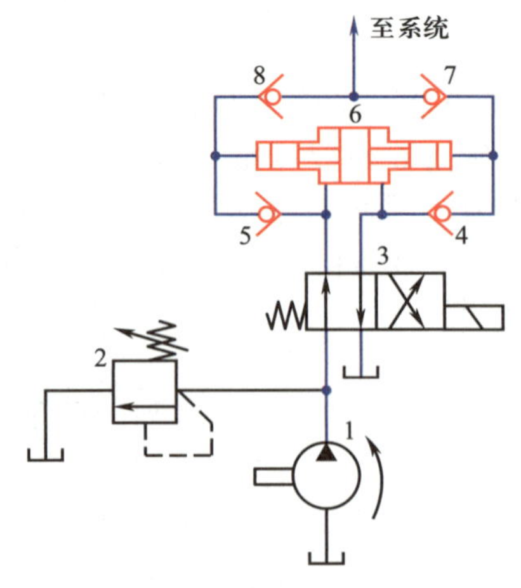

图 6-11　双作用增压液压缸的增压回路

1—定量泵　2—溢流阀　3—二位四通电磁换向阀

4、5、7、8—单向阀　6—双作用增压液压缸

三、卸荷回路

当液压系统中的工作元件在短时间内不工作时，一般不宜关闭电动机使供油系统停止工作，因为频繁的启动对电动机非常不利。卸荷回路是指在不停机的情况下使液压泵在功率损耗接近于零的情况下运转的回路。其特点是减少了功率损耗，降低了系统的发热量。因为液压泵的输出功率等于其流量和压力的乘积，所以其中任何一项等于零或接近于零，功率损耗即近似为零。因此，液压泵的卸荷方式有流量卸荷和压力卸荷两种。流量卸荷主要用于变量泵，使泵的流量很小，仅能补充泄漏。此法虽简单，但油泵仍在较高压力下运转，磨损仍较严重。目前使用较广的是压力卸荷，即让液压泵在接近零压下运转，压力卸荷主要用于定量泵。常见的卸荷回路有以下几种。

1. 采用三位四通换向阀的卸荷回路

凡具有 M、H 和 K 型中位机能的三位四通换向阀，处于中位时均能使液压泵卸荷。如图 6-12a 所示为采用 H 型三位四通换向阀的卸荷回路，此时液压缸处于浮动状态。如图 6-12b 所示为采用 M 型三位四通换向阀的卸荷回路，此时液压缸处于锁紧状态。这两种卸荷回路的卸荷效果较好，选用换向阀的规格应与泵的额定流量相适应。

2. 采用二位二通换向阀的卸荷回路

如图 6-13 所示为采用二位二通换向阀的卸荷回路，使二位二通电磁换向阀的电磁铁通电，阀处于右位时，就可以实现卸荷。

这几种采用换向阀卸荷的方法均较简单，但换向时会产生液压冲击，仅适用于低压、流量小于 40 L/min 的场合，且所配管路应尽量短。

3. 采用先导式溢流阀的卸荷回路

如图 6-14 所示为采用先导式溢流阀的卸荷回路，先导式溢流阀的远程控制口直接与二位二通电磁阀相连，便构成了先导式溢流阀卸荷回路。该回路卸荷压力的高低取决于溢流阀主阀弹簧刚度的大小。

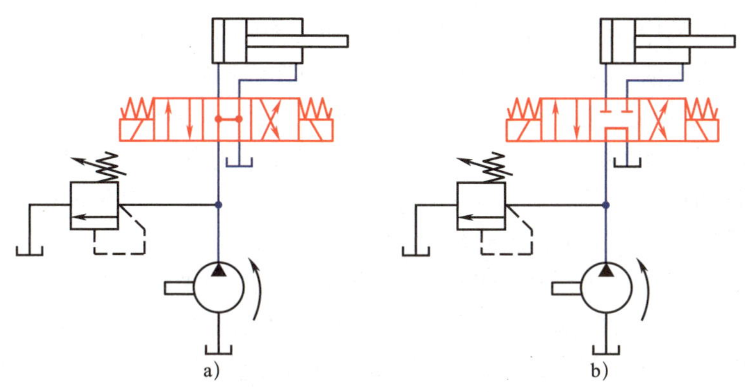

图 6–12　采用三位四通换向阀构成的卸荷回路

a）使用 H 型换向阀　b）使用 M 型换向阀

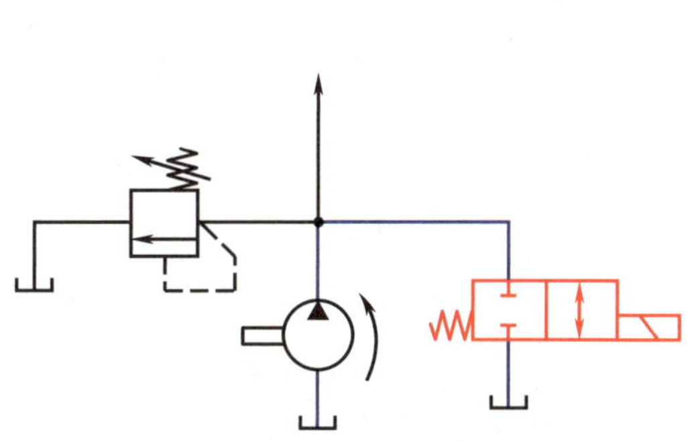

图 6–13　采用二位二通换向阀构成的卸荷回路

图 6–14　先导式溢流阀卸荷回路

4. 采用二通插装阀的卸荷回路

图 6–15 所示为采用二通插装阀的卸荷回路。正常工作时，液压泵压力由溢流阀 3 调定。当二位二通电磁换向阀 4 通电后，压力型二通插装阀 2 上腔接通油箱，主阀口打开，液压泵卸荷。二通插装阀通流能力大，因而适用于大流量的液压传动系统。

四、平衡回路

平衡回路是为了防止立式布置的液压缸或垂直运动的工作部件在悬空停止期间因运动部件的自重自行下滑，或在下行运动中由于自重造成失控或速度不稳定现象。平衡回路的原理是在立式布置液压缸的下行回油路上串联一个产生适当背压的元件，以便与自重相平衡，并起限速作用。

1. 采用单向顺序阀的平衡回路

如图 6–16a 所示，内控式单向顺序阀 4 设置在液压缸 5 下行的回油路上。当电磁铁 CB1 通电使三位四通电磁换向阀 3 切换至左位时，液压缸 5 的活塞向下运动，

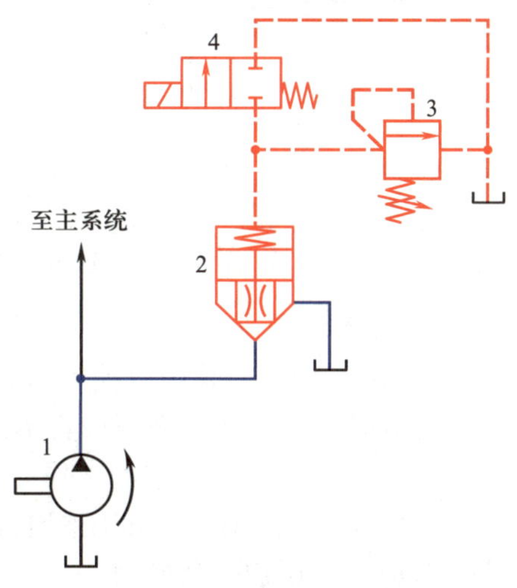

图 6–15　采用二通插装阀的卸荷回路

1—定量泵　2—压力型二通插装阀

3—溢流阀　4—二位二通电磁换向阀

缸下腔的油液经单向顺序阀 4 中的顺序阀流回油箱。当换向阀处于中位时，只要使单向顺序阀 4 的调压值大于由于活塞及其相连工作部件的重力在液压缸下腔产生的压力值，活塞和工作部件就能被单向顺序阀锁住而不会因自重而下降。在下行工况时，限速作用由单向顺序阀中的顺序阀所形成的节流缝隙来实现。这种回路在活塞下行运动时因要克服顺序阀的背压，功率损失较大，且“锁紧”时活塞和与之相连的工作部件会因单向顺序阀和换向阀的泄漏而缓慢下落，故只适用于工作部件质量不大、锁紧定位要求不高的场合。

如对锁紧定位要求高，可采用外控式单向顺序阀组成的平衡回路（图 6–16b），这种外控式单向顺序阀具有一种特殊阀口，它不但具有很好的密封性，能起到对活塞长时间锁闭定位的作用，而且阀口开口大小能自动适应不同载荷对背压的要求，保证了活塞下降速度的稳定性不受载荷变化的影响。由于该回路中单向顺序阀的调压值基本上与负载大小（即背压）无关，故功率损失较小。

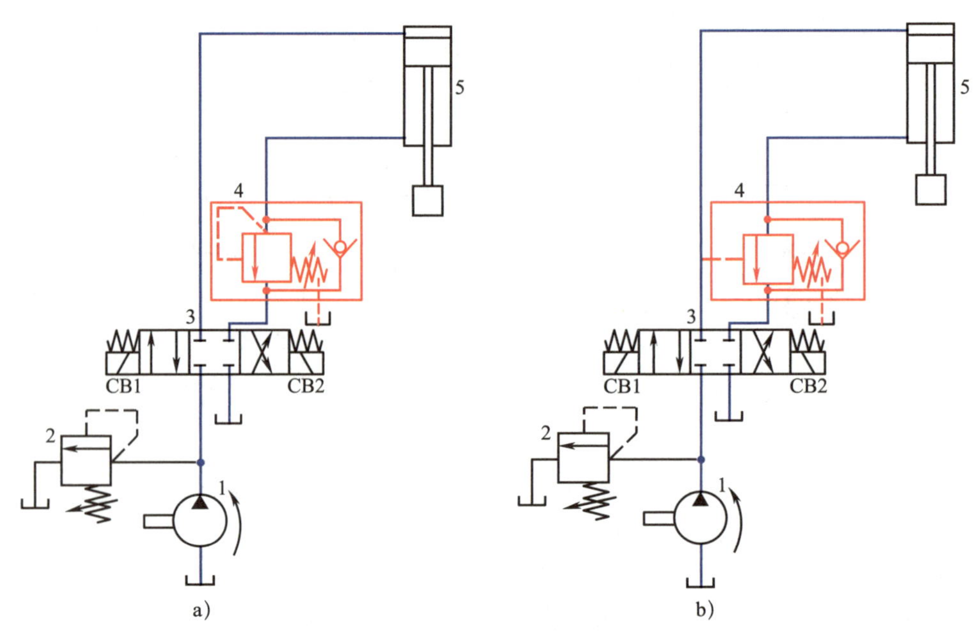

图 6–16　采用单向顺序阀的平衡回路

a）采用内控式单向顺序阀控制　b）采用外控式单向顺序阀控制

1—定量泵　2—溢流阀　3—三位四通电磁换向阀　4—单向顺序阀　5—液压缸

2. 采用液控单向阀的平衡回路

图 6–17 所示为采用液控单向阀的平衡回路，因为液控单向阀泄漏极小，所以闭锁性能极好。在这种回路中，需要设置单向节流阀。否则，当液控单向阀被液压缸上腔压力油导通后，液压缸的活塞与相连的工作元件会因自重而超速向下运动，液压缸上腔出现部分真空，致使液控单向阀关闭，待液压缸上腔压力重建后又重新打开，造成活塞及其工作元件下行运动时断时续，引起强烈振动。

五、保压回路

保压回路的功能是使系统在液压缸加载不动或因工件变形而产生微小位移的工况下能保

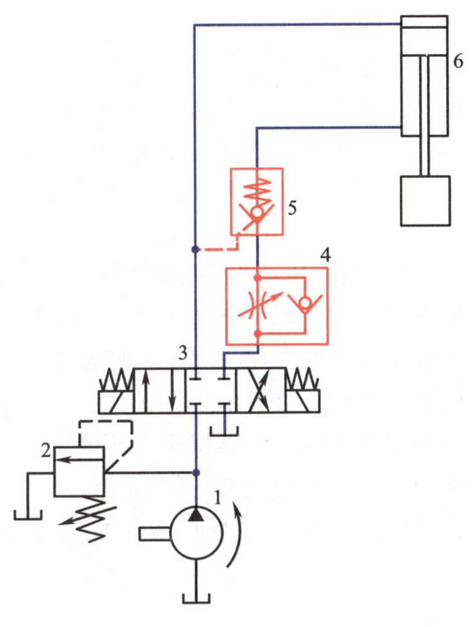

图 6–17 采用液控单向阀的平衡回路

1—定量泵 2—溢流阀 3—三位四通电磁换向阀 4—单向节流阀 5—液控单向阀 6—液压缸

持稳定不变的压力，并且使液压泵处于卸荷状态。保压性能的两个主要指标为保压时间和压力稳定性。常用的保压回路有利用变量泵的保压回路、利用蓄能器的保压回路、支路保压回路和自动补油保压回路等。

1. 利用变量泵的保压回路

在图 6–17 所示的回路中，当三位四通电磁换向阀左位（或右位）工作时，液压缸活塞移动到下侧（或上侧）不动后，液压泵仍以较高的压力（保持所需压力）工作。此时，若采用定量泵，则压力油几乎全经溢流阀流回油箱，系统的功率损失大，易发热，故只能在小功率的系统且保压时间较短的场合下使用；若采用变量泵，虽然在保压时泵的压力较高，但输出流量几乎等于零，所以系统的功率损失小，这种保压方法能随泄漏量的变化而自动调整输出流量，因而其效率也较高。

2. 利用蓄能器的保压回路

利用蓄能器的保压回路如图 6–18 所示，当换向阀 7 左边电磁铁通电时，换向阀左位工作，泵输出的压力油经换向阀进入液压缸左腔，活塞与活塞杆向右运动并压紧工件，进油路的油液压力升高至调定值时，压力继电器 5 发出信号使二位二通电磁换向阀 4 通电，液压泵卸荷，单向阀关闭，液压缸由蓄能器保压。当液压缸压力不足时，压力继电器 5 复位使液压泵重新工作。液压泵工作间隔时间的长短取决于蓄能器的容量。

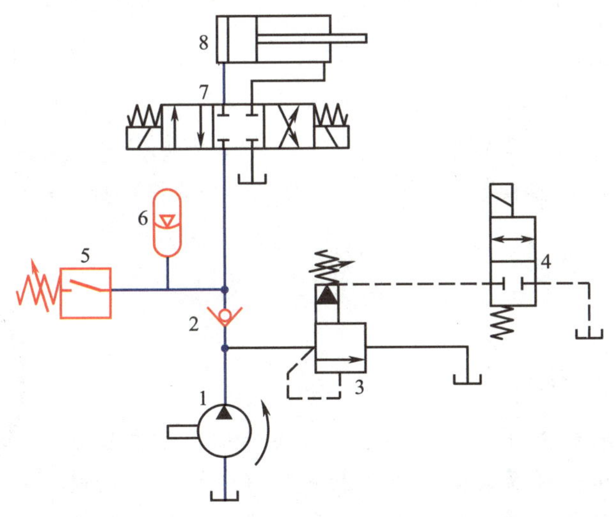

图 6–18 利用蓄能器的保压回路

1—定量泵 2—单向阀 3—先导式溢流阀 4—二位二通电磁换向阀 5—压力继电器 6—蓄能器 7—三位四通电磁换向阀 8—液压缸

3. 支路保压回路

支路保压回路用于多缸系统中的一缸保压。如图 6–19 所示为给某机床进给液压缸和夹紧液压缸供油的回路，当主油路压力降低时，单向阀 3 关闭，支路由蓄能器保压并补偿泄漏，支路中的压力降到压力继电器 4 的调定压力时，压力继电器 4 发出信号，使液压泵开始工作，并通过单向阀 3 向支路补油。

4. 自动补油保压回路

图 6–20 所示为采用液控单向阀和电接点压力表的自动补油保压回路。当三位四通电磁换向阀 3 左边的电磁铁 CB1 通电时，换向阀左位工作，压力油经换向阀和液控单向阀 4 进入液压缸上腔，使活塞下行压住工件。油泵继续供油，压力上升，当液压缸上腔的压力升高到电接点压力表 6 的上限值时，压力表使电磁铁 CB1 断电，换向阀处于中位，液压泵卸荷，液压缸由液控单向阀保压。当液压缸上腔的压力降到电接点压力表 6 的下限值时，压力表会发出信号，使电磁铁 CB2 通电，液压泵再次向系统供油，使系统压力升高。因此，这种回路能使液压缸自动地补充压力油，使系统压力长期保持在预先调定的范围内。

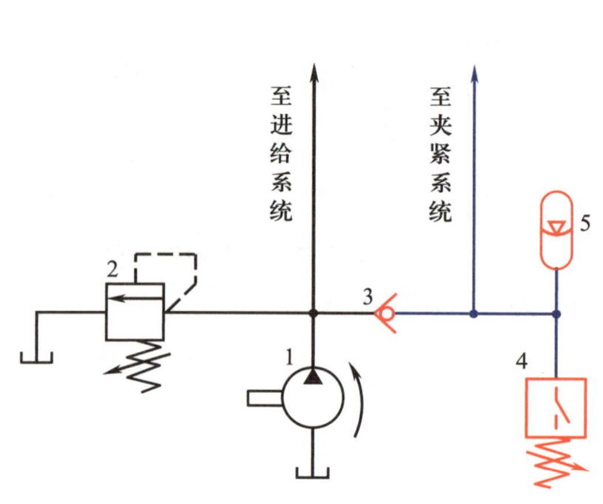

图 6–19　支路保压回路

1—定量泵　2—溢流阀　3—单向阀

4—压力继电器　5—蓄能器

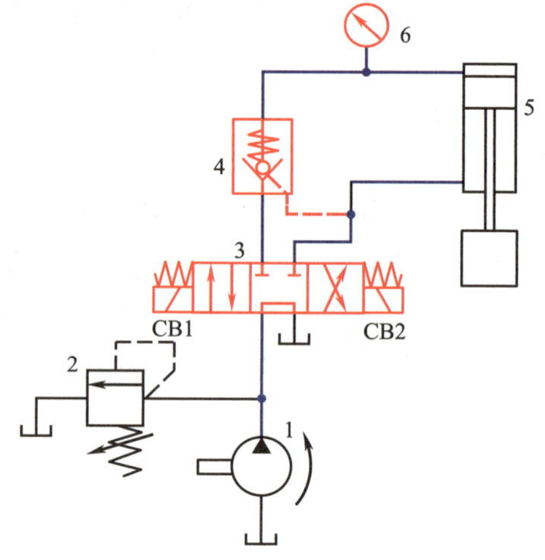

图 6–20　自动补油保压回路

1—定量泵　2—溢流阀　3—三位四通电磁换向阀

4—液控单向阀　5—液压缸　6—电接点压力表

知识链接

电接点压力表

电接点压力表（图 6–21）是基于测量系统中的弹簧管在被测介质的压力作用下，迫使弹簧管末端产生相应的弹性变形，借助拉杆经齿轮传动机构的传动并进行放大，由固定齿轮上的指针将被测值在刻度盘上指示出来，并在压力到达预定值时，发出信号或接通控制电路。

图 6–21　电接点压力表

§6-3　速度控制回路

控制执行元件运动速度的回路称为速度控制回路。速度控制回路一般是通过改变进入执行元件的流量来实现的。速度控制回路包括调速回路、快速回路和速度换接回路。

一、调速回路

调速回路是指用来调节执行元件速度的回路。

液压系统中油液缸的运动速度为：

$$v=\frac{q}{A}$$

式中　q——输入液压执行元件的流量；

A——液压缸有效面积。

由上式可知：改变输入液压执行元件的流量 q 或改变液压缸的有效面积 A 可改变液压执行元件的速度。但改变液压缸的有效面积 A 在实际中难以做到，因此，只能通过改变进入液压执行元件的流量的方法来调速。为此，可以采用变量液压泵对液压执行元件供油，也可采用定量液压泵和流量控制阀改变通过流量控制阀的流量。

知识链接

液压缸的有效面积

液压缸内腔中液体压力作用其上，以提供可用力的面积。对于单杆活塞式液压缸，无杆腔的有效面积等于活塞的面积，有杆腔的有效面积等于活塞的面积与活塞杆的面积之差。

1. 节流调速回路

用定量液压泵和流量控制阀来改变液压执行元件的速度的回路称为节流调速回路。它的工作原理是通过改变回路中流量控制阀的通流截面面积的大小来控制流入液压执行元件的流量；或控制从液压执行元件流出的流量，以调节其运动速度。根据流量控制阀在回路中的安装位置，可分为进油路节流调速、回油路节流调速、旁路节流调速和双向节流调速四种。

（1）进油路节流调速回路

图 6-22 所示为进油路节流调速回路。二位四通电磁换向阀 3 用于液压缸 5 的换向，当电磁换向阀

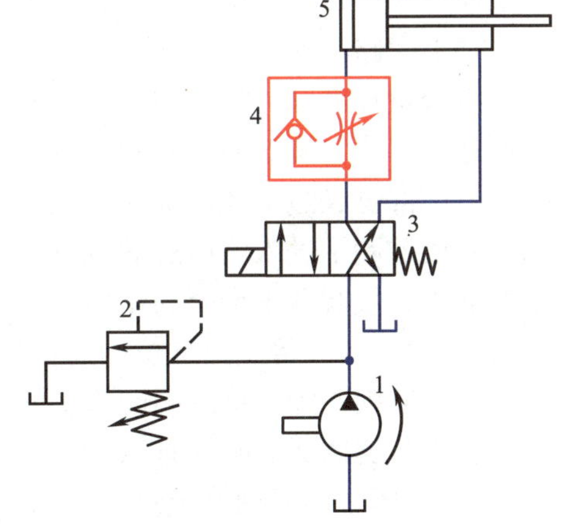

图 6-22　进油路节流调速回路

1—定量泵　2—溢流阀　3—电磁换向阀

4—单向节流阀　5—液压缸

3 通电处于左位时，压力油通过单向节流阀 4 的节流阀，进入液压缸 5 的左腔，活塞向右运动。通过调节节流阀的通流面积，就可以调节油路中压力油的流量，从而调节液压缸 5 的活塞向右运动的速度。当电磁换向阀 3 断电时，电磁换向阀 3 在弹簧力的作用下处于右位，压力油通过电磁换向阀 3 进入液压缸右腔，活塞向左运动。液压缸左腔的回油经过单向节流阀 4 的单向阀、电磁换向阀 3 流回油箱，此时，节流阀不起作用。溢流阀 2 用于调定系统压力，使系统压力基本保持恒定。

在图 6–22 所示的进油路节流调速回路中，由于液压缸 5 的活塞向右运动时，回油腔直通油箱，所以这种进油路节流调速回路不能承受超越负载。进油节流调速回路适用于轻载、低速、负载变化不大和对速度稳定性要求不高的小功率场合。

知识链接

液压缸负载的分类

液压缸的负载可分为阻力负载和超越负载。阻力负载是指阻止液压缸运动的负载（也叫正值负载）；超越负载是指助长液压缸运动的负载（也叫负值负载）。例如，液压缸在提升重物时，重物的重力为阻力负载；重物下降时，重物的重力为超越负载。

（2）回油路节流调速回路

如图 6–23 所示，将节流阀串联在液压缸右腔的油路中，即构成回油路节流调速回路。当换向阀 3 处于左位时，压力油通过换向阀 3 进入液压缸 5 左腔，右腔的油液通过单向节流阀 4 的节流阀进入换向阀 3 后流入油箱。此时节流阀工作，起到节流调速的作用。

与进油路节流调速相比，回油路节流调速能承受超越负载，且通过节流阀的热油直接排回油箱，有利于热量耗散。另外，节流阀在回油路上也能起到提供背压的作用，对液压缸运行过程中的稳定性更有利。该系统广泛用于功率不大、承受负值负载能力强和运动平稳性要求较高的液压传动系统中。

（3）旁路节流调速回路

将流量控制阀与液压执行元件并联安装，便构成了旁路节流调速回路，如图 6–24 所示。该回路中，当二位四通换向阀左位工作时，液压泵的输出流量分为两部分，一部分进入液压缸，另一部分经过节流阀流回油箱。节流阀起分流作用，用它调节液压泵溢回油箱的流量，从而间接控制了进入液压缸的流量，实现了调速。此时，溢流的工作已由节流阀承担，回路中的溢流阀仅起着安全阀的作用。常态时溢流阀关闭，过载时打开，其调定压力为最大工作压力的 1.1 ~ 1.2 倍。当二位四通换向阀右位工作时，活塞向左运动，液压缸左腔的回油经过二位四通换向阀直接流回油箱。此时，节流阀不起作用。

旁路节流调速回路具有以下特点：

1）液压缸的回油路上没有背压，液压执行元件的运动平稳性较差，特别是外负载变化时更突出。

2）当节流阀的阀口调大时，溢流回油箱的流量增大，液压执行元件所能承受的最大负载将减小，因此在低速时承载能力小。

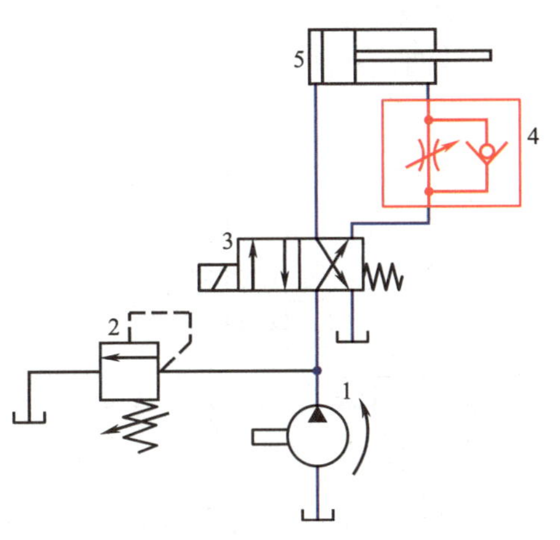

图 6–23　回油节流调速回路

1—定量泵　2—溢流阀　3—二位四通电磁换向阀

4—单向节流阀　5—液压缸

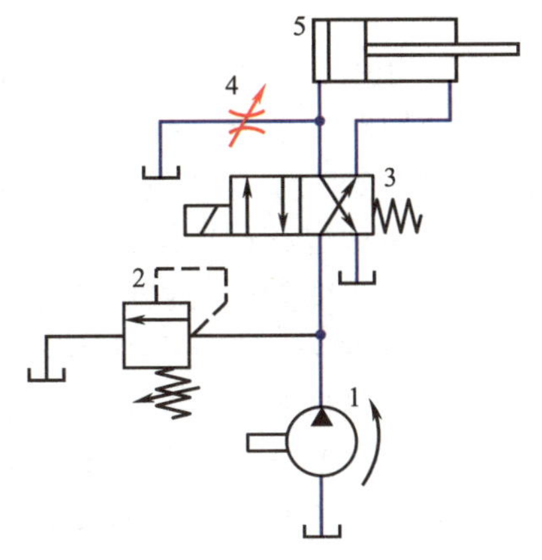

图 6–24　旁路节流调速回路

1—定量泵　2—溢流阀　3—二位四通电磁换向阀

4—节流阀　5—液压缸

3）调速范围比较小。旁路节流调速回路常用在负载变化小，对执行元件的运动平稳性要求不高，功率较大的场合，如牛头刨床、拉床等机床的液压系统中。

（4）采用调速阀的双向节流调速回路

如图 6–25 所示，在液压缸左腔的油路上安装了调速阀。活塞向右运动时由进油路调速，速度由调速阀 6 调定；活塞向左运动时由回油路调速，速度由调速阀 5 调定。

也可以把图 6–25 中的调速阀装在液压缸右腔的油路上，则向右运动为回油路调速，向左运动为进油路调速。

采用调速阀的双向节流调速回路应用于液压缸双向都需要调速的场合。使用调速阀替代节流阀进行调速，可以提高执行元件的速度稳定性。

2. 容积调速回路

用改变变量泵的流量来控制执行元件运动速度的回路称为容积调速回路。其优点是没有节流损失和溢流损失，因而效率较高，发热量小，适用于高速、大功率的液压传动系统，如工程机械、矿山机械及大型机床的液压传动系统中。缺点是变量液压泵结构复杂，成本高。

根据油路的循环方式，容积调速回路分为开式回路和闭式回路。开式回路中，液压泵从油箱吸油，液压执行元件的回油直接流回油箱。这种回路结构简单，油液在油箱中能得到较充分的冷却，但油箱体积大，空气和污物易进入回路。闭

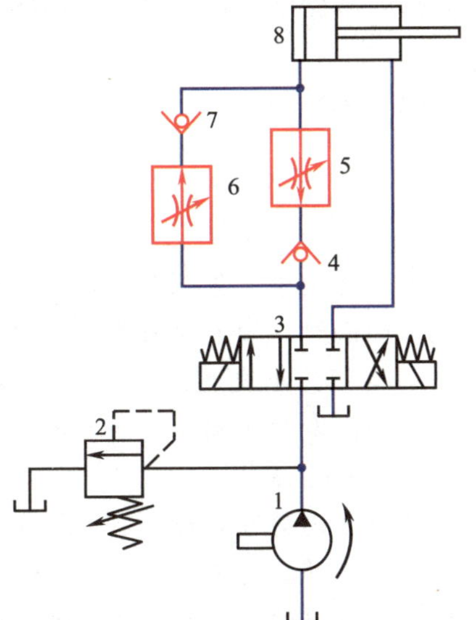

图 6–25　采用调速阀的双向节流调速回路

1—定量泵　2—溢流阀　3—三位四通电磁换向阀

4、7—单向阀　5、6—调速阀　8—液压缸

式回路中，执行元件的回油直接进入油泵的吸油口，结构紧凑，空气和污物不易进入回路，只需很小的补油箱，但油的冷却条件差，需设补油泵进行补油，补油泵的流量一般为主油泵流量的 10% ~ 15%，压力为 0.3 ~ 1.0 MPa。

容积调速回路一般有三种形式：变量泵与定量液压执行元件、定量泵与变量马达、变量泵与变量马达。由于后两种容积调速回路在一般机床上应用较少，这里只介绍变量泵与液压缸组成的容积调速回路。如图 6–26 所示，该回路为开式回路，改变变量泵 1 的排量即可调节活塞的速度，溢流阀 3 为安全阀，限制回路最高压力。溢流阀 6 为背压阀，其作用是使活塞运动平稳。单向阀 2 用于防止停机时油液倒流入液压泵。

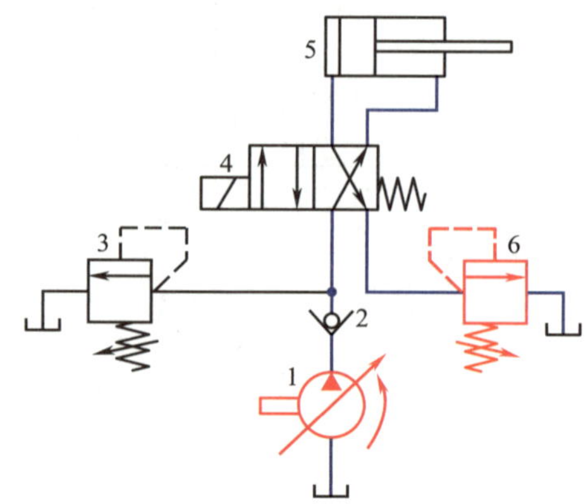

图 6–26　容积调速回路

1—变量泵　2—单向阀　3、6—溢流阀　4—换向阀　5—液压缸

容积调速回路的特点如下：

（1）液压缸的最大速度决定于液压泵的最大流量，最低速度决定于液压泵的最小流量，可以实现无级调速。

（2）当油泵输出压力和背压不变时，液压缸活塞在各种速度下的推力不变。

（3）若不计损失，液压缸的输出功率等于液压泵的输出功率，且液压缸的输出功率随液压泵排量的变化而变化。

（4）由于变量泵存在着泄漏，且随压力的升高而加大，从而引起液压缸的活塞速度下降，致使调速范围不大。

目前，这种回路在升降机、插床、拉床等大功率系统中均有应用。

知识链接

背压与背压阀

在液压传动中，背压是指作用在执行元件（液压缸或液压马达）回油腔的压力，也就是执行元件回油口处油液的压力。在回油路建立背压的液压阀称为背压阀，能做背压阀的有节流阀、调速阀、溢流阀、顺序阀、单向阀等。其中，溢流阀做背压阀最好，能保持背压恒定；而单向阀做背压阀时，因其弹簧刚度太软，故应将单向阀换上较硬的弹簧，使其开启压力达到 0.2 ~ 0.6 MPa。

背压的方向与进油腔液压力相反，消耗了部分功率，但却增加了运动的平稳性，尤其在负载突然变小并减为零时，能对系统起缓冲作用。背压力不宜过大，否则功率损失过大，效率降低；也不宜过小，否则不起作用。

3. 容积节流调速回路

采用变量泵和流量控制阀联合调节执行元件速度的回路称为容积节流调速回路。这种回路在一定程度上克服了容积调速回路低速稳定性较差和节流调速回路效率低的缺点。当系统既要求效率较高，又要求有良好的低速稳定性时，则可采用这种回路。图 6-27 所示为定压式容积节流调速回路。空载时调速阀 2 短接，泵以最大流量进入液压缸使其快进。进入工作进给时，二位二通电磁换向阀 3 通电使压力油经调速阀 2 进入液压缸左腔。当活塞到达右位后（工作结束）后，油液压力上升，压力继电器 6 动作，使二位四通电磁换向阀 5 和二位二通电磁换向阀 3 同时换向。此时，调速阀 2 再次被短接，活塞快退。当回路处于工作进给时，液压缸活塞的运动速度由调速阀的开口大小来控制，变量泵的输出流量和进入液压缸的流量能自相适应。调速阀在这里既保证了流入液压缸的流量保持恒定值，又使液压泵的输出流量保持相应的恒定值，从而使液压缸和油泵的流量相匹配。这种回路多用于机床的进给系统中。

二、快速回路

快速回路又称增速回路，它的功用是使液压执行元件既能在空行程时获得尽可能高的速度，又能使执行元件慢速运动时功率损耗小，提高系统的工作效率。金属切削机床上的工作部件，空行程时一般需用高速，以减少辅助时间。

常用的快速运动回路有差动连接快速回路、双泵供油的快速运动回路和蓄能器供油的快速回路。

1. 差动连接快速回路

如图 6-28 所示为差动连接快速回路，当三位四通电磁换向阀 3 处于右位时，液压缸为差动连接，液压泵的压力油经三位四通电磁换向阀 3 进入液压缸左腔。同时液压缸右腔的回油经三位四通电磁换向阀与液压泵输出的压力油一起进入液压缸左腔，使活塞快速向右运动。当三位四通电磁换向阀处于左位时，活塞向左快速退回。

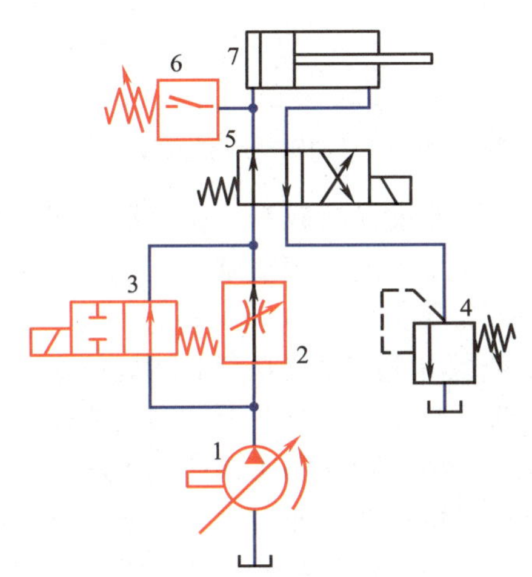

图 6-27　定压式容积节流调速回路

1—变量泵　2—调速阀　3—二位二通电磁换向阀
4—溢流阀　5—二位四通电磁换向阀
6—压力继电器　7—液压缸

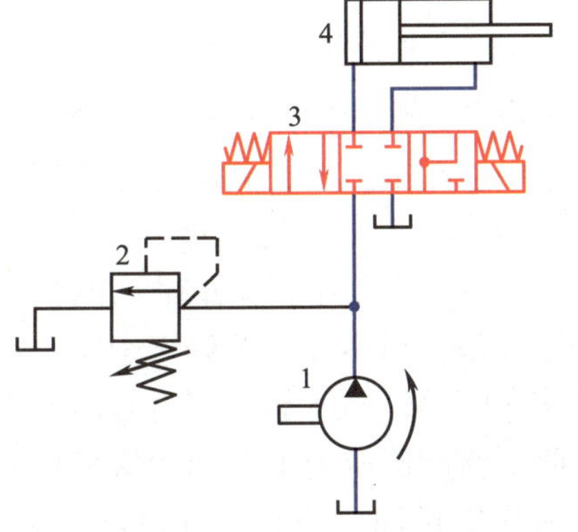

图 6-28　差动连接快速回路

1—定量泵　2—溢流阀
3—三位四通电磁换向阀　4—液压缸

这种差动连接方式是靠增大进入液压缸左腔的流量来增速的。但油泵的输出流量并没有增大，只是使液压缸右腔的回油流进了液压缸左腔。

由于差动连接快速运动回路结构简单，所以其应用较普遍，但是增速的幅度并不大。主要用于组合机床动力滑台液压回路、液压机差动增速回路等。由于该回路通过换向的最大流量为液压泵的输出流量和液压缸右腔回油之和，故换向阀的规格应与之相适应。

2. 双泵供油的快速运动回路

双泵供油的快速运动回路是利用低压大流量泵和高压小流量泵并联为系统供油，如图 6–29 所示。低压大流量泵 2 用于实现快速运动，高压小流量泵 1 用于实现工作进给运动。在快速运动时，低压大流量泵 2 输出的油经单向阀 4 和高压小流量泵 1 输出的油共同向系统供油。在工作进给时，系统压力升高，打开液控顺序阀（卸荷阀）3 使低压大流量泵 2 卸荷，此时单向阀 4 关闭，由高压小流量泵 1 单独向系统供油。溢流阀 5 控制高压小流量泵 1 的供油压力，其大小是根据系统所需最大工作压力来调节的。而液控顺序阀 3 使低压大流量泵 2 在快速运动时供油，在工作进给时则卸荷，因此它的调整压力应比快速运动时系统所需的压力要高，但比溢流阀 5 的调整压力低。

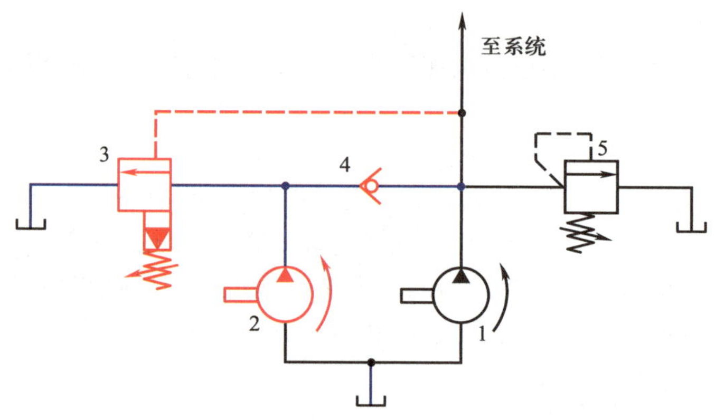

图 6–29　双泵供油回路

1—高压小流量泵　2—低压大流量泵　3—液控顺序阀　4—单向阀　5—溢流阀

双泵供油的快速回路功率利用合理、效率高，并且速度换接较平稳，在快、慢速相差较大的机床中应用很广泛，其缺点是要用一个双联泵，油路系统也稍复杂。

3. 蓄能器供油的快速回路

如图 6–30 所示为蓄能器供油的快速回路，蓄能器 4 与液控顺序阀（卸荷阀）2 连接。其工作原理是：当换向阀 5 处于中位时，液压缸不动，液压泵通过单向阀向蓄能器充油，使蓄能器储存能量；当蓄能器压力升高到它的调定值时，液控顺序阀（卸荷阀）阀 2 打开，液压泵卸荷，蓄能器压力由单向阀保持住；当换向阀 5 切换成左位或右位时，液压泵和蓄能器同时向液压缸供油，使它快速运动。该回路中，液控顺序阀的调整压力要高于系统工作压力，以便保证液压泵流量在工作行程期间能全部进入系统。

蓄能器供油的快速回路适用于短时内需要大流量，并可用小流量的液压泵使液压缸获得较大的运动速度。但在其整个工作循环内液压缸必须有足够长的停歇时间，以使液压泵能对蓄能器充分地进行充油。

三、速度换接回路

速度换接是指液压执行元件在一个工作循环中从一种速度变换到另一种速度。实现这种转换的回路应具有较高的速度换接平稳性。常用的速度换接回路有采用行程阀的速度换接回路、液压缸差动连接速度换接回路、短接流量阀速度换接回路、串联调速阀速度换接回路和并联调速阀速度换接回路等。

1. 采用行程阀的速度换接回路

如图 6–31 所示为采用行程阀（即机动换向阀）的速度换接回路，在图示状态下，定量泵 1 输出的压力油经二位四通手动换向阀 3 进入液压缸左腔，使活塞右行。液压缸的回油经行程阀 6 流回油箱，当活塞杆上的挡块压下行程阀 6 的开关时，液压缸的回油必须经过单向节流阀 4 的节流阀后才能流经二位四通手动换向阀 3 流回油箱。这样，活塞就由快进转换成慢进。当二位四通手动换向阀 3 左位工作时，压力油经换向阀 3、单向节流阀 4 的单向阀进入液压缸右腔，活塞快速返回。

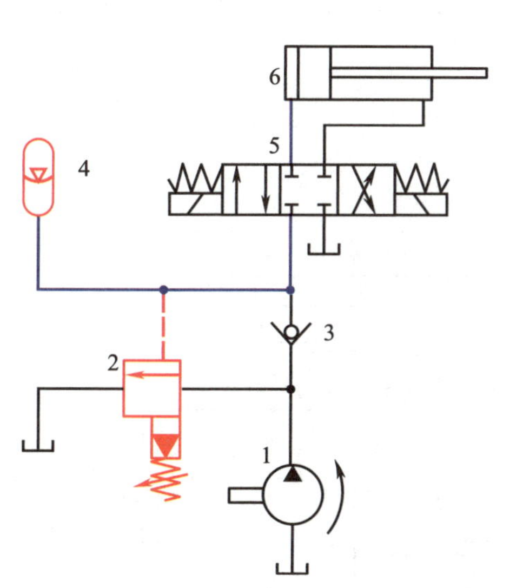

图 6–30　蓄能器供油的快速回路

1—定量泵　2—液控顺序阀　3—单向阀　4—蓄能器　5—三位四通电磁换向阀　6—液压缸

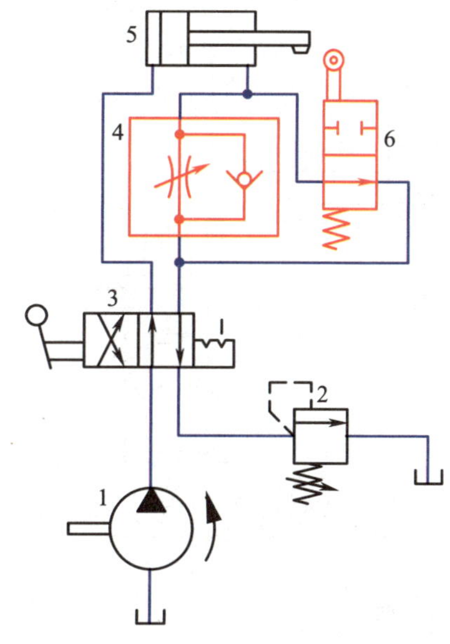

图 6–31　采用行程阀的速度换接回路

1—定量泵　2—溢流阀　3—二位四通手动换向阀　4—单向节流阀　5—液压缸　6—行程阀

这种采用行程阀的速度换接回路的换接较平稳，换接点的位置较准确，可实现“快进→慢进→快退→停止”的工作循环。缺点是行程阀的安装位置不能随意，管路连接较为复杂。

2. 液压缸差动连接速度换接回路

如图 6–32 所示为利用二位三通电磁换向阀实现液压缸差动连接获得的速度换接回路。该回路的液压缸活塞杆有快进、工进和快退三个运动。在该回路中使用了由调速阀和单向阀并联组合而成的单向调速阀，以调节活塞杆工进的速度。

（1）快进

当电磁铁 CB1 通电，CB2、CB3 断电时，二位三通电磁换向阀 5 连接液压缸左、右腔，并同时接通压力油，使液压缸形成差动连接而做快速运动。

（2）工进

当 CB3 通电（CB1 仍通电）时，差动连接被断开，液压缸 6 的回油经过二位三通电磁换向阀 5、单向调速阀 4 的调速阀、三位四通电磁换向阀 3 流回油箱，从而实现工进。

（3）快退

当 CB2、CB3 通电，CB1 断电时，压力油经三位四通电磁换向阀 3、单向调速阀 4 的单向阀、二位三通电磁换向阀 5 进入液压缸 6 的右腔。左腔的油液经过三位四通电磁换向阀 3 流回油箱，从而实现快退。

这种连接方式可以在不增加液压泵流量的情况下提高液压缸的运动速度。但是要注意，在快进时，泵的流量和有杆腔排出的流量汇合在一起进入无杆腔。因此，应按差动时的流量选择相关阀和管子的规格，否则会使液体流动的阻力过大。

3. 短接流量阀速度换接回路

如图 6–33 所示为采用短接流量阀获得快、慢速运动回路，该回路可以获得向左快进、慢进，向右快进、慢进四种运动。

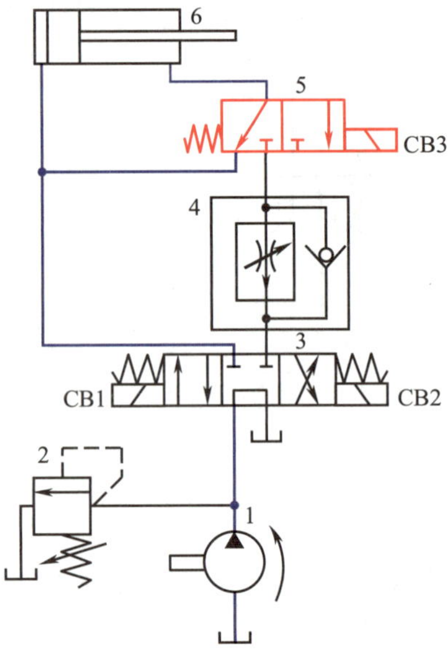

图 6–32　液压缸差动连接速度换接回路

1—定量泵　2—溢流阀　3—三位四通电磁换向阀

4—单向调速阀　5—二位三通电磁换向阀

6—液压缸

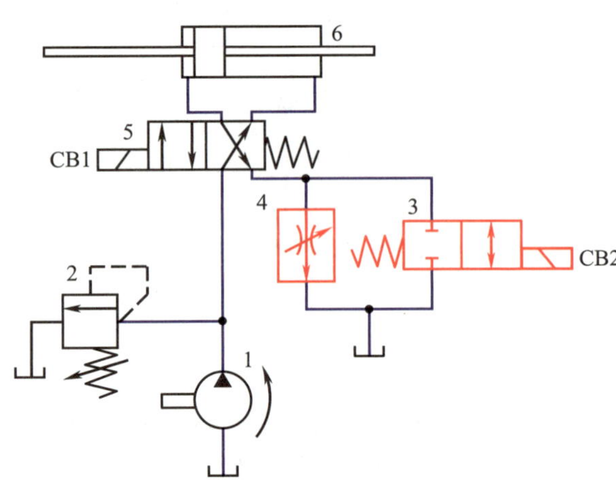

图 6–33　短接流量阀速度换接回路

1—定量泵　2—溢流阀　3—二位二通电磁换向阀

4—调速阀　5—二位四通电磁换向阀

6—液压缸

（1）活塞杆向右运动

当 CB1 通电时，二位四通电磁换向阀 5 左位接入系统，压力油通过换向阀 5 进入液压缸 6 的左腔，活塞杆向右运动。如果 CB2 断电，则液压缸 6 右腔的油液通过调速阀 4 流回油箱，活塞杆慢速向右运动，通过调速阀实现减速的目的。如果 CB2 通电，则调速阀 4 被短接，油液通过二位二通电磁换向阀 3 流回油箱，实现活塞杆向右的快速运动。通过控制电磁铁 CB2 的通断电即可实现速度的换接。

（2）活塞杆向左运动

当 CB1 断电时，二位四通电磁换向阀 5 右位接入系统，压力油进入液压缸 6 的右腔，活塞杆向左运动。通过二位二通电磁换向阀 3 同样可以实现活塞杆的快、慢速运动的换接。

该系统结构简单，应用广泛。二位二通电磁换向阀和二位四通电磁换向阀的相互配合，可以实现“快速进给→工作进给→工作退回→快速退回”的工作循环。

4. 串联调速阀速度换接回路

采用串联调速阀获得的速度换接回路如图 6–34 所示，该回路中串接了两个调速阀，以实现速度换接。

当二位二通电磁换向阀 5 左位工作时，定量泵输出的压力油流经调速阀 3，通过二位二通电磁换向阀 5 进入液压系统，液压缸的工作速度由调速阀 3 调节；当二位二通电磁换向阀 5 右位工作时（电磁铁通电），定量泵输出的压力油通过调速阀 3 后，还须再经调速阀 4 进入液压系统，液压缸的工作速度由调速阀 4 调节。调速阀 4 调节的工作进给速度只能比调速阀 3 调节的工作进给速度低。这种速度换接回路主要用于液压缸的低速进给。

5. 并联调速阀速度换接回路

并联调速阀速度换接回路如图 6–35 所示，两种工作进给速度分别由调速阀 3 和调速阀 4 调节。速度转换由二位三通电磁换向阀 5 控制。两种进给速度可分别调节，但回路换接时会出现液压冲击现象，适用场合受到限制。

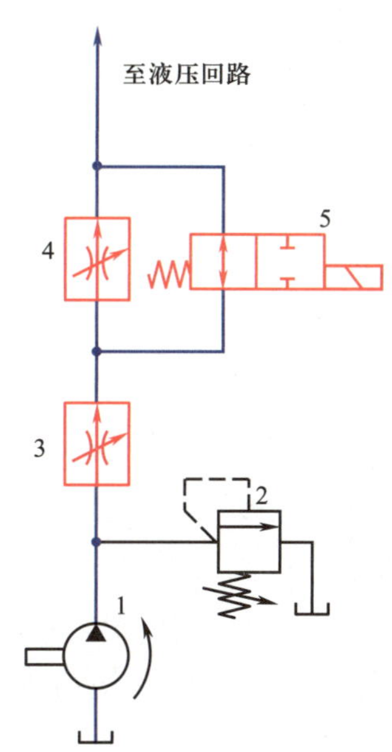

图 6–34　串联调速阀速度换接回路

1—定量泵　2—溢流阀　3、4—调速阀

5—二位二通电磁换向阀

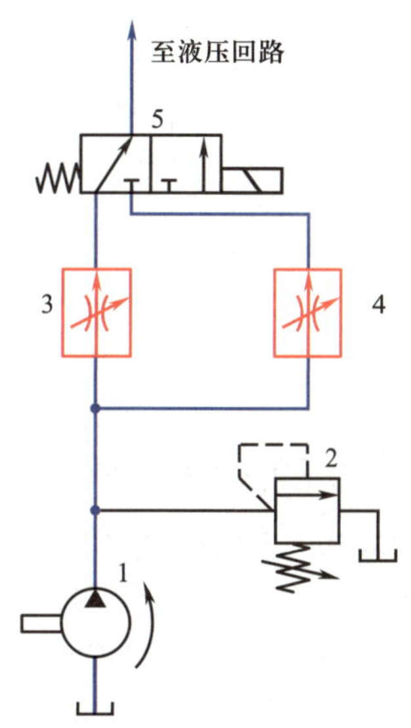

图 6–35　并联调速阀速度换接回路

1—定量泵　2—溢流阀　3、4—调速阀

5—二位三通电磁换向阀

§6-4 多缸控制回路

在液压传动系统中，一个液压源往往要驱动多个液压缸，这些液压缸会因压力和流量的相互影响而在动作上相互干涉。因此，必须用一些特殊的回路去实现预定的动作，使它们有序地工作。

一、顺序动作回路

顺序动作回路的作用是使系统中各缸按预定的顺序动作，互不干扰。按控制方法不同，可分为行程控制和压力控制两类。

1. 行程控制的顺序动作回路

（1）用行程阀控制的顺序动作回路

如图 6–36 所示为用行程阀控制的顺序动作回路，在图示状态，液压缸 5 和液压缸 6 的活塞均在左位。

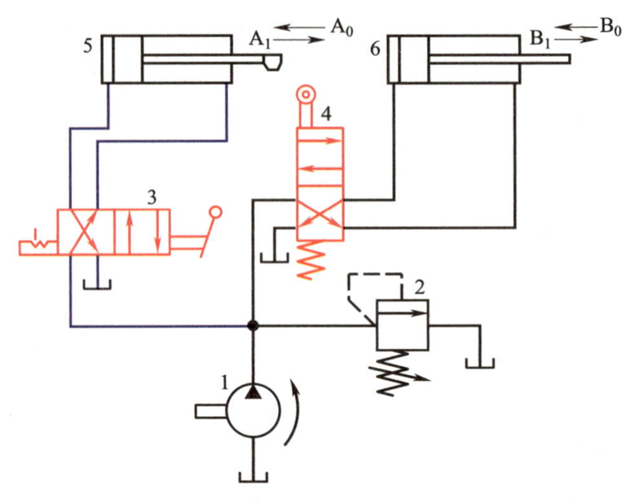

图 6–36 用行程阀控制的顺序动作回路

1—定量泵 2—溢流阀 3—二位四通手动换向阀 4—二位四通行程阀 5、6—液压缸

1）液压缸 5 的活塞杆伸出（动作 A_1）。使二位四通手动换向阀 3 右位工作，定量泵 1 输出的压力油一路经二位四通手动换向阀 3 进入液压缸 5 的左腔，使活塞向右运动，实现动作 A_1，另一路压力油经二位四通行程阀 4 进入液压缸 6 的右腔，使活塞停在左位不动。

2）液压缸 6 的活塞杆伸出（动作 B_1）。当连在液压缸 5 活塞杆上的挡块压下二位四通行程阀 4 时，定量泵 1 输出的压力油经二位四通行程阀 4 进入液压缸 6 的左腔，活塞右行，实现动作 B_1。

3）液压缸 5 的活塞杆缩回（动作 A_0）。使二位四通手动换向阀 3 左位工作，压力油经二位四通手动换向阀 3 进入液压缸 5 的右腔，推动活塞向左运动，实现动作 A_0。

4）液压缸 6 的活塞杆缩回（动作 B_0）。随着挡块的左移，二位四通行程阀 4 复位，压力油经二位四通行程阀 4 进入液压缸 6 的右腔，推动活塞左移，实现动作 B_0。至此，完成了整个顺序动作。

（2）用行程开关控制的顺序动作回路

如图 6–37 所示为用行程开关控制的顺序动作回路，在图示状态，液压缸 6 和液压缸 7 的活塞均在左位。

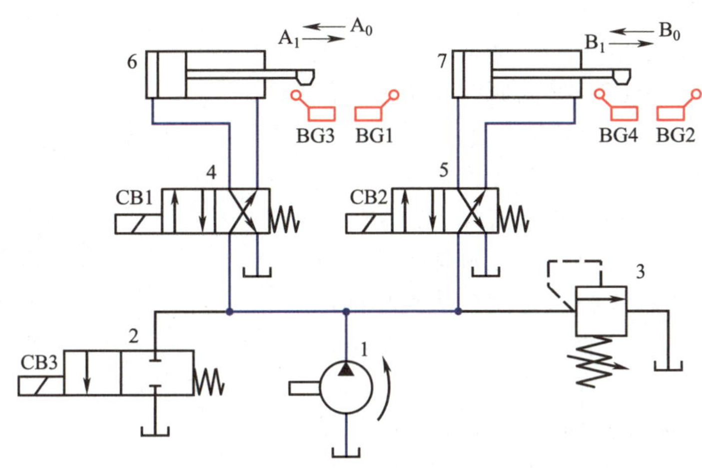

图 6–37　用行程开关控制的顺序动作回路

1—定量泵　2—二位二通电磁换向阀　3—溢流阀

4、5—二位四通电磁换向阀　6、7—液压缸

1）液压缸 6 的活塞杆伸出（动作 A_1）。当二位四通电磁换向阀 4 的 CB1 通电时，定量泵 1 输出的压力油流进液压缸 6 的左腔，推动活塞右行，完成动作 A_1。

2）液压缸 7 的活塞杆伸出（动作 B_1）。当液压缸 6 的活塞继续右行时，触动行程开关 BG1，使二位四通电磁换向阀 5 的 CB2 通电，定量泵 1 输出的压力油流入液压缸 7 的左腔，推动其活塞右行，实现动作 B_1。

3）液压缸 6 的活塞杆缩回（动作 A_0）。当液压缸 7 的活塞继续右行时，活塞杆上的挡块触动行程开关 BG2，使二位四通电磁换向阀 4 的 CB1 断电，于是定量泵 1 输出的压力油流入液压缸 6 的右腔，推动其活塞左行，实现动作 A_0。

4）液压缸 7 的活塞杆缩回（动作 B_0）。当液压缸 6 的活塞继续左行时，与其活塞杆上的挡块触动行程开关 BG3，使二位四通电磁换向阀 5 的 CB2 断电，压力油流入液压缸 7 的右腔，推动其活塞左行，实现动作 B_0。

最后，液压缸 7 活塞杆上的挡块触动行程开关 BG4，使 CB3 通电，二位二通电磁换向阀 2 右位工作，使泵卸荷，液压缸停止动作。至此，完成一个工作循环。

这两种行程控制的顺序动作回路换接位置准确，动作可靠，换接平稳，常用在对位置精度要求较高的场合。用行程阀控制时，行程阀必须布置在液压缸附近，且改变动作顺序较困难。而用行程开关控制的回路只需改变电气线路就可改变顺序，故应用广泛。

2. 压力控制的顺序动作回路

（1）采用两个单向顺序阀的压力控制顺序动作回路

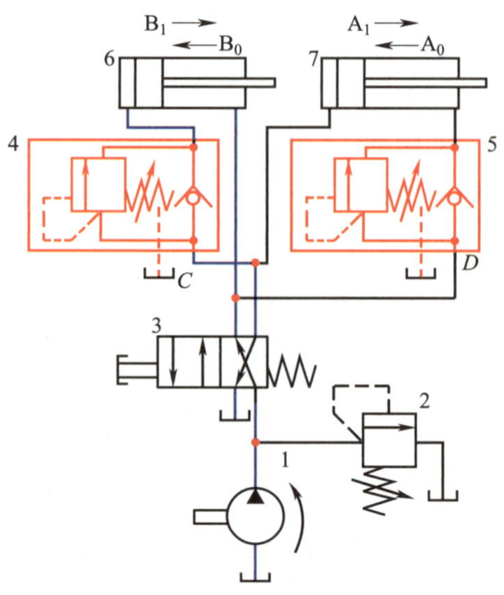

图 6–38　采用两个单向顺序阀的压力控制顺序动作回路

1—定量泵　2—溢流阀　3—二位四通手动换向阀　4、5—单向顺序阀　6、7—液压缸

图 6–38 所示为采用两个单向顺序阀的压力控制顺序动作回路。在该回路中，单向顺序阀 4、5 为由单向阀与顺序阀通过并联构成的组合阀，该回路可以实现液压缸 6 和液压缸 7 按照“A_1—B_1—B_0—A_0”的顺序动作。

1）液压缸 7 的活塞杆伸出（动作 A_1）。按下二位四通手动换向阀 3 的手柄，使换向阀 3 左位工作，压力油通过二位四通换向阀 3 到达液压缸 7 的左腔和单向顺序阀 4 的 *C* 端。压力油推动液压缸 7 的活塞杆伸出，实现动作 A_1。液压缸 7 右腔的回油经过单向顺序阀 5 的单向阀、二位四通手动换向阀 3 流回油箱。由于液压缸 7 的活塞杆在运动时，液压传动系统的压力没有达到单向顺序阀 4 的开启压力，压力油无法进入液压缸 6 的左腔。

2）液压缸 6 的活塞杆伸出（动作 B_1）。当液压缸 7 的活塞杆伸出动作完成后，系统压力升高，打开单向顺序阀 4 中的顺序阀，压力油进入液压缸 6 的左腔，推动活塞杆向右运动，实现动作 B_1。液压缸 6 右腔的回油通过二位四通换向阀 3 流回油箱。

3）液压缸 6 的活塞杆缩回（动作 B_0）。松开二位四通手动换向阀 3 的手柄，使换向阀 3 右位工作，压力油进入液压缸 6 的右腔和单向顺序阀 5 的 *D* 端，液压缸 6 的活塞杆缩回，实现动作 B_0。液压缸 6 左腔的回油经过单向顺序阀 4 的单向阀、二位四通手动换向阀 3 流回油箱。因单向顺序阀 5 的作用，此时的压力油无法进入液压缸 7 的右腔。

4）液压缸 7 的活塞杆缩回（动作 A_0）。液压缸 6 的活塞杆向左运动到达终点后，系统压力升高，打开单向顺序阀 5 中的顺序阀，压力油进入液压缸 7 的右腔，活塞杆缩回，实现动作 A_0，液压缸 7 左腔的回油通过二位四通手动换向阀 3 流回油箱。至此完成一个工作循环。

这种顺序动作回路的可靠性在很大程度上取决于顺序阀的性能及其压力调整值。顺序阀的调整压力应比前一动作的液压缸的工作压力高 0.8 ~ 1 MPa，以免在系统压力波动时发生误动作。

（2）采用压力继电器控制的顺序动作回路

如图 6–39 所示为采用压力继电器控制的顺序动作回路，在图示状态，液压缸 7 和液压缸 8 的活塞均在左位。

1）液压缸 7 的活塞杆伸出（动作 A_1）。电磁铁 CB1 通电，三位四通电磁换向阀 3 的左位接入回路，液压缸 7 的活塞向右运动，实现动作 A_1。

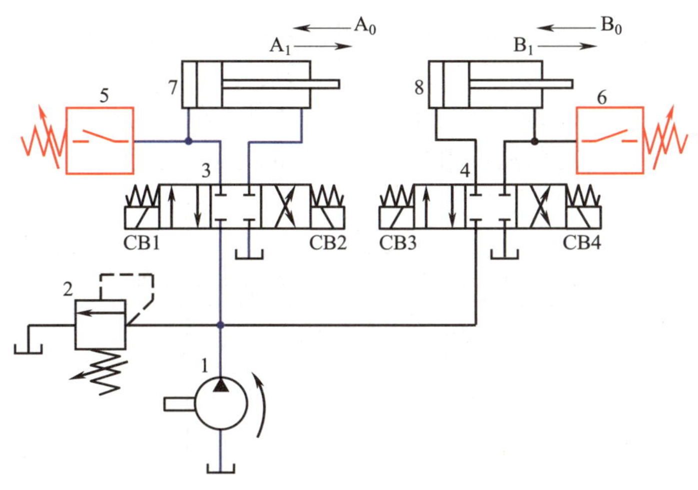

图 6-39　采用压力继电器控制的顺序动作回路

1—定量泵　2—溢流阀　3、4—三位四通电磁换向阀　5、6—压力继电器　7、8—液压缸

2）液压缸 8 的活塞杆伸出（动作 B_1）。当液压缸 7 的活塞前进到右端后，回路压力升高，压力继电器 5 动作，使电磁铁 CB3 通电，三位四通电磁换向阀 4 的左位接入回路，液压缸 8 的活塞向右运动，实现动作 B_1。

3）液压缸 8 的活塞杆缩回（动作 B_0）。按返回按钮，让 CB1、CB3 同时断电，且 CB4 通电，三位四通电磁换向阀 4 右位接入回路，液压缸 8 的活塞向左运动，实现动作 B_0。

4）液压缸 7 的活塞杆缩回（动作 A_0）。当液压缸 8 的活塞退回原位后，回路压力升高，压力继电器 6 动作，使 CB2 通电，三位四通电磁换向阀 3 右位接入回路，液压缸 7 的活塞后退至起点。至此，完成一个工作循环。

为了确保动作顺序的可靠性，压力继电器的调定压力应比前一动作液压缸所需最大工作压力高出 0.5 MPa 以上，否则在管路中的压力冲击或波动下会造成误动作。

二、同步回路

同步回路的功用是保证液压传动系统中的两个或多个液压缸在运动中的位置相同或以相同的速度运动。在多缸系统中，影响同步精度的因素很多。例如，液压缸的负载、泄漏、摩擦阻力，构件的弹性变形，以及油液中的含气量等，都会影响同步精度。同步回路的作用就是力求克服这些不良因素。多缸的同步回路分为位置同步回路、速度同步回路和多执行元件互不干扰回路。

1. 位置同步回路

位置同步回路是指系统中的各执行元件在运动中或停止时都保持相同的位移量。

（1）带补偿装置的串联液压缸位置同步回路

如图 6-40 所示为一种带补偿装置的串联液压缸位置同步回路，图中液压缸 6 和液压缸 7 的有效工作面积是相等的。从理论上讲，两个有效工作面积相等的液压缸，当流入两缸的流量相同时，就能产生同步运动。但由于泄漏的影响，会产生同步误差。回路中设置补偿装置，就是为了消除这种误差。其补偿原理为：当两缸活塞同时向右运动时，若液压缸 6 的活塞先到达终点，则挡块压下行程开关 BG1，使电磁铁 CB3 通电，O 型三位四通电磁换向阀

4 左位工作，压力油经换向阀 4 和液控单向阀 5 进入液压缸 7 的左腔，进行补油，使其活塞到达终点。反之，若液压缸 7 的活塞先到达终点，则挡块压下行程开关 BG2，使电磁铁 CB4 通电，换向阀 4 右位工作，压力油流经换向阀 4 进入液控单向阀 5 的控制腔，使液控单向阀反向导通，使液压缸 6 的右腔与油箱相通，其活塞很快运动到终点。

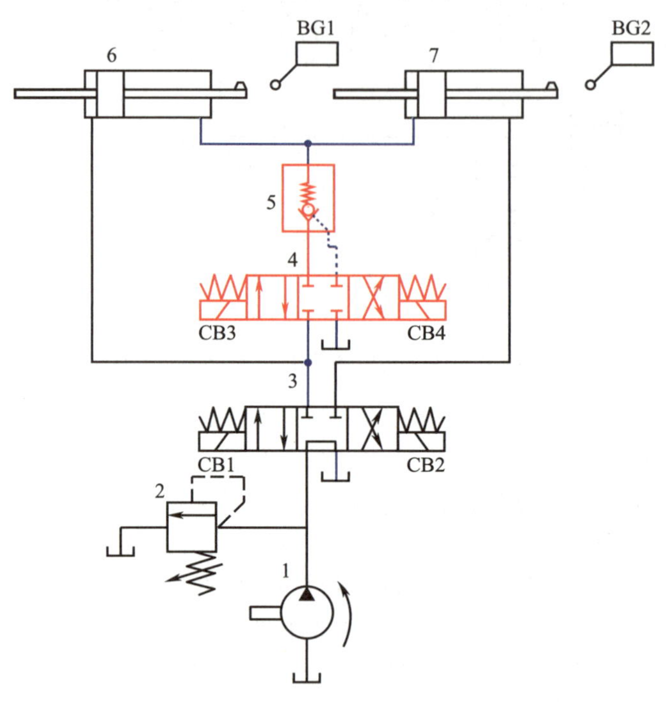

图 6–40　带补偿装置的串联液压缸位置同步回路

1—定量泵　2—溢流阀　3—M 型三位四通电磁换向阀　4—O 型三位四通电磁换向阀
5—液控单向阀　6、7—液压缸

这种回路结构简单、效率高，但只适用于小负载、同步精度要求不高的液压传动系统。

（2）采用比例调速阀的同步回路

如图 6–41 所示为采用比例调速阀的同步回路，回路使用了两个桥式整理油路。桥式整理油路由一个调速阀和四个单向阀组成，左侧的桥式整流油路 4 采用的是普通调速阀，右侧的桥式整理油路 5 采用的是比例调速阀。两个桥式整理油路分别控制液压缸 6 和液压缸 7 的运动。该回路在调试时，通过调整比例调速阀和普通调速阀使两液压缸达到基本同步，然后通过微调比例调速阀使其完全同步。当两液压缸的运动出现位置误差时，检测装置发出信号，调整比例调速阀的开口，修正误差，保证同步。它能达到 0.5 mm 的同步精度，可满足大多数工作机构要求的同步精度。

比例调速阀对环境适应性强，性能稳定。这种采用比例调速阀的同步回路适用于同步精度要求高的液压传动系统。

2. 速度同步回路

速度同步回路是指系统中各执行元件的速度均相等。如图 6–42 所示为采用单向调速阀的速度同步回路，它是将单向调速阀 4、5 分别串接在液压缸 6、7 的回油路上（也可安装在

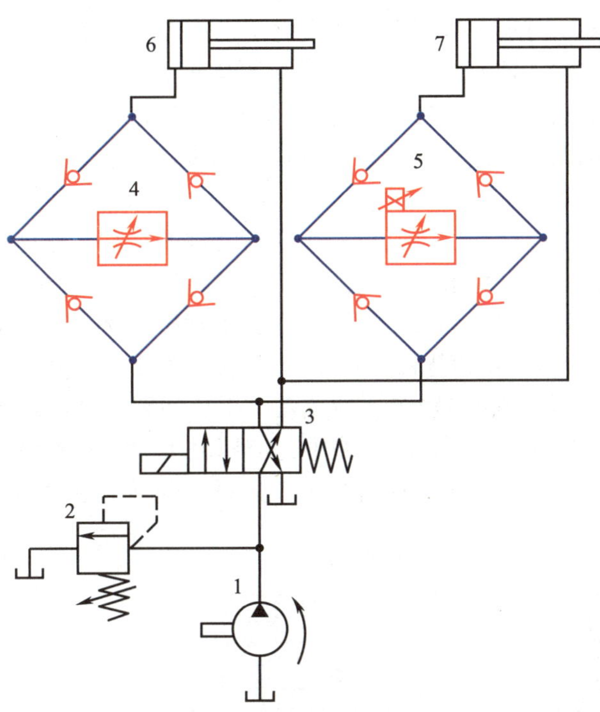

图 6–41　采用比例调速阀的同步回路

1—定量泵　2—溢流阀　3—二位四通电磁换向阀　4—采用普通调速阀的整流油路
5—采用比例调速阀的整流油路　6、7—液压缸

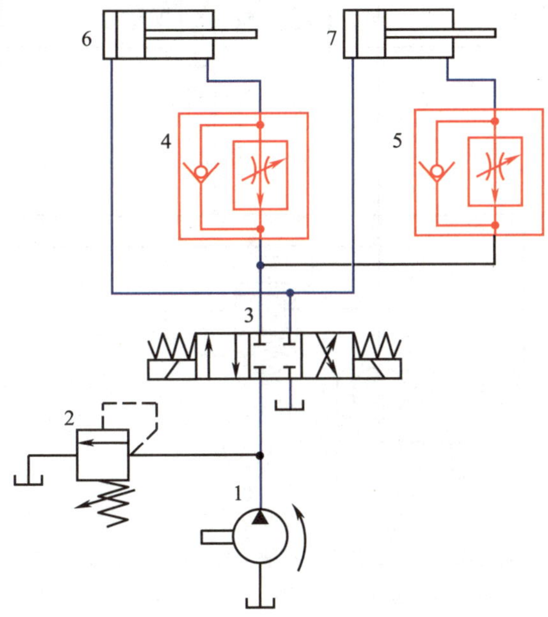

图 6–42　采用单向调速阀的速度同步回路

1—定量泵　2—溢流阀　3—三位四通电磁换向阀　4、5—单向调速阀　6、7—液压缸

进油路上），两个调速阀分别调节两液压缸活塞的运动速度。由于调速阀具有当外负载变化时仍然能够保持流量稳定这一特点，所以只要仔细调整两个调速阀开口的大小，就能使两个液压缸保持同步。这种回路结构简单，并且同步运动的速度可以调节。缺点是调整比较麻烦，且由于受到油温变化以及调速性能差异的影响，同步精度较低。

3. 多执行元件互不干扰回路

在多缸液压传动系统中，往往由于其中一个执行元件的启动、停止或快、慢速转换即可造成系统压力变化，从而影响其他液压执行元件工作的稳定性。因此，在液压执行元件工作要求稳定的多缸液压传动系统中，必须采用防止互相干扰的回路。系统中几个执行元件在完成各自工作循环时彼此互不影响的回路称为多执行元件互不干扰回路。

如图 6–43 所示为双泵供油的多缸快、慢速互不干扰回路。液压缸 13 和 14 各自要完成“快进→工进→快退”的自动工作循环。回路中，液压缸 13 和 14 的快速进、退均由大流量低压液压泵 2 供油。当其中任意一个液压缸进入工进时，则马上改由小流量高压液压泵 1 供油，彼此互不影响。

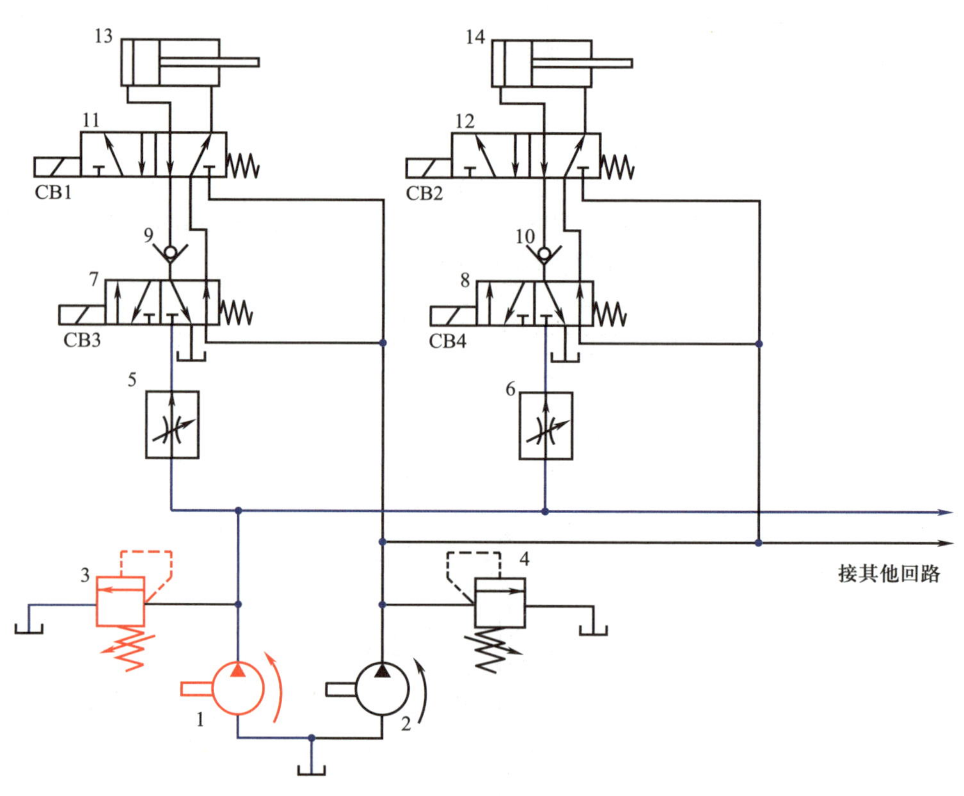

图 6–43　双泵供油的多缸快、慢速互不干扰回路

1—小流量高压液压泵　2—大流量低压液压泵　3、4—溢流阀　5、6—调速阀

7、8、11、12—二位五通电磁换向阀　9、10—单向阀　13、14—液压缸

在图 6–43 所示状态，各缸原位停止。当电磁铁 CB1 和 CB2 通电时，二位五通电磁换向阀 7、8 左位工作，两缸均由大流量低压液压泵 2 供油作差动快进（向右）。小流量高压液压泵 1 输出的压力油在二位五通电磁换向阀 7、8 处被截止，只能通过溢流阀 3 流回油箱。如

果液压缸 13 先完成快进，由行程开关（图中未画出）使电磁铁 CB3 通电、CB1 断电。则大流量低压液压泵 2 流入液压缸 13 的油路被切断，改由小流量高压液压泵 1 供油，高压液压油经调速阀 3 获慢速工进。由于此时的液压缸 13 与液压缸 14 的供油分别由小流量高压液压泵 1 和大流量低压液压泵 2 供油，彼此油路不相通，所以彼此不会互相影响和干扰。

当两液压缸都转为工进后，均由小流量泵 1 供油。若液压缸 13 先完成工进动作，通过挡块和行程开关使电磁铁 CB1 和 CB3 都通电，液压缸 13 改由大流量低压液压泵 2 供油，使活塞快速向左返回。这时，液压缸 14 仍由小流量高压液压泵 1 供油继续完成工进，不受液压缸 13 的影响。

在液压缸 14 完成工进后，通过挡块和行程开关使电磁铁 CB2 和 CB4 都通电，液压缸 14 改由大流量低压液压泵 2 供油，使活塞快速向左返回。

当所有电磁铁都断电时，两缸都停止运动。这样使两缸均完成了“快进→工进→快退”的自动工作循环。双泵供油是保证互不干扰的有效措施。

防干扰回路多用于同一回路中有多缸工作，但不要求互锁的系统中。

第七章　典型液压传动系统

液压传动系统是根据机械设备的工作要求，选用一些适当的基本回路组合而成的，通常用液压传动系统图来表达。在液压传动系统图中，各个液压元件及它们之间的联系与控制方式，均按标准图形符号绘制。要了解一台机械设备液压传动系统的性能、特点，并正确使用，首先必须读懂其液压传动系统图。阅读液压传动系统图常按以下步骤进行：

1. 了解机械设备的用途、使用场合，以及其对液压传动系统提出的要求，如工作循环中各工步对力、速度和方向这三个参数的要求。

2. 初读整个系统图，以执行元件为中心，将系统划分为若干个子系统。了解子系统中包含哪些液压元件，以及这些元件间的联系，找出主油路和控制油路。

3. 用抓两头、串中间的方法，读懂每个子系统。所谓抓两头，就是找到子系统的执行元件和液压源；串中间，就是通过分析进油路和回油路找到各控制元件，并参照电磁铁动作表，厘清其液流的路线。

4. 读懂整个系统图。根据系统对各执行元件间的动作关系（如互锁、同步、防干扰等），分析各子系统间的联系并研究实现这些要求的方法。

5. 在读懂液压传动系统图的基础上，进而总结出整个系统的特点，加深对系统的理解。

液压传动的应用涉及面较广，在机械制造、轻工、工程机械、航空船舶、机床等领域均有应用。本章将介绍几个典型的液压传动系统。

§7-1　动力滑台液压传动系统

一、概述

组合机床是一种工序集中的高效专用金属切削机床，它由通用部件和部分专用部件组成，图 7-1 所示为某种比较典型的组合机床。液压动力滑台则是实现进给运动的一种通用部件，液压动力滑台配以不同的动力头、主轴箱和刀具，可完成各类孔的钻、镗、铰加工和端面铣削加工等工序。油液动力滑台由安装在滑座上的液压缸的缸筒驱动（活塞杆固定），它对液压传动系统性能的主要要求是速度换接平稳、进给速度稳定、功率利用合理、效率高、发热少。

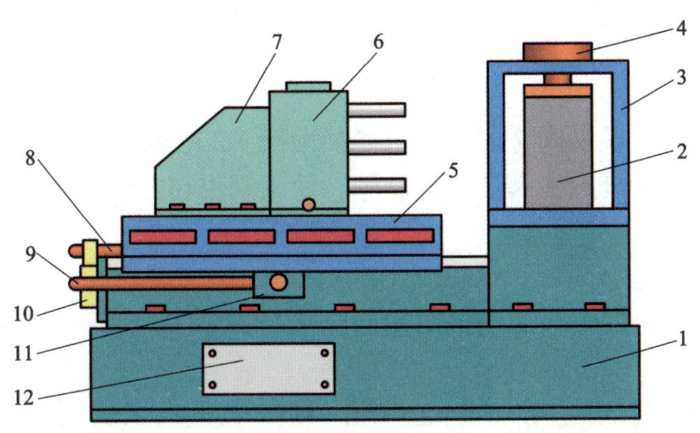

图 7-1 组合机床

1—床身 2—被加工工件 3—夹具 4、10—液压缸 5—液压动力滑台 6—主轴箱 7—动力箱 8—回油管 9—进油管 11—调速阀 12—电气箱

下面以 YT4543 型液压动力滑台为例分析其液压传动系统的工作原理及特点。该动力滑台要求进给速度为 6.6 ~ 600 mm/min，最大进给力为 4.5×10^4 N。图 7-2 所示为 YT4543 型液压动力滑台液压传动系统图，该系统采用限压式变量泵供油，电液换向阀换向。快进由液压缸差动连接来实现。该系统包含了换向回路、速度换接回路、二次进给回路、容积节流调速回路和卸荷回路等基本回路。可实现快进、慢速工作进给和快退的运动要求。

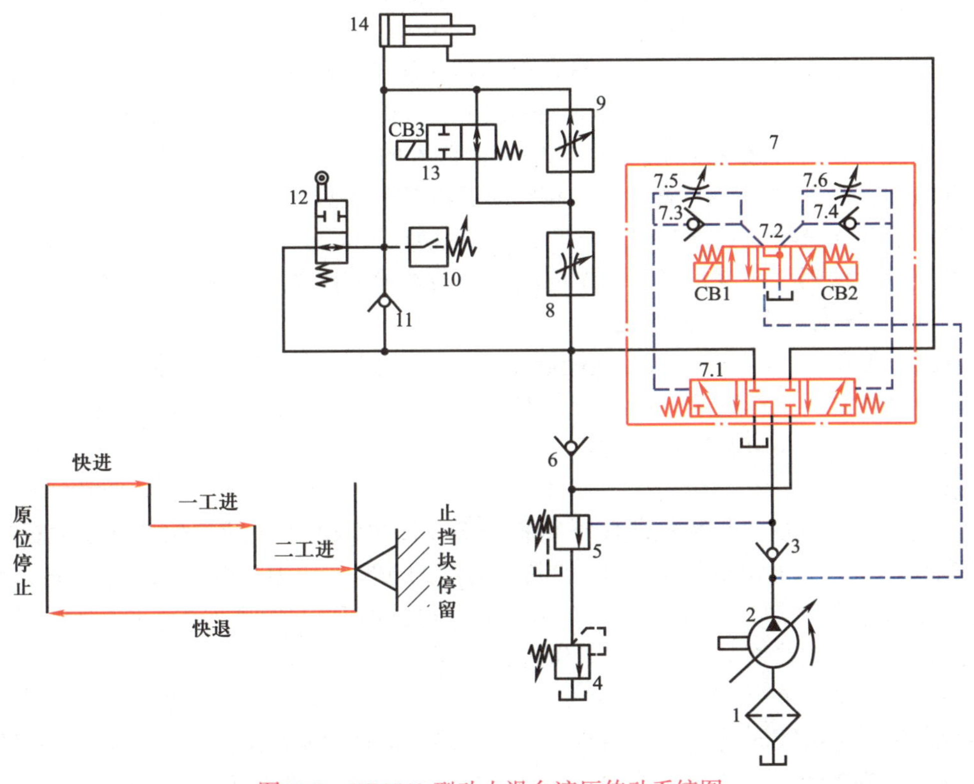

图 7-2 YT4543 型动力滑台液压传动系统图

1—过滤器 2—变量泵 3、6、11—单向阀 4—溢流阀（背压阀） 5—液控顺序阀 7—电液换向阀 8、9—调速阀 10—压力继电器 12—行程阀 13—二位二通电磁换向阀 14—液压缸

二、YT4543 型动力滑台液压传动系统的工作过程

1. 快进

按下启动按钮，电液换向阀 7 的先导电磁换向阀 7.2 的电磁铁 CB1 通电，阀芯右移，先导阀左位工作，控制油液进入主阀左侧控制腔，使主阀也在左位接入系统，这时的控制油路和主油路如下。

（1）控制油路

进油路：过滤器 1 →变量泵 2 →电磁换向阀 7.2 左位→单向阀 7.3 →液控换向阀主阀 7.1 左腔。

回油路：液控换向阀 7.1 右腔→节流阀 7.6 →电磁换向阀 7.2 左位→油箱。

（2）主油路

进油路：过滤器 1 →变量泵 2 →单向阀 3 →液控换向阀 7.1 左位→行程阀 12 →液压缸 14 左腔。

回油路：液压缸 14 右腔→液控换向阀 7.1 左位→单向阀 6 →行程阀 12 →液压缸 14 左腔。

滑台快进时不进行切削加工，负载小，系统的压力低，故液控顺序阀 4 关闭，液压缸形成差动连接，而限压变量泵 2 在低压下输出最大流量，滑台向左快速前进。单向阀 3 用于保护液压泵免受液压冲击，同时用于保证系统卸荷时电液换向阀 7 的先导控制油路保持一定的控制力（开启单向阀 3 所需要的压力），以确保换向动作的实现。

2. 第一次工作进给（一工进）

当滑台快速运动到一定位置时，滑台上的挡块压下行程阀 12 的阀芯，切断该通道，压力油必须经调速阀 8 和二位二通电磁换向阀 13 进入液压缸左腔。由于压力油流经调速阀，使系统压力上升，打开液控顺序阀 5。此时单向阀 6 的上部压力大于下部压力，单向阀 6 关闭，切断液压缸的差动回路。液压缸右腔回油经液控顺序阀 5、背压阀 4 流回油箱。液压滑台转为第一次工作进给。其控制油路不变，主油路如下。

进油路：过滤器 1 →变量泵 2 →单向阀 3 →液控换向阀 7.1 左位→调速阀 8 →二位二通电磁换向阀 13 右位→液压缸 14 左腔。

回油路：液压缸 14 右腔→液控换向阀 7.1 左位→液控顺序阀 5 →背压阀 4 →油箱。

此时，液压缸为工作进给，系统压力较高，故变量泵 1 的流量减少，以适应工作进给的需要。进给速度的大小由调速阀 8 调节。

3. 第二次工作进给（二工进）

第一次工进结束后，行程挡块压下行程开关（图中未示出）使二位二通电磁换向阀 13 的 CB3 通电，二位二通电磁换向阀 13 切断压力油的通路，压力油改由调速阀 9 进入液压缸 14 的左腔，滑台转为第二次工作进给。由于调速阀 9 的开口比调速阀 8 小，所以进给速度再一次降低。其他油路情况与第一次工作进给相同。

4. 止挡块停留

当滑台工作进给完成后，碰上止挡块的滑台停止运动，系统的压力立即升高，当压力升高到压力继电器 10 的调定值时，压力继电器动作，向时间继电器（图中未示出）发出信号，由时间继电器控制滑台下一个动作前的停留时间。此时变量泵输出的流量极少，仅用来补充泄漏，系统处于保压状态。

5. 快退

时间继电器经延时后，发出信号，使 CB1、CB3 断电，CB2 通电，电液换向阀 7 的电磁换向阀和液控换向阀均处于右位工作，实现换向。油液进入液压缸右腔，由于滑台后退时为空载，系统中压力较低，变量泵 2 的输出流量自动增至最大，使滑台快速退回。当滑台退至快进终点时，放开行程阀 12，回油更通畅。这时的控制油路和主油路如下。

（1）控制油路

进油路：过滤器 1 →变量泵 2 →电磁换向阀 7.2 右位→单向阀 7.4 →液控换向阀主阀 7.1 右腔。

回油路：液控换向阀 7.1 左腔→节流阀 7.5 →电磁换向阀 7.2 右位→油箱。

（2）主油路

进油路：过滤器 1 →变量泵 2 →电磁换向阀 7.2 右位→液压缸 14 右腔。

回油路：液压缸 14 左腔→单向阀 11 →电磁换向阀 7.2 右位→油箱。

6. 原位停止

当滑台快退至原位时，滑台上的挡块压下终点行程开关，使 CB2 断电。电液换向阀 7 中的电磁换向阀 7.2 和液控换向阀 7.1 均处于中位。液压缸 14 失去动力源，处于锁紧状态，滑台停止运动。此时，变量泵 2 输出的油液经单向阀 3、电液换向阀 7 流回油箱而卸荷。

上述工作循环中，电磁铁和行程阀的动作顺序见表 7–1。

表 7–1　电磁铁和行程阀的动作顺序

动作	电磁铁			行程阀
	CB1	CB2	CB3	
快进	+	–	–	–
一工进	+	–	–	+
二工进	+	–	+	+
止挡块停留	+	–	+	+
快退	–	+	–	±
原位停止	–	–	–	–

注：“+”表示电磁铁通电或行程阀压下，“–”表示电磁铁断电和行程阀复位。

三、YT4543 型动力滑台液压传动系统的特点

1. 系统采用了限压式变量泵和调速阀组成的容积节流调速回路，且在回油路上设置背压阀。该回路能获得较好的速度刚性和运动平稳性，并可减少系统的发热。

2. 采用电液换向阀的换向回路，发挥了电、液联合控制的优点，而且主油路换向平稳、无冲击。

3. 采用液压缸差动连接的快速回路，简单可靠，能源利用合理。

4. 采用行程阀和液控顺序阀，实现快进与工进速度的转换，使速度转换平稳、可靠，且位置准确。采用两个串联的调速阀及用行程开关控制的电磁换向阀实现两种工进速度的转

换。由于进给速度较低，故也能保证换接精度和平稳性的要求。

5. 采用压力继电器发信号，控制滑台反向退回，方便可靠。止挡块的采用还能提高滑台工进结束时的位置精度。

§7-2 立式组合机床液压传动系统

一、概述

一台组合机床要实现一个工作循环，除需要完成主运动和进给运动外，还有许多的辅助运动需要协调完成，如工件的定位、夹紧，工作台的旋转、升降，工件的分度、换刀等。液压传动系统不仅用在动力滑台的进给上，还广泛地应用在完成一系列其他辅助运动上。

图7-3所示为汽车发动机缸体底面加工自动生产线中的一台立式组合机床的液压传动系统图。该系统由动力头进给、工件的定位和夹紧等子系统组成，包括了多种基本回路。利用该系统可实现工件的定位、夹紧和动力头的进给等自动工作循环。

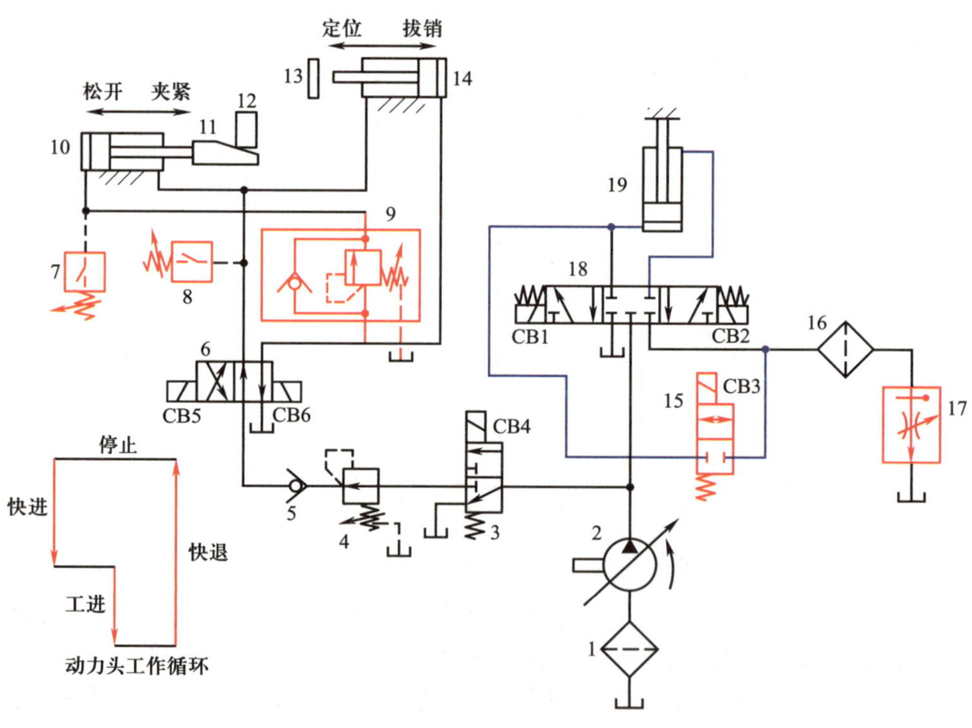

图7-3 立式组合机床液压传动系统图

1、16—过滤器 2—液压泵 3—二位三通电磁换向阀 4—减压阀 5—单向阀 6—二位四通电磁换向阀 7、8—压力继电器 9—单向顺序阀 10—夹紧液压缸 11—楔块 12—顶杆 13—定位销 14—定位液压缸 15—二位二通电磁换向阀 17—温度补偿调速阀 18—三位五通电磁换向阀 19—动力头液压缸

二、立式组合机床液压传动系统的工作过程

1. 工件定位

当工件在生产线上到达本工序后，电磁铁 CB4 和 CB5 通电，液压泵 2 输出的油液进入定位液压缸 14 的右腔，推动活塞左移，通过杠杆使定位销 13 下移，对工件进行定位，其油路如下。

进油路：过滤器 1→液压泵 2→二位三通电磁换向阀 3（上位）→减压阀 4→单向阀 5→二位四通电磁换向阀 6（左位）→定位液压缸 14 的右腔。

回油路：定位液压缸 14 的左腔→二位四通电磁换向阀 6（左位）→油箱。

2. 夹紧工件

汽车发动机缸体定位后，系统压力升高，当压力升高到单向顺序阀 9 的顺序阀的调定压力时，单向顺序阀 9 的顺序阀打开，压力油进入夹紧液压缸 10 的左腔，推动活塞右行，通过楔块 11 推动顶杆 12 上升，从而将工件夹紧，其油路如下。

进油路：过滤器 1→液压泵 2→二位三通电磁换向阀 3（上位）→减压阀 4→单向阀 5→二位四通电磁换向阀 6（左位）→单向顺序阀 9 的顺序阀→夹紧液压缸 10 的左腔。

回油路：夹紧液压缸 10 的右腔→二位四通电磁换向阀 6（左位）→油箱。

3. 动力头快进

当工件夹紧后，系统压力进一步升高。当油液压力升至压力继电器 7 的调定压力时，压力继电器 7 发出信号，使电磁铁 CB1 和 CB3 通电，三位五通电磁换向阀 18 左位和二位二通电磁换向阀 15 的上位接入油路，油液进入动力头液压缸 19 的下腔，安装在液压缸缸体上的动力头向下运动，因回油路采用差动连接，故动力头实现快进，其油路如下。

进油路：过滤器 1→液压泵 2→三位五通电磁换向阀 18（左位）→动力头液压缸 19 的下腔。

回油路：动力头液压缸 19 的上腔→三位五通电磁换向阀 18（左位）→二位二通电磁换向阀 15（上位）→动力头液压缸 19 的下腔。

4. 动力头工进

当动力头快进至预定位置时，挡铁压下行程开关，使 CB3 断电，二位二通电磁换向阀 15 下位工作，切断了动力头液压缸 19 的差动连接。回油只能经过滤器 16、温度补偿调速阀 17 流回油箱，动力头实现工进，其油路如下。

进油路：与快进时的进油路相同。

回油路：动力头液压缸 19 的上腔→三位五通电磁换向阀 18（左位）→过滤器 16→温度补偿调速阀 17→油箱。

5. 动力头快退

工件加工完毕，动力头已至行程终点，挡铁压下行程开关，使电磁铁 CB1 断电，CB2 通电，三位五通电磁换向阀 18 右位接入油路，实现换向，动力头快退，其油路如下。

进油路：过滤器 1→液压泵 2→三位五通电磁换向阀 18（右位）→动力头液压缸 19 的上腔。

回油路：动力头液压缸 19 的下腔→三位五通电磁换向阀 18（右位）→油箱。

6. 松开工件、拔销

动力头快退至原位时，挡块压下行程开关，使电磁铁 CB1、CB2 和 CB3 同时断电，动力头液压缸 19 处于锁紧状态，动力头停止运动。同时，CB5 断电，CB6 通电，二位四通电磁换向阀 6 右位接入油路，压力油分别进入夹紧液压缸 10 的右腔和定位液压缸 14 的左腔，同时松开工件，拔出定位销，其油路如下。

进油路：过滤器 1→液压泵 2→二位三通电磁换向阀 3（上位）→减压阀 4→单向阀 5→二位四通电磁换向阀 6（右位）→定位液压缸 14 的左腔和夹紧液压缸 10 的右腔。

松开的回油路：夹紧液压缸 10 的左腔→单向顺序阀 9 的单向阀→二位四通电磁换向阀 6（右位）→油箱。

拔销的回油路：定位液压缸 14 的右腔→二位四通电磁换向阀 6（右位）→油箱。

7. 液压缸停止工作、液压泵卸荷

松开和拔销动作完毕后，系统压力继续升高，当压力升至压力继电器 8 的调定压力时，压力继电器 8 发出信号，使 CB4 断电，二位三通电磁换向阀 3 的下位接入油路，液压泵 2 输出的油液经二位三通电磁换向阀 3（下位）流回油箱而卸荷。

上述工作循环中，电磁铁的动作顺序见表 7–2。

表 7–2　电磁铁的动作顺序

动作	电磁铁					
	CB1	CB2	CB3	CB4	CB5	CB6
工件定位	–	–	–	+	+	–
夹紧工件	–	–	–	+	+	–
动力头快进	+	–	+	+	+	–
动力头工进	+	–	–	+	+	–
动力头快退	–	+	–	+	+	–
松开工件、拔销	–	–	–	+	–	+
停止、卸荷	–	–	–	–	–	–

注：“+”表示电磁铁通电，“–”表示电磁铁断电。

三、立式组合机床液压传动系统的特点

1. 本系统选用了限压式变量泵，泵的输出流量随系统的压力变化而变化，以适应不同进给的速度要求，没有溢流损失，因而减少了发热，提高了效率。

2. 动力头液压缸采用了差动连接，提高了动力头的快进速度和系统效率。

3. 分别采用了顺序阀和压力继电器组成的顺序动作回路，使定位、夹紧、动力头进给等动作有序进行，互不干扰。

4. 采用了减压阀控制夹紧力，防止了夹紧力过大而造成工件的变形，同时，由于安装了单向阀 5，在动力头快进时，夹紧液压缸 10 左腔的油液不会倒流，保证了夹紧力的稳定，避免了工件松动。

5. 动力头进给时，采用回油路节流调速，温度补偿调速阀在回油路上形成一定的背压，使动力头工进速度平稳。同时因为采用了温度补偿调速阀，从而使动力头工进速度不受负载和温度变化的影响，进一步提高了运动速度的平稳性。

§7-3　MJ-50 型数控车床液压传动系统

一、概述

数控机床由于采用了计算机控制，自动化程度高，近年来得到了广泛的应用和推广。由于液压传动能方便地实现电气控制而实现自动化，故成为数控机床传动与控制方式的首选。

MJ-50 型数控车床的液压传动系统主要承担卡盘的夹紧与松开、刀架的换位、尾座套筒的伸出与缩回的驱动与控制。它能实现卡盘的夹紧与松开，两种夹紧力（大与小）之间的转换，回转刀架的正转、反转、松开与夹紧，尾座套筒的伸缩。液压传动系统所用电磁铁的通、断均由数控系统的 PLC 控制，整个系统由卡盘液压传动系统、回转刀架的松开与夹紧液压传动系统、回转刀架的旋转液压传动系统和尾座套筒伸缩液压传动系统四个分系统组成。系统采用变量液压泵作为动力源，调定压力为 4 MPa。图 7-4 所示为 MJ-50 型数控车床液压传动系统图。

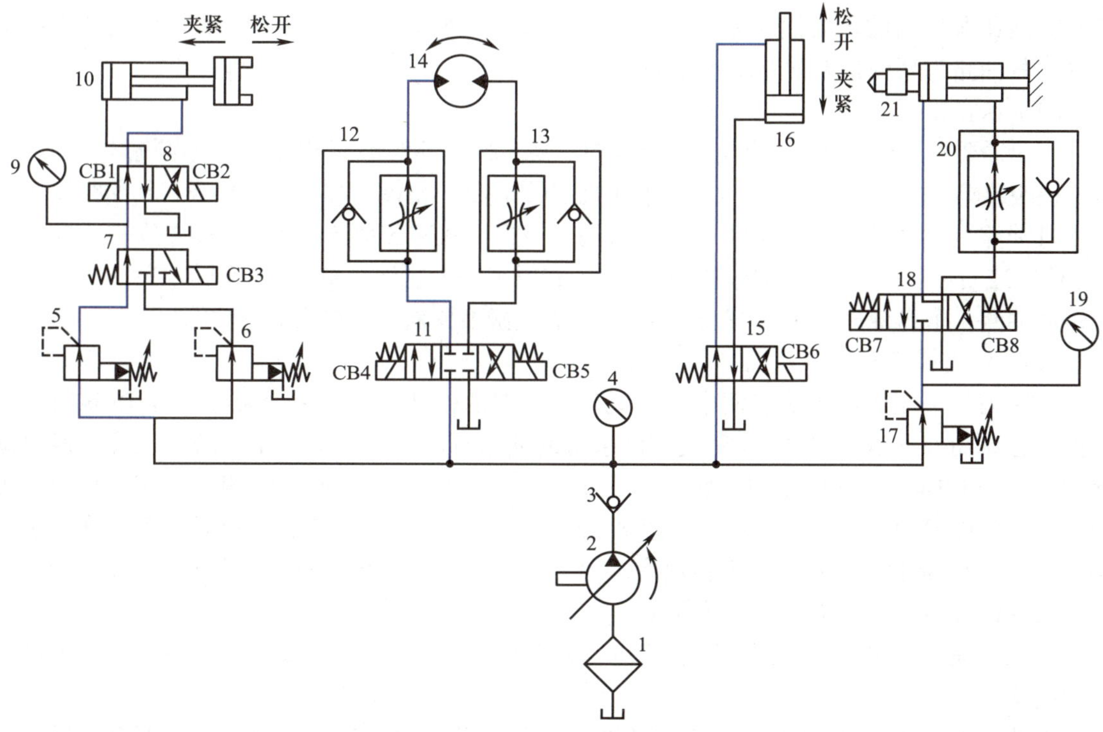

图 7-4　MJ-50 型数控车床液压传动系统图

1—过滤器　2—变量泵　3—单向阀　4、9、19—压力表　5、6、17—先导式减压阀　7—二位三通电磁换向阀（弹簧复位）　8—二位四通电磁换向阀　10—卡盘液压缸　11—三位四通电磁换向阀（O 型）　12、13、20—单向调速阀　14—刀架转位双向液压马达　15—二位四通电磁换向阀（弹簧复位）　16—刀架液压缸　18—三位四通电磁换向阀（Y 型）　21—尾座套筒液压缸

二、MJ-50 型数控车床液压传动系统的工作过程

1. 卡盘液压传动系统

卡盘液压传动系统的执行元件是液压缸 10，控制油路由电磁换向阀 7 和 8、先导式减压阀 5 和 6 等组成。为了适应不同壁厚的零件，卡盘夹紧回路有高、低压两种夹紧状态，分别通过调整先导式减压阀 5、6 的输出压力实现。

（1）卡盘高压夹紧

卡盘高压夹紧时，CB2、CB3 断电，CB1 通电，电磁换向阀 7 和 8 均在左位工作，其油路如下。

进油路：过滤器 1→变量泵 2→单向阀 3→先导式减压阀 5→二位三通电磁换向阀 7（左位）→二位四通电磁换向阀 8（左位）→卡盘液压缸 10 的右腔。

回油路：卡盘液压缸 10 的左腔→二位四通电磁换向阀 8（左位）→油箱。

这时液压缸活塞左移使卡盘夹紧工件，夹紧力的大小由减压阀 5 调节。由于减压阀 5 的调定值高于减压阀 6，所以卡盘处于高压夹紧状态。

（2）卡盘低压夹紧

当夹紧薄壁零件时，需要低夹紧力。使 CB3 通电，二位三通电磁换向阀 7 切换至右位工作。液压泵输出的压力油只能经减压阀 6 进入卡盘液压缸 10 的右腔，实现低夹紧力夹紧工件。其油路与高夹紧力油路基本相同。

（3）卡盘松开

卡盘需要松开时，使 CB1 断电，CB2 通电。换向阀 8 切换至右位工作，液压泵输出的压力油经二位四通电磁换向阀 8 后，进入卡盘液压缸 10 的左腔，活塞右移，卡盘松开，其油路如下。

进油路：过滤器 1→变量泵 2→单向阀 3→先导式减压阀 5（或 6）→二位三通换向阀 7 左位（或右位）→二位四通电磁换向阀 8（右位）→卡盘液压缸 10 的左腔。

回油路：卡盘液压缸 10 的右腔→二位四通电磁换向阀 8（右位）→油箱。

2. 回转刀架液压传动系统

回转刀架液压传动系统有两个执行元件，刀架的松开与夹紧由刀架液压缸 16 执行，刀架的转位则由双向液压马达 14 完成。该系统的油路有两条支路，一条支路由三位四通电磁换向阀 11 和单向调速阀 12、13 组成。通过三位四通电磁换向阀 11 的切换使液压马达实现正、反转，即刀架正、反转。单向调速阀 12、13 使液压马达 14 在正、反转时都能通过进油路容积节流调速来调节刀架的旋转速度。另一条支路通过二位四通电磁换向阀 15 的切换控制刀架的松开与夹紧，该油路比较简单。

刀架的完整工作循环是：刀架松开→刀架逆时针（或顺时针）旋转就近到达指定刀位→刀架夹紧。

因此，电磁铁的动作顺序为：CB6 通电（刀架松开）→ CB4 通电（马达逆时针旋转）或 CB5 通电（马达顺时针旋转）→ CB4（或 CB5）断电（刀架停转）→ CB6 断电（刀架夹紧）。

回转刀架系统的油路如下。

（1）刀架松开

进油路：过滤器 1→变量泵 2→单向阀 3→二位四通电磁换向阀 15（右位）→刀架液压缸 16 的下腔。

回油路：刀架液压缸 16 的上腔→二位四通电磁换向阀 15（右位）→油箱。

（2）刀架旋转

刀架顺时针旋转与逆时针旋转的进、回油回路正好相反，下面以刀架逆时针旋转时的进、回油回路为例分析，具体油路如下。

进油路：过滤器 1→变量泵 2→单向阀 3→三位四通电磁换向阀 11（左位）→单向调速阀 12 的调速阀→刀架转位马达 14。

回油路：刀架转位马达 14→单向调速阀 13 的单向阀→三位四通电磁换向阀 11（左位）→油箱。

（3）刀架夹紧

刀架夹紧的油路如下。

进油路：过滤器 1→变量泵 2→单向阀 3→二位四通电磁换向阀 15（左位）→刀架液压缸 16 的上腔。

回油路：刀架液压缸 16 的下腔→二位四通电磁换向阀 15（左位）→油箱。

3. 尾座套筒液压传统系统

尾座套筒液压缸 21 的活塞杆带动尾座套筒伸出与缩回，油路由减压阀 17、三位四通电磁换向阀 18 和单向调速阀 20 组成。液压泵输出的压力油通过减压阀 17 将压力降为尾座套筒伸出并顶紧所需的压力。单向调速阀 20 用于尾座套筒伸出时实现回油路节流调速，以控制尾座的伸出速度。

（1）尾座伸出

尾座伸出时，电磁铁 CB7 通电，其油路如下。

进油路：过滤器 1→变量泵 2→单向阀 3→减压阀 17→三位四通电磁换向阀 18（左位）→尾座套筒液压缸 21 的左腔。

回油路：尾座套筒液压缸 21 的右腔→单向调速阀 20 的调速阀→三位四通电磁换向阀 18（左位）→油箱。

（2）尾座缩回

尾座缩回时，CB7 断电，CB8 通电，其油路如下。

进油路：过滤器 1→变量泵 2→单向阀 3→减压阀 17→三位四通电磁换向阀 18（右位）→单向调速阀 20 的单向阀→尾座套筒液压缸 21 的右腔。

回油路：尾座套筒液压缸 21 的左腔→三位四通电磁换向阀 18（右位）→油箱。

上述工作过程中，电磁铁的动作顺序见表 7–3。

表 7–3　电磁铁的动作顺序

动作			CB1	CB2	CB3	CB4	CB5	CB6	CB7	CB8
卡盘	夹紧	高	+	–	–					
		低	+	–	+					
	松开	高	–	+	–					
		低	–	+	+					

续表

动作		CB1	CB2	CB3	CB4	CB5	CB6	CB7	CB8
刀架	正转				+	−			
	反转				−	+			
	松开						+		
	夹紧						−		
尾座	伸出							+	−
	缩回							−	+

三、MJ–50 型数控车床液压传动系统的特点

1. 采用单向变量液压泵向系统供油，能量损失小。

2. 用换向阀控制卡盘夹紧回路的变换，实现高压夹紧和低压夹紧的换接，并且可以分别调节高压夹紧力或低压夹紧力的大小。这样可根据工作情况调节夹紧力，操作方便、简单。

3. 用液压马达实现刀架转位，可实现无级调速，并能控制刀架正、反转。

4. 用换向阀控制尾座套筒液压缸的换向，以实现套筒的伸出或缩回，并能调节尾座套筒伸出工作时的预紧力大小，以适应不同工件的需要。

5. 压力表 4、9、19 可分别显示系统相应处的压力，以便调整压力大小和进行故障诊断。

§7–4 YA32–200 型万能液压机液压传动系统

一、概述

在锻压、冲压、粉末冶金、压力成形等加工中，采用液压传动的液压机已十分普遍。图 7–5 所示为 YA32–200 型万能液压机，其液压传动系统的工作压力一般为 20 ~ 30 MPa，主缸工作速度不超过 50 m/s，快进速度不超过 300 m/s，对液压传动系统的基本要求有以下几点：

1. 为完成一般的压制工艺，要求主缸（上液压缸）驱动上滑块，实现“快速下行→慢速下行→加压→保压→泄压→快速返回→原位停止”的工作循环。要求顶出缸（下液压缸）驱动下滑块，实现“顶出→停留→退回→原位停止”的工作循环。

2. 系统压力要能经常变换和调整，并能产生较大压制力以满足工作要求。

图 7–5　YA32–200 型万能液压机

3. 流量大、功率大、空行程与加压行程的速度差异大。因此要求功率利用合理，工作平稳，安全可靠。

图 7-6 所示为 YA32-200 型万能液压机液压传动系统图。系统由高压大流量变量泵 4 和低压小流量定量泵 5 组成液压源。高压大流量变量泵 4 用于给主油路供油，其最高压力可达 32 MPa，其工作压力由先导式溢流阀 3 调定，可实现远程控制。低压小流量定量泵 5 的作用是保证系统控制压力油的供给，其压力由先导式溢流阀 6 调定。

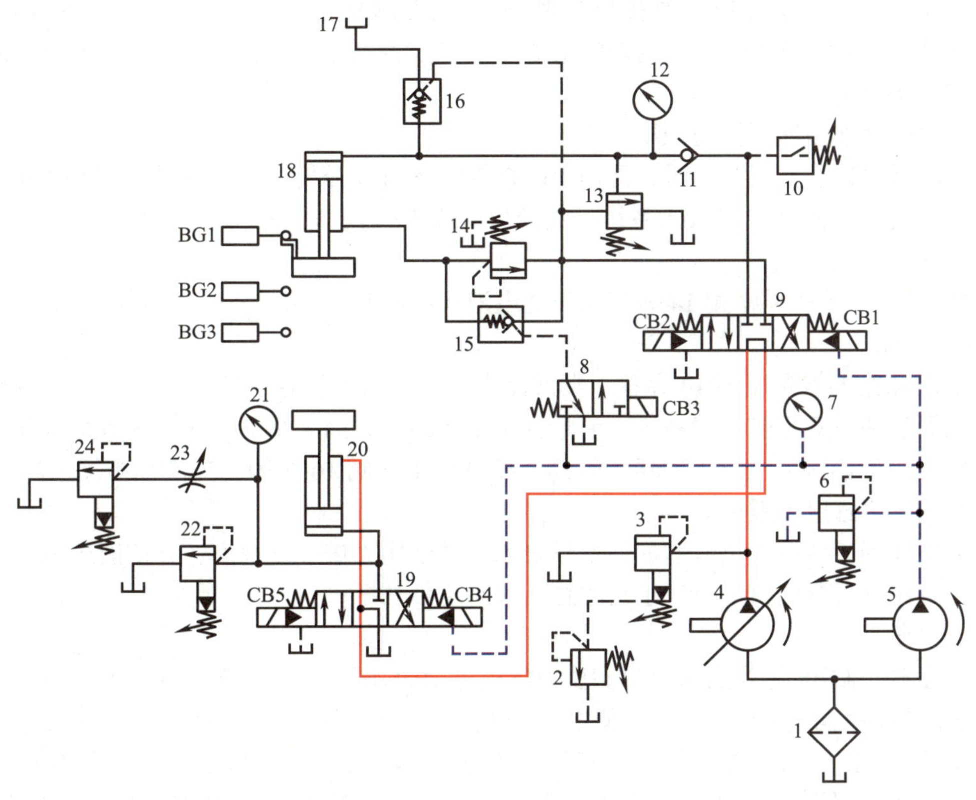

图 7-6　YA32-200 型万能液压机液压传动系统图

1—过滤器　2—溢流阀　3、6、22—先导式溢流阀　4—高压大流量变量泵　5—低压小流量定量泵　7、12、21—压力表　8—二位三通电磁换向阀　9、19—三位四通电液换向阀　10—压力继电器　11—单向阀　13—带阻尼孔的液控卸荷阀　14—顺序阀　15、16—液控单向阀　17—充液油箱　18—主缸（上液压缸）　20—顶出缸（下液压缸）　23—节流阀　24—背压阀

二、YA32-200 型万能液压机液压传动系统的工作过程

1. 主缸活塞的运动

（1）主缸活塞快速下行

当 CB2 与 CB3 通电，低压小流量定量泵 5 供给的控制油使三位四通电液换向阀 9 切换到左位，同时二位三通电磁换向阀 8 切换至右位，打开液控单向阀 15，高压大流量变量泵 4 给主缸 18 的上腔供油。

在主缸活塞快速下行时，由于活塞与滑块的自重作用，下降的速度很快，以至高压大流量变量泵 4 的全部流量尚不能满足主缸上腔空出容积的需要，因而在主缸 18 的上腔形成部分真空。这时位于顶部的充液油箱 17 内的油液则在大气压力和充液油箱内油液位能的共同作用下，打开液控单向阀 16，使油液进入主缸 18 上腔，补足所需的油液。

此时主油路如下。

进油路一：过滤器 1→高压大流量变量泵 4→三位四通电液换向阀 9（左位）→单向阀 11→主缸 18 的上腔。

进油路二：充液油箱 17→液控单向阀 16→主缸 18 的上腔。

回油路：主缸 18 的下腔→液控单向阀 15→三位四通电液换向阀 9（左位）→三位四通电液换向阀 19（中位）→油箱。

（2）主缸活塞慢速下行与加压

当主缸活塞快进接近工件时，滑块上的挡铁压下行程开关 BG2 并发出信号使 CB3 断电，二位三通电磁换向阀 8 左位接入系统，液控单向阀 15 由于失去控制压力油而关闭，这时的主回油路如下。

主缸 18 的下腔→顺序阀 14→三位四通电液换向阀 9（左位）→三位四通电液换向阀 19（中位）→油箱。

由于回油路上有顺序阀 14 存在，在回路中产生了背压，这一背压平衡了活塞与滑块的质量，因而活塞下降只能依赖高压大流量变量泵 4 的压力油来驱动。此时变量泵 4 开始输出具有一定压力的油液，主缸上腔压力升高，使液控单向阀 16 关闭，充液油箱停止向主缸 18 的上腔补油，主缸速度减慢。

当滑块碰到工件后，负载增加使变量泵 4 的供油压力进一步提高，并使液压泵的变量机构动作，减小液压泵的供油量，于是主缸活塞对工件加压。

（3）保压

当加压到主缸 18 上腔的压力达到压力继电器 10 的调定值时，压力继电器发出信号，使 CB2 断电，电液换向阀 9 回到中位，使主缸 18 的上、下两腔均处于封闭状态。同时，变量泵 4 经三位四通电液换向阀 9 的中位和三位四通电液换向阀 19 的中位卸荷。由于单向阀 11 防止了主缸上腔的泄漏，因而能使上腔保持高压状态。保压时间由压力继电器控制的时间继电器调定。

（4）泄压与主缸活塞快速返回

保压过程结束时，时间继电器发出信号使 CB1 通电，三位四通电液换向阀 9 右位接入系统。但由于此时主缸上腔中的大量高压油积聚了很大的能量，若让它立即与回油路接通，则短时释放出很大的能量，引起冲击和振动。为此，在系统中设置了带阻尼孔的液控卸荷阀 13，该卸荷阀的结构原理与顺序阀类似。此时，虽然三位四通电液换向阀 9 已在右位工作，但由于主缸 18 的上腔尚未泄压，其高压使卸荷阀 13 打开，变量泵 4 输出的压力油经卸荷阀 13 的阻尼孔流回油箱，因而供油压力较低。虽然油路通过液控单向阀 15 与主缸 18 的下腔相连，但仍然无法使主缸开始回程。在压力油经卸荷阀 13 的阻尼孔流回油箱的同时，压力油打开液控单向阀 16，使主缸 18 上腔的高压油经液控单向阀 16 流进充液油箱 17，主缸 18 上腔开始泄压。

当泄压持续到主缸上腔的压力低于卸荷阀 13 的调定值时，卸荷阀 13 关闭。因而变量泵 4 的输出压力升高，这一压力在使液控单向阀 16 保持打开状态的同时，给主缸下腔供油，主缸 18 开始回程。这时的油路如下。

进油路：过滤器 1→高压大流量变量泵 4→三位四通电液换向阀 9（右位）→液控单向阀 15→主缸 18 的下腔。

回油路：主缸 18 的上腔→液控单向阀 16→充液油箱 17。

（5）主缸活塞原位停止

当滑块上的挡铁在上升过程中压下行程开关 BG1 时，CB1 断电，三位四通电液换向阀 9 切换至中位。主缸 18 因两腔通路被关闭而停止运动。在主缸下腔通路上的顺序阀 14 和液控单向阀 15 处于关闭状态，因此主缸 18 的活塞和滑块不会因自重而下滑。在停止时，变量泵 4 则经三位四通电液换向阀 9 和 19 的中位卸荷。

2. 顶出缸活塞的运动

由于变量泵 4 的供油必须经三位四通电液换向阀 9 的中位才能到达控制顶出缸运动的三位四通电液换向阀 19。因此，顶出缸 20 只有在主缸原位停止状态时才能动作，这样设计的回路可有效地防止误操作。

（1）顶出

按下顶出按钮，CB4 通电，三位四通电液换向阀 19 切换至右位工作，活塞向上运动，此时的主油路如下。

进油路：过滤器 1→高压大流量变量泵 4→三位四通电液换向阀 9（中位）→三位四通电液换向阀 19（右位）→顶出缸 20 的下腔。

回油路：顶出缸 20 的上腔→三位四通电液换向阀 19（右位）→油箱。

（2）退回

按下退回按钮，CB5 通电，CB4 断电，三位四通电液换向阀 19 切换至左位工作，活塞向下运动，此时油路如下。

进油路：过滤器 1→高压大流量变量泵 4→三位四通电液换向阀 9（中位）→三位四通电液换向阀 19（左位）→顶出缸 20 的上腔。

回油路：顶出缸 20 的下腔→三位四通电液换向阀 19（左位）→油箱。

（3）浮动压边

有些模具工作时需要对工件进行压紧拉伸，当在液压机上用模具进行薄板拉伸压边时，要求下滑块组件上升到一定位置实现上下模具的合模，使合模后的模具既保持一定的压力将工件夹紧，又能使模具随上滑块组件的下压而下降（浮动压边）。这时，电液换向阀 19 处于中位，由于上缸的压紧力远远大于下缸向上的上顶力，上缸滑块组件下压时顶出缸（下液压缸）20 活塞被迫随之下行，下液压缸下腔油液经节流阀 23 和背压阀 24 流回油箱，使下液压缸下腔保持所需的向上的压边压力。调节背压阀 24 的开启压力大小即可起到改变浮动压边力大小的作用。顶出缸（下液压缸）20 的上腔则经三位四通电液换向阀 19（中位）从油箱补油。溢流阀 22 为顶出缸（下液压缸）20 的下腔的安全阀，只有在顶出缸（下液压缸）的下腔压力过载时才起作用。

三、YA32-200 型液压机液压传动系统的特点

1. YA32-200 型液压机液压传动系统的控制油液采用专门的低压泵供油，而不是

直接用系统的高压油作油源，避免了控制油路油量的变化对主油路上执行元件的速度影响。

2. 为了不发生误操作，该系统只有在控制主缸的换向阀处于中位时，才能向顶出缸供油，可有效地防止误操作。

3. 本液压传动系统释能（泄压）回路结构简单，元件少，工作可靠。

4. 系统采用液控单向阀保压，工作可靠，结构简单。

5. 将液压机滑块的质量作为快速下行时的超越负载，同时用充液油箱对主缸上腔充油，做到了在不增加主泵流量的情况下增加滑块的下行速度。

6. 主泵采用变量柱塞泵—液压缸式容积调速，提高了系统效率，减少了发热量。

§7-5 汽车起重机液压传动系统

一、概述

汽车起重机是将起重机安装在汽车底盘上的一种起重运输设备。图 7-7 所示为 Q2-8 型汽车起重机的外形示意图，它由汽车 1、基本臂 2、伸缩臂 3、起升机构 4、吊臂变幅液压缸 5、转台 6 和支腿 7 等组成。

图 7-8 所示为 Q2-8 型汽车起重机液压传动系统图。该液压传动系统通过手动多路阀组 A 和 B 进行操纵，各部分运动都有相对的独立性。

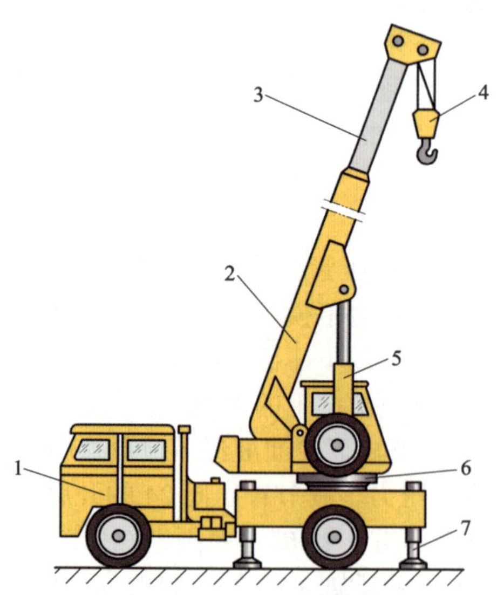

图 7-7　Q2-8 型汽车起重机的外形示意图

1—汽车　2—基本臂　3—伸缩臂　4—起升机构

5—吊臂变幅液压缸　6—转台　7—支腿

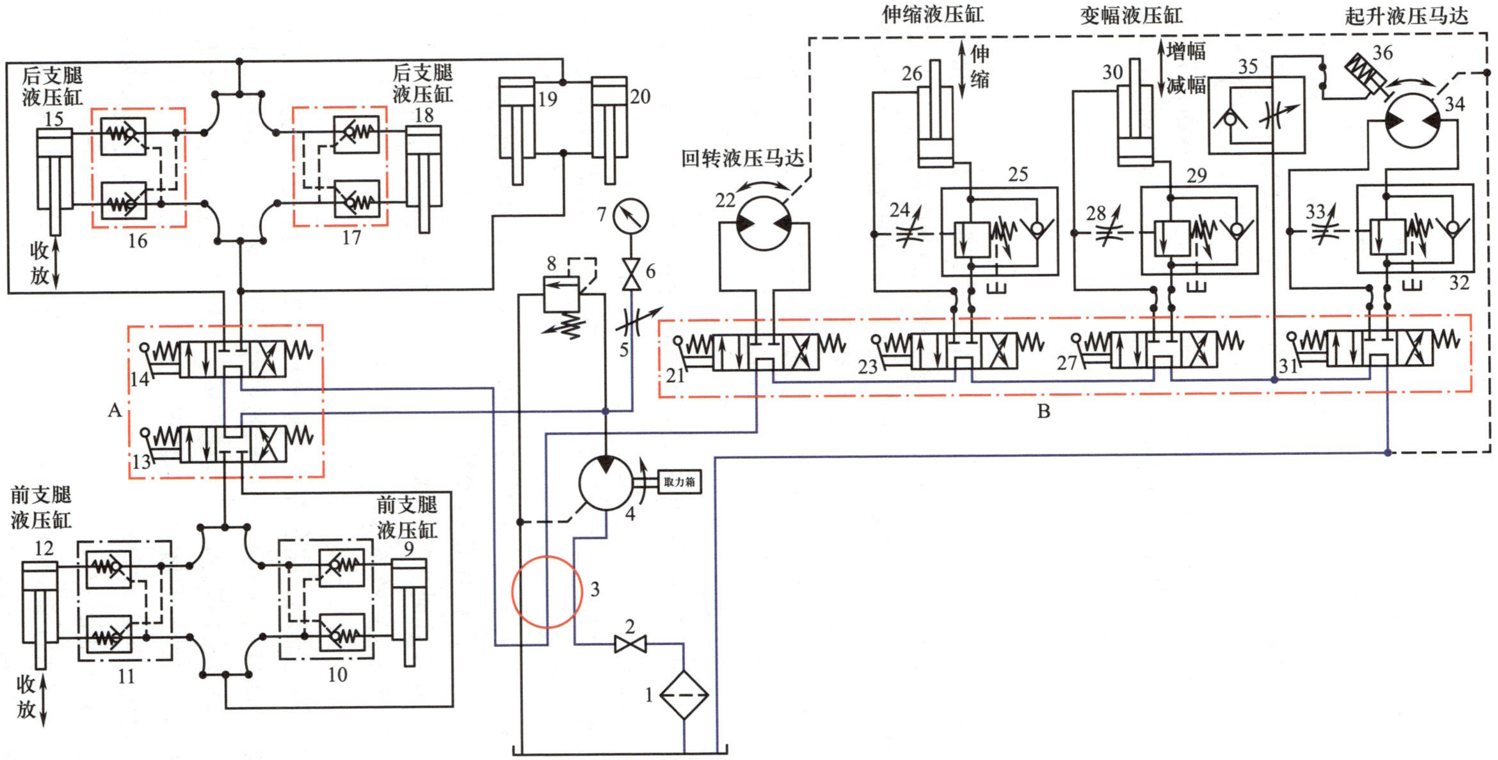

图 7-8　Q2-8型汽车起重机液压传动系统图

1—过滤器　2、6—截止阀　3—回转接头　4—液压泵　5、24、28、33—节流阀　7—压力表　8—溢流阀
9、12—前支腿液压缸　10、11、16、17—液压锁　13、14、21、23、27、31—三位四通手动换向阀
15、18—后支腿液压缸　19、20—板簧锁紧缸　22—回转液压马达　25、29、32—外控单向顺序阀
26—伸缩液压缸　30—变幅液压缸　34—起升液压马达　35—单向节流阀　36—制动缸

该起重机液压传动系统的液压泵由汽车发动机经装在底盘变速箱上的取力箱驱动，以额定压力 21 MPa 的轴向柱塞泵作动力源，转速为 1 500 r/min，排量为 40 mL/r。实际工作压力由压力表 7 显示。溢流阀 8 用来防止系统过载，调整压力为 19 MPa。

起重机液压传动系统包括支腿收放、转台回转、吊臂伸缩、吊臂变幅和吊重起升五个部分。其中，前、后支腿收放回路的三位四通手动换向阀 13、14 组成一个阀组 A，其余四条支路的换向阀 21、23、27、31 组成一个阀组 B。各三位四通手动换向阀均为 M 型中位机能，相互串联组合，这样可实现多缸锁紧时让液压泵卸荷。根据起重工作的具体要求，操纵各阀不仅可以控制各执行元件的运动方向，还可以通过控制阀芯的位移量来实现节流调速。

系统中的液压泵、溢流阀、阀组 A 及前、后支腿部分装在下车（汽车车体部分），其他液压元件都装在上车（吊车旋转部分），其中油箱兼做配重。上车和下车之间的油路通过回转接头 3 连通。

二、Q2–8 型汽车起重机液压传动系统的工作过程

1. 支腿收放

由于汽车轮胎的支撑能力有限，在起重作业时必须放下前、后支腿，使汽车轮胎架空。汽车前后两端各设两条支腿，每条支腿配有一个液压缸。支腿动作的顺序是板簧锁紧缸 19、20 锁紧后桥板簧，同时后支腿液压缸 15 和 18 放下后支腿，然后再由前支腿液压缸 9 和 12 放下前支腿。作业结束后，先收前支腿，再收后支腿，并松开后桥板簧。

两个前支腿液压缸的收放用三位四通手动换向阀 13 控制，两条后支腿液压缸的收放用三位四通手动换向阀 14 控制。每个液压缸都配有一个双向液压锁（由两个液控单向阀组成），以保证支腿可靠地锁紧，防止在起重作业过程中发生“软腿”或行车中自行滑落现象。此外液压锁还具有安全保护作用，当该回路中软管爆裂时，支腿液压缸仍可被锁紧。

当三位四通手动换向阀 14 左位工作时，后支腿放下，其油路如下。

进油路：液压泵 4→三位四通手动换向阀 13 中位→三位四通手动换向阀 14 左位→液压锁 16 和 17→后支腿液压缸 15 和 18 的上腔。

回油路：后支腿液压缸 15 和 18 的下腔→液压锁 16 和 17→三位四通手动换向阀 14 左位→三位四通手动换向阀 21、23、27、31 中位→油箱。

当三位四通手动换向阀 14 右位工作时，后支腿收回，其油路读者可自行分析。

两前支腿液压缸的工作过程与后支腿液压缸相同，其油路也相同。

2. 转台回转

转台回转机构由大转矩液压马达驱动，三位四通手动换向阀 21 控制马达的正转、反转、停止三种不同工况。通过齿轮、蜗杆机构减速后，转台的回转速度为 1 ~ 3 r/min，转动惯性力较小，一般不设制动装置。通过换向阀的节流调速作用，实现在停止之前先行减速，以降低回转速度，最后达到停止回转。此时系统的油路如下。

进油路：液压泵 4→三位四通手动换向阀 13、14 中位→三位四通手动换向阀 21 左（右）位→回转液压马达 22 左（右）油口。

回油路：回转液压马达 22 右（左）油口→三位四通手动换向阀 21 左（右）位→三位四通手动换向阀 23、27、31 中位→油箱。

3. 吊臂伸缩

吊臂由基本臂和伸缩臂组成，伸缩臂套装在基本臂内，由伸缩液压缸 26 驱动进行伸缩运动。吊臂的伸缩由三位四通手动换向阀 23 来控制，可实现伸缩臂的伸出、缩回和停止三种工况，在伸缩机构回路中设置了起重机专用外控单向顺序阀 25，它不仅能起到限速和锁紧作用，而且还具有安全保护作用。下面以伸出为例分析系统的油路。

进油路：液压泵 4→三位四通手动换向阀 13、14、21 中位→三位四通手动换向阀 23 右位→外控单向顺序阀 25 的单向阀→伸缩液压缸 26 下腔。

回油路：伸缩液压缸 26 上腔→三位四通手动换向阀 23 右位→三位四通手动换向阀 27、31 中位→油箱。

4. 吊臂变幅

吊臂的变幅依靠变幅液压缸的伸缩来完成。三位四通手动换向阀 27 控制吊臂的增幅、减幅和停止三种工况。操作三位四通手动换向阀 27 改变变幅液压缸 30 的伸缩量，从而改变起重机的作业高度。为了防止吊臂在自重作用下下落，变幅机构的回油路中设置了起重机专用外控单向顺序阀 29，其作用与吊臂伸缩回路中的相同。三位四通手动换向阀 27 右位工作时，吊臂增幅，其油路如下。

进油路：液压泵 4→三位四通手动换向阀 13、14、21、23 中位→三位四通手动换向阀 27 右位→外控单向顺序阀 29 的单向阀→变幅液压缸 30 的下腔。

回油路：变幅液压缸 30 的上腔→三位四通手动换向阀 27 右位→三位四通手动换向阀 31 中位→油箱。

吊臂减幅时，其油路与增幅时相反，读者可自行分析。

5. 吊重起升

起升机构是汽车起重机的主要执行机构，它通过低速大转矩双向起升液压马达 34 带动卷扬机实现重物的提升和下降。三位四通手动换向阀 31 控制起升液压马达 34 的正反转，其速度调节主要是通过调节汽车发动机的节气门改变液压泵的输出流量来实现，还可以通过改变三位四通手动换向阀 31 的开口大小进行节流调速。

在起升机构的油液回路中设置了外控单向顺序阀 32，用以防止重物因自重而下落。但由于起升液压马达 34 的内泄漏比较大，当重物吊在空中时，重物仍会缓慢下移。为此在液压马达的驱动轴上设置了由制动缸 36 驱动的制动器，当三位四通手动换向阀 31 处于中位，起升液压马达 34 停转时，制动缸 36 卸压，其上的弹簧驱动活塞杆伸出，使闸块迅速抱闸制动。当起升液压马达 34 工作时，在系统油压作用下制动缸活塞杆缩回，闸块松开。

如果制动缸 36 松闸较快，则由于液压马达进油路来不及建立足够的油压，将造成重物短时间拖动马达反转而失控下滑。为了避免这种情况，在制动缸油路中设置了单向节流阀 35。液压马达停转时，制动缸 36 的弹簧使闸块迅速抱闸，而在起升机构工作时，制动缸缓慢松开。起吊时，将三位四通手动换向阀 31 右位接入系统，液压油经单向节流阀 35 的节流阀进入制动缸 36 的有杆腔，制动器松开。同时，压力油经三位四通换向阀 31 右位进入起升液压马达 34 右油口，马达正转（逆时针旋转），重物升起。其油路如下。

进油路：液压泵 4→三位四通手动换向阀 13、14、21、23、27 中位→三位四通手动换向阀 31 右位→外控单向顺序阀 32 的单向阀→起升液压马达 34 的右油口。

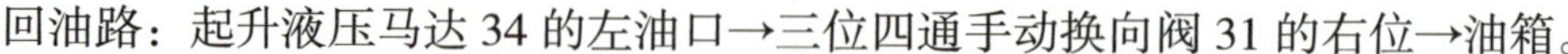

回油路：起升液压马达 34 的左油口→三位四通手动换向阀 31 的右位→油箱。

三、Q2-8 型汽车起重机液压传动系统的特点

1. 因作业工况的随机性较大，且动作频繁，所以采用手动控制弹簧复位的多路换向阀来控制各动作。换向阀采用 M 型中位机能，当所有换向阀处于中位时，各执行元件的进油路均被切断，液压泵出口通油箱使泵卸荷，减少了功率损失。

2. 重物在下降以及大臂收缩或变幅时，负载与液压力方向相同，执行元件会失控，为此，在其回油路上设置了外控单向顺序阀作为平衡阀。

第八章　液压传动系统的安装、维护和故障排除

§8-1　液压传动系统的安装与调试

正确安装液压设备是保证液压设备长期稳定工作以及有良好工作性能的重要环节。因此，在液压设备的安装过程中，必须熟悉主机的工况特点和液压传动系统的工作原理及结构特点，严格按设计要求进行安装。否则，不仅会影响液压设备的性能，还会经常出现故障甚至造成停机。

一、安装前的准备工作

在安装液压传动系统前，安装人员必须做好各种准备工作，这是安装工作顺利进行的基本保证。准备的内容主要有物资准备、质量检测和技术资料的准备等。

1. 物资准备

按照液压传动系统图和元件明细表，逐一核对液压元件的数量、型号、规格，并仔细检查液压元件的质量状况。如果元件的生产日期过早，其内部的密封件可能老化，则需要更换。切不可使用已有明显缺陷的液压元件。同时，准备好适用的工具和装备。

2. 质量检测

主要液压元件的技术性能是否符合要求，辅助元件质量是否合格，将关系到液压传动系统工作的可靠性和运行的稳定性。因此液压传动系统在安装前应该对液压元件的质量进行检测，检测的内容一般有以下几个方面：

（1）液压元件上的调节螺钉、手轮及其他配件是否完好无损，电磁阀的电磁铁、电接触式压力表内的开关、压力继电器的内置动开关是否工作正常，元件及安装底板或油路块的安装面是否平整，沟槽是否有锈蚀。

（2）油管的材质、牌号、通径、壁厚和管接头的型号、规格是否符合设计要求，软管的生产日期是否在规定的范围内。

（3）对存放过久的液压元件，应检查其内部的密封件是否老化，并根据情况进行拆洗和更换密封件。拆洗后装复的液压元件应尽可能进行试验，并应达到规定的技术指标，液压传动系统主要液压元件拆洗装复后的测试项目见表 8–1。

表 8–1　　液压元件拆洗装复后的测试项目

元件名称		测试项目
液压泵或液压马达		额定压力和额定流量下的容积效率
液压缸		最低启动压力、缓冲效果、内外泄漏
液压阀	压力阀	调压状况、启闭压力、外泄漏
	换向阀	换向状况、压力损失、内外泄漏
	流量阀	调节状况、外泄漏
冷却器		通油或通水检查

3. 技术资料的准备

在液压传动系统组装前，还应准备好相关的技术文件和资料，如液压传动系统原理图、液压控制装置的回路图、电气原理图、管道布置图、液压元件及辅件的清单、产品样本等，以便装配人员在装配的过程中碰到问题时查阅。

二、液压元件的清洗

液压传动系统安装前，对放置时间较长的液压元件应进行一次清洗，去除有害于液压油的防锈剂和元件上的一切污物，各油口上的堵头、塑料塞子在清洗后要重新堵上，防止污物从油口进入元件内部。液压传动系统安装前还需要清洗管道，先用 20% 的硫酸或盐酸清洗约 30 min，然后用 10% 的苏打水浸泡约 15 min，再用温水冲洗，最后用清水冲洗。管内不得残存金属粉末、铁（铜）锈、油漆等污物。

三、液压传动系统安装注意事项

1. 整体安装注意事项

（1）保证油箱的内外表面、主机的各配合表面及其他可见元件清洁。

（2）与工作油液接触的元件外露部分（活塞杆等）应有防污保护。

（3）油箱盖、管口和空气滤清器要密封，保证未过滤的空气不进入液压传动系统。

（4）应在油箱上显眼处贴上说明油的类型和容量的铭牌。

（5）装配前，对一些自制的重要元件（如液压缸、管接头）进行耐压实验，试验压力取工作压力的 2 倍或系统最高压力的 1.5 倍。

（6）保证安装场地的清洁。

（7）液压泵与原动机的连接要用弹性联轴器，保证它们的同轴度不超过 0.08 mm。应能用手轻松地转动泵轴，且在 360° 范围内没有卡滞现象。

（8）液压油要过滤到要求的清洁度后，再灌入油箱。管道的连接，特别是接头处，应可靠密封，不得漏油。

2. 液压元件安装注意事项

（1）液压缸安装注意事项

1）液压缸的安装必须符合设计图样和（或）制造厂商的规定。

2）安装前应仔细检查其活塞杆是否弯曲。活塞杆的弯曲会造成密封件的偏磨，从而导致泄漏、爬行，甚至动作失灵。

3）安装轴线水平的液压缸时，应尽量使其进、出油口的位置在最上面。

4）应使液压缸的轴线位置与运动方向一致。使液压缸所受的载荷尽量通过缸的轴线，不产生偏心现象。要避免安装螺栓直接承载。

5）液压缸的安装应牢固可靠，为了防止热膨胀的影响，在行程大和工作时温差大的场合，缸的一端必须保持浮动，以减小热膨胀的影响。为了适应热胀冷缩，固定点之间的管路上至少有一段弯管。

（2）液压马达安装注意事项

1）液压马达在安装前应检查马达的旋转方向是否与产品所标识的方向一致，检查马达是否损坏。存放时间过长的马达内存油需排净冲洗，以防内部各运动件出现黏卡现象。

2）液压马达的安装支架必须有足够的刚度，以防转动时发生振动。安装螺栓必须均匀拧紧。

3）应当注意，有的液压马达不能在泵工况下运转或不能作泵使用。

4）各种液压马达产品的技术规格及安装、连接尺寸以生产厂的产品样本为准。

5）液压马达不能以敲击方式安装，也不能强行或扭曲地安装。

6）液压马达的安装表面应平整。连接法兰、止口及输出轴的尺寸准确。应保证输出轴和与其连接传动的装置的输入轴有较好的同轴度，输出轴在安装时要防止输出轴及连接装置发生轴向顶死现象。

7）安装过程中，应注意保护进、出油口连接板部分的表面质量和平面度，防止碰伤而降低封油效果，导致漏油。

8）应按说明书的要求正确选择、加工和连接进、回油管及泄油管。拧紧进、出油管及泄油管。在管路和油管未安装好之前不要取掉上面的塑料塞子。系统连接时应认准安装图上液压马达进出油口的安装位置与液压马达的旋转关系。安装时如发现进、出油口与对应的输出轴正反旋转方向不符，可通过调换进、出油管来改正。

9）使用液压马达的液压传动系统应按产品使用说明书配置相应的过滤器，以保证系统工作介质的清洁度。液压回路必须设有冷却装置，以防油温过高。进油管路必须安装压力表和温度计。

10）对于径向柱塞马达，其泄油管最高水平位置应高于马达的最高水平位置，以防马达壳体内油液泄空。泄油管应单独回油箱，不允许直接接主回油路管道。首次启动前，应检查径向柱塞马达安装、连接是否正确、牢固，系统是否无误。为保证马达内各运动副的润滑，必须向马达壳体内注满液压油。

（3）液压泵安装注意事项

1）液压泵的支架座要牢固，刚度强，并能充分吸收振动。

2）液压泵的传动轴和原动机轴之间，其同轴度误差应符合制造厂的规定（一般不大于0.1 mm），尽可能采用柔性联轴器，以免泵轴承受弯矩及轴向载荷。传动轴转向应符合产品要求。

3）液压泵的吸油管道通径应不小于泵入口通径，吸油过滤器通过流量应不小于泵额定流量的两倍。

4）液压泵安装高于油箱时，吸入口距油箱液面的高度应符合说明书的规定。若泵的工作转速较低，则安装时应将泵的吸入口向上，以便启动时易于吸油。

（4）阀类元件安装注意事项

1）板式阀类元件安装时，要检查各油口的密封圈是否凸出安装平面一定的高度（保证一定的压缩余量）。同一安装平面上的各种规格的密封件凸出量要一致，O 形密封圈要涂上少许黄油，以防止脱落。板式方向阀安装时一般应保持轴线水平。固定螺钉应均匀、逐次拧紧。使阀的安装平面与底板或油路块的安装平面完全接触，防止外泄。

2）进、出油口对称的阀，注意不要装反，应用标记区分进油口和出油口。外形相似的阀，应挂上指示牌，以免装错。

3）为了安装和使用方便，管式阀往往制有两个进油口和两个回油口，安装时将不用的进、回油口用螺塞堵死，以免工作时产生喷油。

4）电磁换向阀宜水平安装，必须垂直安装时，电磁铁一般朝上（两位阀）。先导式溢流阀有一个遥控口，当不采用远程控制时，应将遥控口堵死或安装板不钻通。

（5）管道安装注意事项

1）安装管道时应特别注意防振和防漏。管道敷设应考虑拆卸和维护的方便性。

2）较长管道的敷设应安装支架或管夹。管道支架间距按表 8–2 选取，对于要求振动较小的液压传动系统，还要计算管路的固有频率，使其避开共振管长。

表 8–2　管道支架间距　mm

管道外径	＜ 10	10 ～ 25	25 ～ 50	50 ～ 80	＞ 80
支架间距	500 ～ 1 000	1 000 ～ 1 500	1 500 ～ 2 000	2 000 ～ 3000	3 000 ～ 5 000

3）橡胶软管要远离热源或采取隔热措施，管道最小弯曲半径应在管径的 10 倍以上。

4）液压传动系统中，液压泵的吸油管应粗一些，其下面连着的过滤器应在液面下 200 mm 处，回油管应尽量远离吸油管。系统中溢流阀的回油温度高，更应尽量远离液压泵的吸油管，避免未经冷却的热油被液压泵吸入，造成温升过高。

（6）液压辅助元件安装注意事项

1）各种液压辅助元件应按装配图的位置安装，保持美观、整齐。

2）压力表应装在振动小、易观察处。

3）蓄能器应安装在易于充气的地方。

4）过滤器尽可能安装在方便检查、易于拆装的位置。

四、液压传动系统的调试

液压传动系统新安装完毕或经过检修后，均应对液压传动系统按有关标准进行调试，合格后才能投入使用。

1. 调试前的准备

（1）在液压设备调试前，应仔细阅读设备的使用说明书，了解设备的用途、技术性能、结构特点、使用要求、操作方法和试车注意事项。

（2）熟读液压传动系统图，掌握液压传动系统的工作原理和性能要求。明确液压设备中机械、液压和电气三者之间的联系。

（3）熟悉液压传动系统中各元件在设备中的位置和作用。对调试中可能出现的问题应有应对预案，在此基础上确定调试内容和调试方法。

（4）调试前还应做一些必要的检查，如检查管道的连接是否牢固，电气线路是否正确，泵和电动机转向是否正确，油箱中液压油的牌号和液面高度是否正确，各控制手柄是否在关闭或卸荷的位置。

2. 调试

液压传动系统调试的项目主要有空载试车、调试控制阀和负载试车等。

（1）空载试车

其目的是为耐压试验做准备，全面检查液压传动系统各回路，各液压元件及辅助装置的工作是否正常，工作循环及各种动作的转换是否正常，其注意事项主要有以下两个方面：

1）启动液压泵前，应先给泵灌满液压油。在灌液压油时，可用手转动联轴器，直到液压泵出油口流出的油液不带气泡为止。若不便用手转动联轴器，可点动电动机，让泵转动几转。并观察泵的转向是否正确，运转是否正常，有无异常的声响。对于有补油泵的闭式液压传动系统，则应先启动补油泵后再启动主液压泵。

2）给液压缸排气。按压相应的按钮（或扳动相应的手柄），使液压缸来回运动。若液压缸不动，应逐渐旋紧溢流阀的调压螺杆，使系统压力增大，增大到使液压缸能实现全行程往复运动为止。让液压缸往复多次以排出系统中的空气。

（2）调试控制阀

1）从溢流阀开始依次调整各压力阀。先将溢流阀逐渐调到规定的压力值，让泵在工作状态下运转。检查在调整过程中溢流阀有无异常声响，并结合检查管路各接头处，元件各接合面处有无外漏。其他压力阀可根据液压传动系统原理图要求进行调整。

2）按设计中要求的动作操纵相应的控制阀，使执行元件在空载下按预定的顺序动作。检查它们的动作正确性；同时检查启动、换向、速度换接是否平稳，低速运行有无爬行，换向时是否有液压冲击等。

3）在各项调试内容完成后，在空载下运转 2 h 左右，观察液压传动系统工作是否正常。待一切正常后，再转入负载试车。

（3）负载试车

1）负载试车时，一般先在小于最大负载的工况下运行，以进一步检查系统的运行质量和发现可能存在的问题。待一切正常后，再进行满负荷运转。操作过程中，常分 2 次或 3 次达到满负荷。

2）在满负荷运行时，检查系统的最大工作压力和最大（小）工作速度是否在规定的范围内，发热、噪声、振动、高速冲击、低速爬行等项目是否符合要求，检查各接合处的漏油情况。

3）如有问题，应分析原因，解决后再进行试车。若一切正常，便可正常使用。

§8-2 液压设备的使用、维护和保养

液压传动系统工作性能的保持，在很大程度上取决于对系统的正确使用与及时维护。因此，必须建立有关使用、维护和保养方面的制度，以保证系统正常工作。

一、液压设备使用注意事项

1. 操作者应掌握液压传动系统的工作原理，熟悉各操作要点，熟知各调节手柄的功能、位置及旋向。

2. 工作前应检查设备上各按钮、手柄、电气开关和行程开关的位置是否正常。

3. 工作前应检查油温，若油温低于 10 ℃，则可将泵开停数次进行升温。液压传动系统一般应空载运转 20 min 以上才能加载运转。若油温在 0 ℃以下，则应采取加热措施后再启动。如有条件，可根据季节更换不同黏度的液压油。

4. 工作中应随时注意油位和温升，一般油液的工作温度在 35 ~ 55 ℃较合适。

5. 液压油要定期检查和更换，保持油液清洁。对于新投入使用的液压设备，使用 3 个月左右应清洗油箱，更换新油，之后按设备使用说明书的要求清洗和换油。

6. 使用中应注意过滤器的工作情况，滤芯应定期清洗或更换，平时要防止杂质进入油箱。

7. 若液压设备长期不用，则应将各调节旋钮全部旋松，以防止弹簧产生永久变形而影响元件的性能，甚至导致故障的发生。

二、液压设备的检查

为使系统无故障工作，延长液压设备的使用寿命，除使用中注意前述事项外，应按规定做好检查工作，及时发现问题的征兆，预防事故的发生。检查分为日常检查、定期检查和专项检查三项。

1. 日常检查

日常检查是指由液压设备操作者和维修人员每日执行的例行维护作业，其目的是及时发现主机和液压传动系统的异常情况，保证系统和主机正常运转。检查时，利用人的感官（耳、目、手）、简单工具或装在系统上的仪表和信号装置（如电压、电流、压力、温度检测仪表和油箱液位计等）来感知和观测。

日常检查应严格按检查要求进行，检查结果记入标准的日常检查记录卡中。表 8–3 所示为某汽车工业流水线中液压设备的日常检查项目和内容。

表 8–3　某汽车工业流水线中液压设备的日常检查项目和内容

时期	项目	内容
设备启动前	油位	是否正常
	行程开关、限位块	是否紧固
	手动、自动循环	是否正常
	电磁阀	是否处于原始状态

续表

时期	项目	内容
设备运行中	压力	是否稳定和在规定范围内
	振动、噪声	有无异常
	油温	是否在 35 ~ 55 ℃范围内，不得大于 60 ℃
	漏油	全系统有无漏油
	电压	是否保持在规定电压的 –15% ~ +5% 范围内

2. 定期检查

定期检查是指以液压传动系统专业维修人员为主，操作人员参加，定期对液压设备进行检查，记录主机及液压传动系统异常、损坏及磨损情况，确定维修部位及应更换的元件，确定修理类别及时间，以便安排修理计划的检查作业。定期检查的对象是重点液压机械、故障多的设备和有特殊安全要求的设备。定期检查的主要目的是检查主机及系统的缺陷和隐患，确定修理方案和时间，保证主机和系统正常运行。表 8–4 所示为某汽车工业流水线中液压设备定期检查的项目和内容。

表 8–4　某汽车工业流水线中液压设备定期检查的项目和内容

项目	内容
螺钉及管接头	定期紧固：工作压力在 10 MPa 以上的系统，每月一次；工作压力在 10 MPa 以下的系统，每三个月一次
过滤器及通气过滤器	定期检查：一般系统每月一次，铸造系统每半月一次（另有规定除外）
油箱、管道、阀板	定期检查：大修时检查
密封件	按环境温度、工作压力、密封件材质等具体规定检查
弹簧	按工作情况、元件质量等具体规定进行检查
油污染度检查	对已接近换油周期的设备，提前一周取样化验；对新换油，累计工作 1 000 h 后，应取样化验；对精密和大型设备用油，累计工作 600 h 后取样化验。取油样须用专用容器，并保证不受污染；取油样须取正在使用的“热油”
压力表	根据使用情况，规定检验周期
高压软管	根据使用情况，规定更换时间
电气控制部分	按电气使用维修规定，定期检查维修
液压元件	定期对泵、阀、马达、缸等元件进行性能测定，若达不到主要参数指标，要及时修理或更换

3. 专项检查

专项检查一般指由液压传动系统专业维修人员，针对某些特定的项目（精度、功能参数等）进行定期或不定期的检查。其主要目的是了解液压设备的技术性能和专业性能，例如精密或大型液压设备的精度检查和调整，液压起重和行走设备、压力设备的定期负荷试验、耐压试验等。

三、液压设备的保养

保养一般分为日常保养（班保养）和定期保养。

1. 日常保养

每班开机前，先检查油箱油位及油液的污染情况，要选择设备所要求的牌号的液压油，并经过滤后方能加入油箱。检查主要元件及电磁铁是否处在原始状态。开机后，按设计规定和工作要求，调整系统的工作压力、速度，使之在规定的范围内。特别是不能在无压力表的情况下调压。作业时应经常注意系统的工作情况，按时记录下压力、速度、电压、电流等参数值；作业时应经常查看管接头处，拧紧螺母，以防松动而漏油，维持液压设备工作环境的清洁，以防外来污物进入油箱及液压传动系统。当液压传动系统出现故障时，要停机检修，不要勉强带故障运行，以免造成事故。

2. 定期保养

定期保养即计划保养，如在液压传动系统工作三个月后，紧固管接头处的螺母和各螺纹连接件，更换密封件，清洗或更换过滤器的滤芯，更换液压油，清洗油箱等。

四、液压油质量的维护

根据行业统计数据表明，液压油的污染是导致液压传动系统产生故障的主要原因。使液压油保持清洁不受污染，就能提高液压传动系统工作的可靠性，延长液压元件和系统的使用寿命。液压传动系统的污染物一般有固体颗粒、水和空气、化学污染物等。

1. 固体颗粒

固体颗粒包括元件在加工和组装过程中未清洗干净的金属切屑、焊渣和型砂等，外界侵入系统的尘埃，系统在工作中产生的磨屑和铁锈以及油液被氧化后产生的沉淀物等。它们可使有相对运动零件的接触表面产生磨料磨损，使元件性能下降，或堵塞阀口的小孔，导致阀的故障。

2. 水和空气

水进入油液中，会加速液压油的氧化变质，并与油中的部分添加剂反应，生成黏性胶质物，引起阀芯移动不畅和堵塞过滤器；还能腐蚀金属表面，产生铁锈。空气混入液压油中后，降低了油液的弹性，使系统动态性能变差，还会促使油液氧化变质。

3. 化学污染物

化学污染物主要是溶剂、表面活性化合物、油液氧化分解物等，这些物质与水反应可生成酸类物质，腐蚀金属表面，加剧污染。

§8-3 液压传动系统常见故障的分析方法

液压传动系统发生故障按使用时间分为三个阶段，分别是初期工作故障阶段、正常工作故障阶段和使用寿命故障阶段。初期工作阶段，故障发生的时间较短，故障率较高；正常工作阶段，因为设计或制造方面存在的问题已在运行初期不断暴露出来而得到了改正，因而故障较少，其故障一般多为调整不当而引起。随着工作时间的延长，由于液压元件的磨损、疲劳和腐蚀等原因，使液压设备的故障也越来越多，设备进入使用寿命故障阶段。

液压设备发生故障后，故障的部位和原因不易查找，维修人员应按一定的步骤对故障进行分析，尽快地找出故障的部位和发生故障的原因。

一、全面正确了解液压传动系统

维修人员接到维修任务后，首先要收集该液压设备的各项技术资料。如液压传动系统原理图，执行元件动作循环表，电磁铁、行程开关、压力继电器的动作顺序表，操作者的值班记录和该设备的维修记录等。熟读这些资料并结合所报的故障现象进行综合分析，做到心中有数。实践证明，全面而正确地了解液压传动系统是成功诊断故障的基础。

二、望

在可能的情况下，启动液压设备，观察设备的运行情况，如执行元件的运动有无异常、机器的振动是否在设计范围内、泄漏是否严重、压力表是否失效、压力的波动是否超差等。

三、闻

打开油箱盖，闻油液是否有异味，听设备工作时噪声是否过大，有无冲击声，有无金属间的异常摩擦声和金属间的异常撞击声。

四、问

向设备的操作者询问设备故障前后的工作情况和异常现象。过去有无出现过类似的故障和相应的处理方法，故障前曾更换过哪些液压元件等。

五、切

设备启动后，在保证安全的前提下用手触摸机器的各主要部位，判断系统各处的温度是否正常，执行元件慢速运动时是否有爬行现象，各元件紧固的程度等。

六、综合分析

维修人员通过“望、闻、问、切”得到相关信息，对照系统原理图进行分析、推理、归纳，找出故障部位和产生故障的原因。并结合厂情，本着先外后内、先调后拆、先修后换的原则，制定出修理方案。

§8-4 常用液压元件的故障排除

各类液压元件的工作原理、结构均有较大的差别，其故障和排除的方法也各不相同，下面介绍几种常用液压元件的故障现象、产生原因及排除方法。

一、液压泵常见故障现象、产生原因及排除方法

1. 齿轮泵的常见故障现象、产生原因及排除方法

齿轮泵的常见故障现象、产生原因及排除方法见表 8–5。

表 8–5　齿轮泵的常见故障现象、产生原因及排除方法

故障现象	产生原因	排除方法
泵不吸油或输出油的压力不高、流量不足	电动机的转向错误	纠正
	进、出油口接反	纠正
	油箱液面过低，吸油管口露出液面	补充油液
	转速太低	提高转速到泵的最低转速以上
	油液黏度过高或过低	使用液压泵推荐黏度的油液或根据工作条件选用合适黏度的油液
	吸入管道或过滤器堵塞	清洗管道或过滤器，更换变质的油液
	吸油口过滤器过滤精度过高，造成吸油不畅	按说明书正确选用过滤器
	吸入管道漏气	检查管道各连接处，并对漏气点进行密封和紧固
	因振动使泵盖与泵体连接处的螺钉松动	检查并拧紧松动的螺钉
噪声过大及压力波动严重	吸油管及过滤器部分堵塞或入口过滤器容量小	去除杂物，使吸油管通畅，或改用合适容量的过滤器
	从吸油管或泵轴密封处吸入空气	检查连接部位或泵轴的密封处，拧紧接头，更换损坏的密封元件
	油中有气泡	补充油液，使油面在回油管口以上
	泵与联轴器不同心	调整，使之同心
	油液黏度太大	更换黏度合适的油液
	齿轮、轴承或其他零件损坏	更换损坏的零部件
油温上升过快	油箱容积太小或油冷却器冷却效果太差	增加油箱容积或改进冷却装置
	齿轮泵零件损坏	更换损坏的零件
	油液质量差或黏度过高	按泵要求更换油液
	吸油管径小，吸油阻力大	更换为较大管径的吸油管，减少弯头
泵旋转不灵活或卡死	齿轮的轴向间隙或径向间隙过小	修配相关零件，使间隙符合要求
	装配不良	根据要求重新进行装配
	泵和电动机的联轴器同轴度不好	调整联轴器的同轴度
	油液中的杂质被吸入泵体	清除杂质，并严防灰尘、沙粒、铁屑等混入油池，保持油液洁净

2. 叶片泵的常见故障现象、产生原因及排除方法

叶片泵的常见故障现象、产生原因及排除方法见表 8–6。

表 8–6 叶片泵的常见故障现象、产生原因及排除方法

故障现象	产生原因	排除方法
泵不吸油或无压力	电动机的转向错误	纠正
	进、出油口接反	纠正
	油箱液面过低，吸油管口露出液面	补充油液
	转速太低	提高转速到泵的最低转速以上
	油液黏度过高使叶片运动不灵活	使用推荐黏度的油液
	吸入管道或过滤器堵塞	清洗管道或过滤器，更换变质的油液
	吸油口过滤器过滤精度过高，造成吸油不畅	按说明书规定选用过滤器
	吸入管道漏气	检查管道各连接处，并对漏气点进行密封和紧固
	小排量叶片泵吸力不足	向泵内注满油
噪声过大	吸入管道漏气	检查管道连接处，并对漏气点进行密封和紧固
	吸入过滤器的过滤网堵塞	清洗过滤网
	油的黏度过高	按说明书规定选用油液
	泵轴油封处吸入空气	检查泵轴密封情况
	设定压力过高	调节系统压力到规定设置
	轴承损坏	更换轴承
流量不足	转速未达到额定转速	按说明书要求的额定转速选用电动机
	由于振动使泵盖螺钉松动	拧紧螺钉
	吸入管道漏气	检查管道密封情况，更换损坏的密封圈，紧固连接件
	吸油不充分	补充油液到最低标线以上；清洗过滤器；清洗管道；选用推荐黏度的油液
	油的黏度过低	按说明书规定选用油液

3. 轴向柱塞泵的常见故障现象、产生原因及排除方法

轴向柱塞泵的常见故障现象、产生原因及排除方法见表 8–7。

表 8–7　轴向柱塞泵的常见故障现象、产生原因及排除方法

故障现象	故障原因	排除方法
泵不吸油	吸入管路上过滤器堵塞	清洗管路及过滤器
	液压油箱油位太低	补充油液
	吸入管路漏气	紧固吸油管各连接处，严防空气侵入
	柱塞泵中心弹簧折断，使柱塞不能回程或缸体和配油盘初始密封不好	更换
	泵壳体内未充满液压油并存有空气	将泵壳体内注满油液，或将液压传动系统回油管分路接入泵体回油口，使泵内保持充满油液的状态
	配油盘与缸体、柱塞与缸体磨损严重，造成泄漏	修复或更换磨损件
泵不吸油或无压力	泵吸油口接反	纠正
	泵旋转方向反了，不吸油也不排油	纠正
	吸油侧阀门未打开	打开阀门后再启动泵
泵漏油	密封圈损坏	更换
	配油盘和缸体或柱塞与缸体之间磨损	磨平接触面，配研缸体，配换柱塞
压力不稳定	液压油被污染	清洗油箱，过滤液压油，清洗系统
	油温升高、黏度降低使各元件内漏增大	改进冷却装置，使用推荐黏度的油液
泵不正常发热	油液黏度太高	更换
	油箱容量小	更换
	泵内部油液漏损太大	检修泵，减少泄漏
	泵内运动件异常磨损	修复或更换磨损件，并排除异常磨损的原因
	泵和电动机两轴的同轴度超差	纠正
噪声过大	过滤器部分堵塞，使吸油不足	清洗过滤器
	吸入管路接头漏气	查出漏气原因，排除后重新紧固

续表

故障现象	故障原因	排除方法
噪声过大	油箱中油液不足	补充油液
	油的黏度太高	更换合适的油液
	泵吸油腔距油箱液面大于 500 mm，使泵吸油不良	降低泵吸油口高度
	油箱中通气孔被堵	清洗油箱上通气孔
	泵轴与电动机轴同轴度差，泵轴受径向力，转动时产生振动	调整泵轴与电动机轴的同轴度

4. 径向柱塞泵的常见故障现象、产生原因及排除方法

径向柱塞泵的常见故障与其他液压泵基本相同，但其故障产生的原因主要是由于油液污染和运动副之间的摩擦引起的。

（1）油液污染

油液污染往往是造成径向柱塞泵严重磨损、堵塞、卡死等故障的重要原因，因此控制污染是提高径向柱塞泵使用可靠性的关键。

（2）磨损

正常情况下，径向柱塞泵中的各元件在一定的使用期限内，磨损并不会影响其正常功能，但是当磨损积累到一定值时，就会造成系统的振动和噪声，并使磨损的速度大大加快，此时应及时更换磨损件。

二、液压缸的常见故障现象、产生原因及排除方法

活塞式液压缸的常见故障现象、产生原因及排除方法见表 8–8。

表 8–8　　活塞式液压缸的常见故障现象、产生原因及排除方法

故障现象	产生原因	排除方法
外部漏油	活塞杆拉毛或与缸盖间隙过大	用油石修磨活塞杆或更换缸盖
	活塞杆上密封圈或防尘圈损坏	更换新密封件
	缸盖螺纹过松或拧力不均	均匀拧紧缸盖螺纹
	安装不良，活塞杆伸出困难	拆下，重新安装
	工作压力过高，造成密封圈损坏	调整工作压力至规定值
活塞爬行	液压缸内有空气或油中有气泡	松开接头，将空气排出
	液压缸的安装位置偏移	拆下，重新安装

续表

故障现象	产生原因	排除方法
活塞爬行	活塞杆弯曲	校直活塞杆或更换新件
	缸内壁拉伤	去除毛刺或更换缸筒
动作缓慢无力	密封圈扭曲、磨损，内漏严重	更换密封圈
	密封圈过紧，液压缸阻力大	选用尺寸合适的密封圈
	活塞杆弯曲	校直活塞杆或更换新件
	系统工作压力低	检查系统各部件

三、方向控制阀的常见故障现象、产生原因及排除方法

1. 单向阀的常见故障现象、产生原因及排除方法

单向阀的常见故障现象、产生原因及排除方法见表 8–9。

表 8–9　单向阀的常见故障现象、产生原因及排除方法

故障现象	产生原因	排除方法
单向阀反向截止时，阀芯不能将液流严格封闭而产生泄漏	阀芯与阀座接触不紧密，阀体孔与阀芯的同轴度误差过大，阀座压入阀体孔有歪斜等	重新研配阀芯与阀座，或拆下阀芯重新压装，直至阀芯与阀座严密配合为止
单向阀启闭不灵活，阀芯卡阻	阀体孔与阀芯的加工几何精度低，两者的配合间隙不当，弹簧断裂或过分弯曲	修整或更换

2. 液控单向阀的常见故障现象、产生原因及排除方法

液控单向阀的常见故障现象、产生原因及排除方法见表 8–10。

表 8–10　液控单向阀的常见故障现象、产生原因及排除方法

故障现象	产生原因	排除方法
液控单向阀反向截止时，阀芯不能将液流严格封闭而产生泄漏	阀芯与阀座接触不紧密、阀体孔与阀芯的同轴度超差，阀座压入阀体孔时有歪斜等	重新研配阀芯与阀座或拆开阀座重新压装，直至与阀芯严密配合为止
液控单向阀关闭时阀芯不能复位到初始封油位置	阀体孔与阀芯的加工几何精度低，两者的配合间隙不当，弹簧断裂或过分弯曲而使阀芯卡阻	修整或更换

3. 换向阀的常见故障现象、产生原因及排除方法

换向阀的常见故障现象、产生原因及排除方法见表 8–11。

表 8-11　　换向阀的常见故障现象、产生原因及排除方法

故障现象	产生原因	排除方法
阀芯不能移动	阀芯表面划伤，阀体内孔划伤，油液污染使阀芯卡阻，阀芯弯曲	拆卸换向阀，仔细清洗，研磨修复内孔，校直或更换阀芯
	阀芯与阀体内孔配合间隙不当；间隙过大，阀芯在阀体内歪斜，使阀芯卡住；间隙过小，摩擦阻力增加，阀芯不能移动	检查配合间隙，阀芯直径小于 20 mm 时，正常配合间隙应在 0.008 ~ 0.015 mm 之间；阀芯直径大于 20 mm 时，正常配合间隙应在 0.015 ~ 0.025 mm 之间 间隙太小，研磨阀芯；间隙太大，重配阀芯，也可以采用电镀工艺，增大阀芯直径
	弹簧太软，阀芯不能自动复位；弹簧太硬，阀芯推不到位	更换弹簧
	手动换向阀的连杆磨损或失灵	更换或修复连杆
	电磁换向阀的电磁铁损坏	更换或修复电磁铁
	液控换向阀或电液换向阀两端的单向节流器失灵	仔细检查节流器是否堵塞、单向阀是否泄漏，并进行修复
	液控换向阀或电液换向阀的控制液压油压力过低	检查压力低的原因，对症解决
	油液黏度太大	更换黏度适合的油液
	油温太高，阀芯热变形卡住	查找油温高的原因并降低油温
	连接螺钉有的过松，有的过紧，致使阀体变形，阀芯不能移动	松开全部螺钉，重新均匀拧紧
	安装基面平面度超差，紧固后阀体变形	重磨安装基面，使基面平面度达到规定要求
外泄漏	泄油腔压力过高或 O 形密封圈失效造成电磁阀推杆处外渗漏	检查泄油腔压力，更换密封圈
	安装面粗糙、安装螺钉松动、漏装 O 形密封圈或密封圈失效	磨削安装面使其表面粗糙度符合产品要求，拧紧螺钉，补装或更换 O 形密封圈
噪声大	电磁铁推杆过长或过短	修整或更换推杆
	电磁铁铁芯的吸合面不平或接触不良	拆开电磁铁，修整吸合面，消除污物

四、压力控制阀的常见故障现象、产生原因及排除方法

1. 溢流阀的常见故障现象、产生原因及排除方法

溢流阀的常见故障现象、产生原因及排除方法见表 8-12。

表 8–12　溢流阀的常见故障现象、产生原因及排除方法

故障现象	产生原因	排除方法
调整无效	弹簧折断或未装弹簧	更换或补装弹簧
	进、出油口装反	纠正
	液控口未堵死而直通油箱	堵塞液控口
	阀芯卡死	清洗、研磨
	阻尼孔堵塞	清洗
压力不稳定	弹簧变形或太软	更换弹簧
	阀芯拉毛或变形	修磨阀芯或更换阀芯
	球阀或锥阀与阀座接触不良	研磨阀座，更换阀芯
	阻尼孔孔径太大，阻尼作用差	缩小阻尼孔孔径
	油液不洁，阻尼孔时通时堵	清洗，更换清洁液压油
泄漏严重	阀芯与阀体配合间隙超差	更换阀芯并配研
	密封件损坏	更换密封件
	各连接处螺钉、管接头松动	紧固连接处螺钉、管接头
	阀芯与阀座配合不良或磨损过度	配研阀芯和阀座

2. 减压阀的常见故障现象、产生原因及排除方法

减压阀的常见故障现象、产生原因及排除方法见表 8–13。

表 8–13　减压阀的常见故障现象、产生原因及排除方法

故障现象	产生原因	排除方法
不能减压或无二次压力	泄油口不通或泄油通道堵塞，使主阀芯卡阻在原始位置，不能关闭	检查泄油管路、泄油口、先导阀、主阀芯、单向阀，并对存在问题的进行修理。检查并排除机械干扰
	先导阀堵塞	
压力不稳定	先导阀密封不严，主阀芯卡阻在某一位置	
	负载有机械干扰	
	单向减压阀中的单向阀泄漏过大	
调压过程中压力非连续升降，而是不均匀升降	调压弹簧弯曲或折断	拆检更换

3. 顺序阀的常见故障现象、产生原因及排除方法

顺序阀的常见故障现象、产生原因及排除方法见表 8–14。

表 8–14 顺序阀的常见故障现象、产生原因及排除方法

故障现象	产生原因	排除方法
不能起顺序控制作用（子回路执行元件与主回路执行同时动作，非顺序动作）	先导阀泄漏严重	拆检、清洗与修理
	主阀阀芯卡阻在开启状态，不能关闭	拆检、清洗与修理，过滤或更换油液
	调压弹簧损坏或漏装	更换调压弹簧或补装
执行元件不动作，作卸荷阀时不能卸荷	先导阀不能打开、先导管路堵塞	拆检、清洗与修理元件，过滤或更换油液
	主阀阀芯卡阻在关闭状态，不能开启，复位弹簧卡死	拆检、清洗与修理元件，过滤或更换油液，修复或更换复位弹簧
作卸荷阀时液压泵一启动就卸荷	先导阀泄漏严重	拆检、清洗与修理
	主阀阀芯卡阻在开启状态，不能关闭	拆检、清洗与修理，过滤或更换油液

五、流量控制阀的常见故障现象、产生原因及排除方法

1. 节流阀的常见故障现象、产生原因及排除方法

节流阀的常见故障现象、产生原因及排除方法见表 8–15。

表 8–15 节流阀的常见故障现象、产生原因及排除方法

故障现象	产生原因	排除方法
流量调节失灵	密封失效	拆检或更换密封装置
	弹簧失效	拆检或更换弹簧
	油液污染致使阀芯卡阻	拆开并清洗阀芯或更换液压油
流量不稳定	锁紧装置松动	锁紧调节螺钉
	节流口堵塞	拆洗节流阀
	内泄漏量过大	拆检或更换阀芯与密封件
	油温过高	降低油温
	负载压力变化过大	尽可能使负载不变化或少变化

2. 调速阀的常见故障现象、产生原因及排除方法

调速阀的常见故障现象、产生原因及排除方法见表 8–16。

表 8–16 调速阀的常见故障现象、产生原因及排除方法

故障现象	产生原因	排除方法
流量调节失灵	密封失效	拆检或更换密封装置
	弹簧失效	拆检或更换弹簧
	油液污染致使阀芯卡阻	拆开并清洗减压阀芯和节流阀芯或更换液压油
流量不稳定	调速阀进、出口接反，压力补偿器不起作用	检查并正确连接进、出口
	锁紧装置松动	锁紧调节螺钉
	节流口堵塞	拆洗节流阀
	内泄漏量过大	拆检或更换阀芯与密封件
	油温过高	降低油温
	负载压力变化过大	尽可能使负载不变化或少变化

§8-5 液压回路与系统的故障排除

一、液压回路的常见故障与排除

液压传动系统是由各种回路组成的，如果组成回路的液压元件选择、配置失当，液压回路在工作时便会出现故障。液压回路的常见故障现象、产生原因及排除方法见表 8–17。

表 8–17 液压回路的常见故障现象、产生原因及排除方法

回路	故障现象	产生原因	排除方法
速度控制回路	速度不稳	节流阀或调速阀前后压差太小	提高溢流阀调定值，使节流阀、调速阀前后压差达到规定值
		流量脉动大	在油泵出口增设吸收脉动的蓄能器
	换向后，工作元件仍向前走	换向滞后	在速度换接部位并联一单向阀
	液压缸锁不紧	换向阀型号、规格不合适	换用合适的换向阀
	电液换向阀不动作	控制油路在泵卸荷时无压力油供应	在泵的排油路上安装一个单向阀或在系统回油路上安装一个背压阀

续表

回路	故障现象	产生原因	排除方法
压力控制回路	振动、啸叫	溢流阀调定值太高	降低调定值
		溢流阀远程控制管路过长	将远程控制管路缩短
		两溢流阀共振	将两溢流阀的调定值错开
		两溢流阀共用一个回油管路	两溢流阀回油管路分别接油箱
	减压阀后面的压力不稳定	减压阀外泄油路有背压	将减压阀外泄油路单独接油箱
	顺序动作不正常	溢流阀与顺序阀的调定值不匹配	将溢流阀的压力调至比顺序阀高 0.5 ~ 0.8 MPa

二、液压传动系统的常见故障与排除

液压传动系统在调试或运行中时常出现故障，这些常见故障有系统压力、流量失常，系统振动和噪声大，系统过热，液压冲击、系统泄漏和爬行等。

1. 液压传动系统压力失常的原因及排除方法

液压传动系统压力失常的原因及排除方法见表 8–18。

表 8–18　液压传动系统压力失常的原因及排除方法

故障现象	产生原因	排除方法
压力过低	存在溢流通路	查出部位，堵死溢流通路
	减压阀调整值不当或损坏	重新调整或更换减压阀
	液压泵损坏	维修或更换液压泵
	系统外泄严重	查明卸荷原因，采取相应措施排除，加强密封
	油箱油面过低，液压泵吸空	补加合格的液压油
	溢流阀的滑阀在开口位置卡住	研磨滑阀，使其移动灵活
压力过高	系统中的压力阀调压不当	重新调整至正确压力
	变量马达或变量泵变量机构失灵	维修或更换
	溢流阀的滑阀卡死在关闭位置	研磨滑阀使其滑动灵活
压力波动大	油液中有空气	排气和检查密封
	溢流阀磨损	研磨或更换溢流阀

续表

故障现象	产生原因	排除方法
压力波动大	油液污染，过滤器堵塞	更换液压油，清洗或更换过滤器
	蓄能器失效	检查充气阀的密封状态，充气至规定压力
	液压泵、液压阀磨损	检查泵、阀，更换内部磨损零件，加强各连接处的密封

2. 液压传动系统流量失常的原因及排除方法

液压传动系统流量失常的原因及排除方法见表 8–19。

表 8–19　液压传动系统流量失常的原因及排除方法

故障现象	产生原因	排除方法
无流量	液压泵转向错误或电动机损坏	检查电动机接线，改变转向或更换电动机
	联轴器打滑，油泵转速太低	调整或更换联轴器
	油箱油位过低，油泵吸空	补油到规定高度
	溢流阀调压太低，全部流量溢流	调整溢流阀压力至规定值
	液压泵安装错误	重新安装液压泵
	系统中某些阀处于卸荷位置，全部流量流回油箱	检查阀的位置，重新设置手柄位置
流量不足	液压泵转速过低	调整电动机转速，使其符合规定的转速
	溢流阀、卸荷阀压力调定太低	重新调整
	油液旁通回油箱	堵死旁路或调小旁路流量
	液压油黏度不当	换注合适的液压油
	液压泵吸油不良	加大吸油管直径，降低吸油高度
	回油管管口在油面之上，空气从接头处进入系统	回油管插入液面下，紧固各接头
	液压泵变量机构失灵	检修或更换变量机构
	系统外泄漏过大	旋紧漏油的管接头
	内泄漏过大	更换泵、缸、阀内部磨损的零件
流量过大	流量设定值过大	重新设置
	变量机构失灵	检修或更换变量机构
	电动机转速过高	换成转速正确的电动机
	泵的规格、型号错误	换成规格、型号正确的液压泵

续表

故障现象	产生原因	排除方法
流量脉动大	液压泵固有脉动过大	更换液压泵，或在泵出油口增设吸收脉动的蓄能器
	电动机转速波动	检查供电源状况，采取稳压措施

3. 液压传动系统产生共振和噪声大的原因及排除方法

液压传动系统产生共振和噪声大的原因及排除方法见表 8–20。

表 8–20　　液压传动系统产生共振和噪声大的原因及排除方法

故障部位或现象	产生原因	排除方法
液压缸内有空气	停车期间系统渗入空气	利用排气装置排气
液压泵	泵内零件卡滞或损坏	修复或更换
	叶片泵困油	修正配油盘的三角槽
	轴向、径向密封损坏，内泄严重	调整间隙，更换密封件
	齿轮泵齿形精度低	对研轮齿
	泵的型号不对，转速过高	更换液压泵，调整转速
液压泵吸空	油箱内液面太低	补加合适的液压油至规定高度
	油箱通气孔堵塞	清理通气孔，使其顺畅
	吸油管插入油箱中太浅，离回油管太近	吸油口在液面下 2/3 处，与回油管用隔板隔开
	过滤器堵塞	清洗
	液压泵吸程过高	将吸程降到 500 mm 以下
	进油路各连接处松动、漏气	紧固进油路各连接处
控制阀故障	补油泵供油不足	调整闭式回路补油泵流量
	溢流阀阻尼孔堵死，阀座损坏	清洗，研磨修复
	溢流阀阀芯在阀体中移动不灵活	清洗，修复
	溢流阀远程调压管路过长产生啸叫	尽量缩短该管路
	电液换向阀电磁铁失灵	修复或更换
	电液换向阀的控制油路压力不稳定	选用合适的控制油路
	节流阀开口过小，流速高，产生喷射	减小节流口前后压差，换用小规格节流阀
	换向阀换向过快，产生换向冲击	降低换向速度

续表

故障部位或现象	产生原因	排除方法
机械部位	管路上管夹或支架松动	紧固
	液压泵与电动机的联轴器同轴度超差	重新调整，使同轴度达到 0.08 mm 以内
	电动机底座、液压泵固定板螺钉松动	紧固螺钉

4. 液压传动系统过热的原因及排除方法

液压传动系统过热的原因及排除方法见表 8–21。

表 8–21　液压传动系统过热的原因及排除方法

故障部位	产生原因	排除方法
油箱	油箱容量太小，油箱散热能力差	增大油箱容量或增设冷却装置
	油液黏度过低或过高	选用合适的液压油牌号
	进油区和回油区中间无隔板	加装隔板
管路	系统背压过高，使其在非工作循环中有大量压力油损失，使油温升高，管路过长，管径过小，压损大	重新选择回路或降低背压，尽量缩短管路，适当加大管径，减少弯头数量
控制阀	压力阀调定压力过高	适当降低调定值
	控制阀规格不合理，工作不良	更换控制阀
	溢流阀磨损或损坏	维修或更换
泵	液压泵及各连接处泄漏，容积效率低	检修，紧固，加强密封
	定量泵非工作时间长，功率浪费	改用变量泵
其他	元件加工精度低，运动磨损大	更换加工精度高的元件，注意润滑
	环境温度高	注意通风，降温
	电控温度系统失灵	检查、调整或更换损坏部件

5. 液压传动系统产生液压冲击的原因及排除方法

液压传动系统产生液压冲击的原因及排除方法见表 8–22。

表 8–22　液压传动系统产生液压冲击的原因及排除方法

产生原因	排除方法
执行件运动速度过快，液压缸未设缓冲装置	增设缓冲装置
液压缸中缓冲装置的单向阀失灵	修复或更换单向阀
液压缸缓冲柱塞锥度太小，间隙太小	按图样要求修整缓冲柱塞

续表

产生原因	排除方法
节流阀开口过大	调整节流阀
换向阀换向速度过快	调整换向时间
电液换向阀或液控换向阀控制液压油流量过大	适当减小控制液压油的流量
压力阀将系统的工作压力调整过高	适当降低工作压力
未设置背压阀或背压阀压力过小	增设背压阀或提高背压阀的调定压力
垂直运动的液压缸下腔未采取平衡措施	设置平衡阀，以平衡重力作用产生的冲击
运动部件、流动油液的惯性大	增设蓄能器
系统温度高，油液黏度下降太多	查明原因，降低油温

6. 液压传动系统泄漏的治理

液压传动系统的泄漏主要发生在固定密封处和运动密封处。固定密封处（如缸盖与缸筒的连接处）的泄漏可完全根治，运动密封处的泄漏必须得到控制。

（1）固定密封处外泄漏的治理

各种管道连接件（螺纹连接件、法兰连接件）是发生外泄漏的主要部位。液压元件的盖板、固定承压面、阀板间和阀块间的接合面等部位也会发生外泄漏。治理这些部位外泄漏的措施主要有以下几种：

1）合理选用螺纹连接件，注意类型和使用条件。管接头的加工质量和装配质量应符合图样要求，法兰连接件密封部位的沟、槽、面的加工尺寸、精度和表面质量均应符合图样要求。

2）各接合面紧固螺栓要有足够的拧紧力矩且相等。

3）多个阀连接时，应避免用过长的螺栓连接。

4）为减少因冲击和振动造成管接头松动而引起的泄漏，要用减震支架固定管路，设计时尽量减少管接头的数量。

5）装配时注意各密封部位及密封件的清洁，注意装配方法，以免密封元件在装配过程中受损。

6）良好的配管作业，避免管接头和法兰连接的装配不良。

（2）运动密封处外泄漏的治理

运动密封主要是轴向滑动表面和转动表面的密封。这两处发生外泄的原因常为密封元件老化或破损，密封元件的材质或形式与使用条件不符，以及相对运动表面粗糙或划伤。一般经过精心的设计和正确的使用，都能保证在较长时间内不发生泄漏，并可以采取一些措施延长运动密封件的使用寿命。

1）消除活塞杆和驱动轴密封元件上的侧载荷。

2）用防尘圈和防护罩保护活塞杆，防止粉尘侵入，以免造成磨料磨损。

3）使活塞杆和转轴的运动速度尽可能小些。

4）相对运动零件的表面质量要高，几何精度要高。

（3）密封件的选用原则

密封件的选择，首先要根据密封装置的使用条件和要求，如负载大小、峰值压力、速度大小及变化、使用环境等，正确选择与之相适应的密封件，然后根据使用油液的种类、性质和温度等条件，合理选择密封件的材质。在具有尘埃和杂质环境中使用的密封元件，还要针对污染情况和防尘要求，选用合适的防尘圈。

7. 液压传动系统爬行的治理

在液压传动系统中，当执行元件在低速运动时，出现速度明显不均匀的运动现象称为爬行。其实质是当一物体在滑动面上做低速相对运动时，在一定条件下的突跳与停止相交替的运动现象，是一种不连续的振动。在液压传动系统中，执行机构的爬行是非常有害的。在金属切削机床中，它会影响加工精度，而且还会缩短刀具和机构的使用寿命。

（1）产生爬行的原因

经过研究，运动部件出现爬行现象，是因为它由静止状态变为运动状态的过渡中，存在着摩擦力降落现象。图 8-1 所示为液压传动系统爬行物理模型。当液压缸左腔通压力油时，活塞不会立即运动，必须克服各运动副的静摩擦力（不考虑工作负载）后才能带动工作台运动。在这个过程中，左腔的工作油和混入油中的空气被不断压缩和挤压，左腔压力逐渐升高并积蓄能量，直到其总压力能克服静摩擦阻力时，工作台才会运动。工作台一旦运动，静摩擦力突然变为动摩擦力。在动、静摩擦力之差的作用下，活塞突然被加速，即工作台快速前冲，左腔油液压力也突然降低，原先被压缩的油液和气体便膨胀而释放出储存的能量，使工作台更加快速前冲。由于工作台的前冲，使液压缸右腔中的液压油和混入其中的空气突然被压缩，使排油阻力加大，其结果是液压缸右腔压力上升。从而使工作台前冲后，又很快被制动。如此重复，工作台就会不断突跳和停止，这就是工作台的爬行现象。

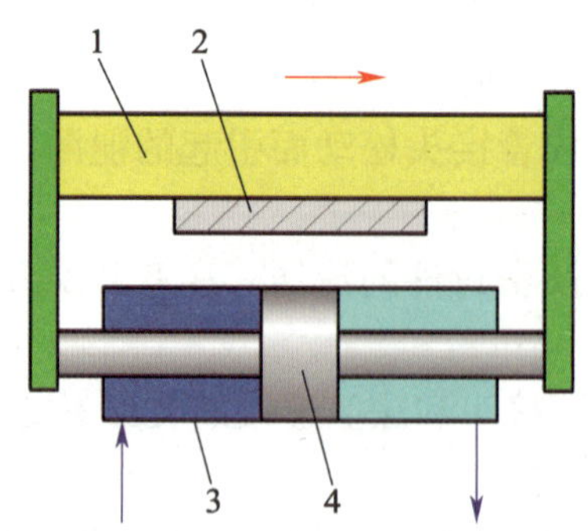

图 8-1　液压传动系统爬行物理模型

1—工作台　2—导轨　3—缸体　4—活塞

（2）治理方法

1）提高液压传动系统的刚性。液压传动系统比机械传动系统刚性低，容易产生爬行。系统混入空气后，油液的体积弹性模量即系统刚性将大幅度下降，因而更易产生爬行。因此，严防空气进入液压传动系统是避免爬行现象的重要措施。

2）减小或消除动摩擦力与静摩擦力之差。其方法有：

①保持导轨面的良好润滑条件和状态。摩擦力下降特性是在干摩擦与半干摩擦交替过程中产生的，若导轨面始终被油膜隔开，则静、动摩擦力之间的差别便可缩小，甚至使摩擦力下降特性区消失。因此，采用强力润滑、静压导轨、滚动导轨都有助于低速爬行现象的减轻或消除。

②提高润滑油的油膜强度也是改善润滑的有效措施。在移动部件较重，运动速度低，容易产生爬行的场合，采用抗压强度高的专用导轨润滑油，使运动部件不产生干摩擦，并减小动摩擦力与静摩擦力之差值。

3）回油路上设置背压可以防止运动部件启动后的前冲，并在运动阻力变化引起速度变化时起补偿作用，相当于提高了液压传动系统的刚性，有助于消除爬行现象。但背压不能太高，以免消耗太多的能量。

此外，液压传动系统流量不稳定或系统压力、流量不足，也是引起爬行的因素，应予以注意。